钛电极反应工程学

张招贤　蔡天晓　编著

北　京
冶　金　工　业　出　版　社
2009

图书在版编目（CIP）数据

钛电极反应工程学/张招贤，蔡天晓编著．—北京：冶金工业出版社，2009.4

ISBN 978-7-5024-4873-8

Ⅰ.钛…　Ⅱ.①张…　②蔡…　Ⅲ.钛—金属电极—电化学反应—化学反应工程　Ⅳ.O646.2

中国版本图书馆 CIP 数据核字(2009)第 045410 号

出 版 人　曹胜利

地　　址　北京北河沿大街嵩祝院北巷 39 号，邮编 100009

电　　话　(010) 64027926　电子信箱　postmaster@ cnmip. com. cn

责任编辑　程志宏　美术编辑　张媛媛　版式设计　张　青　孙跃红

责任校对　白　迅　责任印制　牛晓波

ISBN 978-7-5024-4873-8

北京百善印刷厂印刷；冶金工业出版社发行；各地新华书店经销

2009 年 4 月第 1 版，2009 年 4 月第 1 次印刷

850mm × 1168mm　1/32；11.75 印张；313 千字；358 页；1-2000 册

36.00 元

冶金工业出版社发行部　电话：(010)64044283　传真：(010)64027893

冶金书店　地址：北京东四西大街 46 号(100711)　电话：(010)65289081

前　言

现代工业的发展，要求电极科学技术的不断创新，而电极材料和电极反应工程学科的进步，又有力地支持了现代工业的发展，同时也使学科的理论进一步得到完善。

钛电极诞生以来，在经济发展中发挥了巨大的作用。当电极反应工程进入钛电极时代后，业界对电极材料的研究更加深入、系统，对电极材料的应用也更加广泛，由此催生了电极学。通过对电极材料的精心选择，达到电化学工艺的最优化，是电极学研究的最终目的，而电极反应工程学则是电极学科的一个分支。

本书分成两部分。

第一部分讲述电极反应工程学。

当反应粒子与电极表面的每一次碰撞都引起电子转移，则反应粒子浓度为1mol/L，电极反应速度应能达到电流密度$10^5A/cm^2$，但是实际上一般工业电化学过程，其最高电流密度仅为$10A/cm^2$。

电极材料对电极反应速度会产生巨大影响，通常电极电位改变100~200mV，就可使电极反应速度变化10倍。

在电解工业中，电极起着重大作用。电极过程的方向和动力学，电极和电解槽的结构形式与电解槽寿命、维修费用和劳动力消耗以及工艺过程的动力指标，在很大程度上取决于电极材料的性能。

通过电极材料的精心选择以及电极材料最佳化制造，可以实现电化学工艺的最优化。将电极反应热力学、电极过程动力学的知识应用到电解工程中，充分发挥电极反应过程特点，改善电解过程环境，争取以最小的投入，获得最大的经济利益，这是电极反应工程学的任务。

第二部分讲述一种新型高效节能电极材料——钛电极的制造及应用。

钛电极是水溶液电解领域应用的四大电极材料中最有作为的。钛电极诞生已整整40年。40年来，钛电极在经济发展中发挥了重大作用，在电极反应工程学中也占有非常重要的一席。

钛电极最早用于氯碱工业，现已广泛应用于化工、电冶金、金属箔生产、电镀、处理废水（环境保护）、水处理、阴极保护、电渗析及其他领域中。

本书适用从事电极研究，尤其从事钛电极研究、生产和使用的工程技术人员阅读，也可以供高等院校师生教学使用和参考。希望本书的出版能对国内钛电极事业的进步和发展有一定的帮助。

由于作者水平所限，不妥之处，敬请读者批评指正。

作　者

2009年1月

目　　录

第一部分　电极反应工程学

第一部分　电极反应工程学

电极反应工程学这个概念是近些年来有学者陆陆续续在不多的文献中提出来的。

电极的电极电位与化学反应中自由能变化的含义相同。电极反应速度以电流密度表示。对电极反应中电极电位和电流密度进行研究，就可以从热力学和动力学的角度来研究电极反应。将电极反应热力学、电极过程动力学的知识应用到电解工程中，探讨如何充分发挥电极反应过程特点中的长处，改善电解过程环境，争取以最小的投入，获得最大的经济利益，这是电极反应工程学的任务。

继电极反应热力学、电极过程动力学之后，电极反应工程学的建立，向人们介绍电极材料与电解工程的密切关系以及电极在电极反应中的重大作用，回答了为什么新型高效电极的问世可以大大促进电解工业的发展，从而完善了电极学理论。

第1章 电极的电催化作用[1~3]

在电化学反应中，电极可分为两种类型：第一类电极直接参加电极反应，并有所消耗（如阳极溶解）或生长（如阴极电沉积），它们大都属于金属电极过程；另一类电极本身不直接参加电极反应，因而被称为“惰性电极”或“不溶性电极”，但对电化学反应的速度和反应机理却有重要影响，这一作用称为电催化。

电催化的本质就是通过改变电极表面修饰物（有时为表面状态）或溶液相中的修饰物来大范围地改变反应的电势或反应速率，使电极除具有电子传递功能外，还能对电化学反应进行某种促进和选择。在电催化中由于界面电场会引起活化能改变，故可以通过电极电位的改变来改变反应活化能，从而使电化学反应速度改变数十个数量级。这在一般催化中，通过改变温度是不能产生这样大的效果的。电催化的活化能一般为20.9~147kJ/mol，化学催化反应活化能一般为41.9~419kJ/mol。

电极电催化可以较容易地将催化剂与反应物、产物分开，可以随意调节电极电位的大小和正负，方便地改变电化学反应的方向、速率和选择性，这是一般化学催化反应所做不到的。电极在电催化作用中是电子授受体，是一个干净的氧化还原剂，调节电极电位就可以改变氧化还原能力。对于一个接受电子的反应步骤，电位移动1V相当于降低反应活化能41.8~54.4kJ，在常温下提高反应速度约$10^7 \sim 10^9$倍，再配合电极的催化活化能力，就可以在电催化系统中实现那些极为苛刻的化学反应。

电极显著地影响某些电极反应的速度，而本身又无任何变化的作用被称为电催化作用。

电催化作用主要表现在以下几个方面：

（1）电极与活化络合物间存在着相互作用，由它决定了过渡状态自由焓，因而也就决定了反应的活化自由焓，这里是通过不同电极引起的反应活化自由焓的变化来影响电极反应速度的；

（2）电极与被吸附于其上的反应物或中间产物之间存在着相互作用，此作用确定了反应物或中间产物浓度，而且确定了能进行电极反应的有效表面积，此外，在不同催化剂材料上还可能形成不同形式的中间产物，因此，它不但对电极反应速度有影响，而且还会影响反应历程；

（3）在一定电位下，电极催化剂可能影响溶液中不参加电极反应的溶剂与溶质组分在电极上的吸附能力，从而改变了界面双电层结构，引起电极反应速度的变化。

1.1　电极在电极反应中的作用[2~10]

电极（指的是不溶性阳极）本身并不直接参加电极反应，但对电极反应起着重大的作用。

1.1.1　对电极反应速度产生影响

电极反应是一种异相反应，界面性质对反应速度影响很大。电极与溶液界面的性质包括化学性质和电性质两个方面。电极与溶液界面的化学性质主要指电极材料的化学性质和表面状况，它们对于电极反应速度有极大的影响。电极与溶液界面的电性质则指电极与溶液界面电场的强度及其分布，对电极反应速度也产生巨大的影响，通常电极电位改变 100 ~ 200mV，就可使电极反应速度变化 10 倍。

如果反应粒子与电极表面的每一次碰撞都可能引起电子转移，则反应粒子浓度为 1mol/L 时，电极反应速度应能达到 $10^5 A/cm^2$，但是实际上一般工业电化学过程，其最高电流密度仅为 $1 \sim 10 A/cm^2$。唯有在电解加工中，由于电解液高速流动，强化传质，电流密度可达 $10^2 \sim 10^3 A/cm^2$。

采用不同的电极，可使氢与氧的电极反应速度发生很大变化。氢在铂电极上析出的速度要比汞电极快 10^9 倍；氧在钌电极上还原的速度是金电极上的 10^7 倍。

i_0 称为交换电流密度，是电极过程动力学的基本参数，它表示平衡电极电位下，正逆两个方向粒子交换的速度。影响交换电流密度的主要因素包括电极反应本身的特性、电极材料的化学性质及状态、电解液的组成、浓度和温度等。同一电极反应在不同电极表面进行时，i_0 值可能相差很大，例如在 1mol/L HCl 溶液中，在汞电极表面的析氢反应，其 $i_0 = 1.7 \times 10^{-12} A/cm^2$，而在铂电极表面进行时却为 $i_0 = 1.6 \times 10^{-3} A/cm^2$，二者相差达 9 个数量级。至于不同电极反应的 i_0，则可能相差更为惊人，例如一些金属电极反应过程，其 i_0 可以达到 $10^4 \sim 10^5 A/cm^2$，而已知氮分子电离反应，i_0 仅为 $10^{-70} A/cm^2$。

1.1.2 对反应机理产生影响

电极对反应机理也产生影响。乙烯在铂、铑、铱电极上的氧化产物为 CO_2，而在金、钯电极上则可被氧化为醛，可以根据电极对中间产物吸附能力的差别来解释这种现象。乙烯电解氧化时，首先生成醛作为中间产物。铂、铑、铱电极能与中间产物形成较强的吸附键，使醛不易脱离电极表面，得以进一步氧化，得到的最终产物为 CO_2。但是金与钯电极对醛的吸附能力不强，它很容易脱离电极表面进入溶液中，于是醛就成为电极反应的最终产物。

1.1.3 通过控制电极电位改变电极反应的方向和速度

电极反应与电极电位有关，例如放氯反应（$2Cl^- + 2e = Cl_2$），它的平衡电极电位为 1.3583V，只有当外界阳极电压超过此数值时，才有明显的反应速度。

1.1.4 过电位是电极过程动力学一个重要参数

Tafel 研究氢在很多金属上析出的过电位与电流密度的关系时，发现其过电位与电流密度存在半对数关系，即 $\Delta\varphi = a + b\lg i$，

a 值表示 $i=1\text{A/cm}^2$ 时的 $\Delta\varphi$ 值。对于析氢反应可以根据 a 值的大小将常见的电极材料分为3类：

（1）低氢过电位金属，其 a 值约为0.1～0.3V，主要是铂族金属，包括Pt、Pd等；

（2）中氢过电位金属，其 a 值约为0.5～0.7V，主要有Fe、Co、Ni、Cu、Mn、Bi、Mo、Nb、W、Au等金属；

（3）高氢过电位金属，其 a 值约为1～1.5V，主要包括Pb、Cd、Hg、Tl、Zn、Ga、Bi、Sn等。

在水溶液中进行的电解过程，如果阴极反应是析氢反应则应选择析氢过电位低的材料，这样有利于放氢反应的进行；如果阴极反应是其他反应，则阴极材料应选用析氢过电位高的电极材料，这样可抑制放氢反应的进行。

在碱性溶液中，Fe、Co、Ni常作为放 O_2 反应的电极材料，其析 O_2 电位较低。而在贵金属表面析 O_2 过电位的数值，以Au、Pt、Ru、Ir、Os、Pd、Rh的顺序递减，但都高于Fe、Co、Ni的过电位。同样，在工业电极反应过程中，如放氧反应为所希望的反应时，则应选用析氧过电位低的电极材料，否则相反。

1.1.5 降低电解过程的能耗

目前盛行将廉价的化学能、热能用于电解过程中，从而达到减少电能消耗的目的。

采用氧在水中的还原反应（氧阴极），可以降低理论分解电压1V以上。电解制取锌时，将甲醇电解氧化代替阳极析氧反应，可以降低理论分解电压1V以上：

$$ZnSO_4 + H_2O \xrightarrow{60℃} \frac{1}{2}O_2 + Zn + H_2SO_4$$

（理论分解电压1.96V） （1-1）

$$ZnSO_4 + \frac{1}{3}CH_3OH + \frac{1}{3}H_2O \xrightarrow{60℃} \frac{1}{3}CO_2 + Zn + H_2SO_4$$

（理论分解电压0.79V） （1-2）

利用热能最好的例子是水电解：

$$2H_2O \xrightarrow{25℃} 2H_2 + O_2$$

（理论分解电压1.23V）　(1-3)

$$H_2O + H_2SO_3 \longrightarrow H_2SO_4 + H_2$$

（理论分解电压0.17V）　(1-4)

采用亚硫酸电解法可降低槽电压1V以上。生成的硫酸，利用热能进行高温分解，再转变成亚硫酸。

1.1.6　电极材料对有机电合成反应的作用

选择电极材料是有机电合成研究的重要任务之一，它往往决定了有机电合成的成败。因为电极材料将改变热力学电极电位，更重要的是，由于电极材料及其表面状态的变化，将可能改变反应的历程、电极过程动力学的特点及其他电化学反应的规律。这些影响，是通过反应粒子及中间产物表面的吸附产生的。例如，烷基卤及其还原中间产物在汞阴极表面的吸附，使得这一反应在汞阴极比在碳或铂电极表面更易进行，还原电位降低达500mV。

在不同电极上进行的Kolbe反应，结果迥异，更有力地说明了电极材料的影响。当羧酸的碱重金属盐水溶液在铂电极表面阳极氧化时，由于电极表面吸附反应的中间产物自由基优先进行下列耦合：

$$2RCO_2^- \xrightarrow{2e} 2R\cdot + 2CO_2 \qquad (1\text{-}5)$$

$$2R\cdot \longrightarrow R\cdot R \qquad (1\text{-}6)$$

因此用铂阳极电解醋酸水溶液时，产物乙烷的电流效率接近100%。但使用炭阳极时，反应历程发生变化，上述自由基在炭阳极上进一步氧化，生成的正碳离子，可通过化学反应生成烯烃、醇、醚、酯等产物：

$$R\cdot \xrightarrow{e} R^+ \longrightarrow \text{生成物} \qquad (1\text{-}7)$$

所用电极材料的不同，丙酮经电解还原后可以生成异丙基乙醇、丙醇、丙烷或二异丙基汞，如图 1-1 所示。异丙基乙醇和丙醇的生成机理目前比较清楚，但丙烷的生成机理至今未明，而二异丙基汞是由于电解产生的自由基离子被汞阴极的金属原子吸附而生成的。

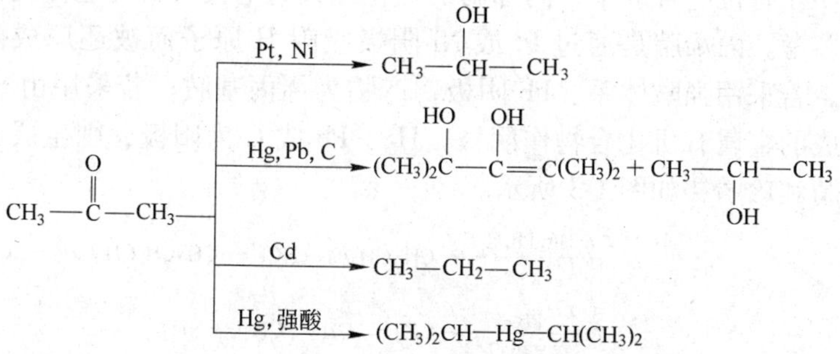

图 1-1　电极材料对丙酮电还原选择性的影响

只有少数几种阳极材料可以在有机氟化物电解合成中应用，如图 1-2 所示。在 HF 溶液中可用镍，在 HF/KF 熔融体中可用多孔炭以及在含有 F 有机溶剂中可用铂。镍阳极在电解过程中会产生一种含有高价氟化镍的氟化物，该高价化合物是不溶的，能连续生成并覆盖于电极表面，可与有机物发生进一步反应。多孔炭阳极在电解过程中也会产生一种非常特殊的氟化物，但其历程可能也包括电解产生氟原子或氟化粒子等过程。为了防止炭表面

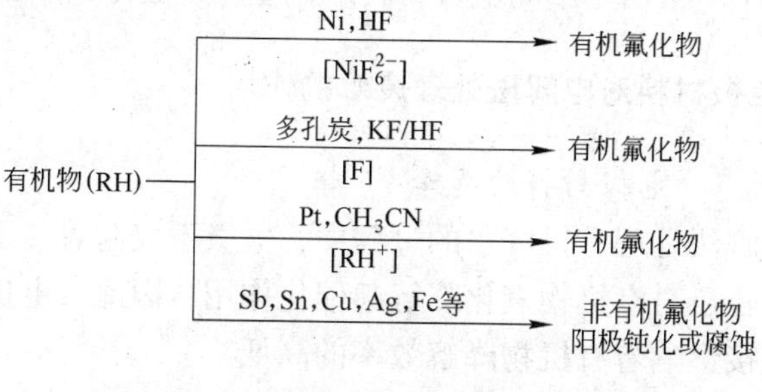

图 1-2　电极材料对电氟化作用的影响

发生腐蚀，往往利用 C/F 表面层来导电，多孔结构为反应物和氟化产物提供进出“通道”。而有机化合物在铂电极上电解则直接被氧化成阳离子，然后通过 F^- 的亲核性进行反应。其他材料如 Cu、Ag 和 Fe 等，在此过程中将会造成严重的钝化或腐蚀，从而导致氟化物的电合成反应效率为零。

在有机电合成中，丙烯腈的氢化二聚为电极材料的选择提供了参考。丙烯腈是通过 Pt 或 Ni 阴极吸附 H 原子而被还原成丙腈，若采用强酸体系、Pb 阴极，产物为烯丙基胺；若采用由 Sn 合成的金属有机化合物作阴极，Hg、Pb 或 C 为阳极，则生成己二腈和珍腈，如图 1-3 所示。

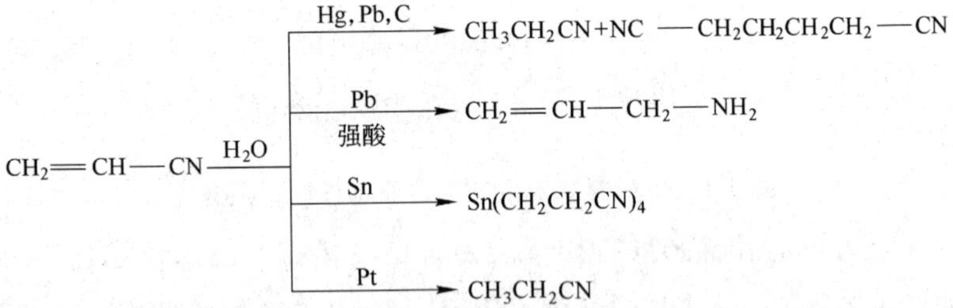

图 1-3　电极材料对丙烯腈氢化二聚作用的影响

在硝基苯电还原过程中，不同产物的生成很大程度上取决于阴极材料的选择、溶剂和支持电解质的性质以及其他如温度、反应物浓度等因素。在电解中除了主产物外，往往还伴有副产物的生成。图 1-4 给出了不同电极材料对硝基苯电还原产物的影响。

1.1.7　电极材料对电解法处理废水的作用

1.1.7.1　电极材料的选择

在电解法处理有机废水的过程中，电极不仅起着传送电流的作用，而且还对有机物氧化降解起催化作用，因此，电极材料的选择，直接影响着有机物降解效率的高低。

电催化氧化过程面临的主要竞争副反应是阳极氧气的析出

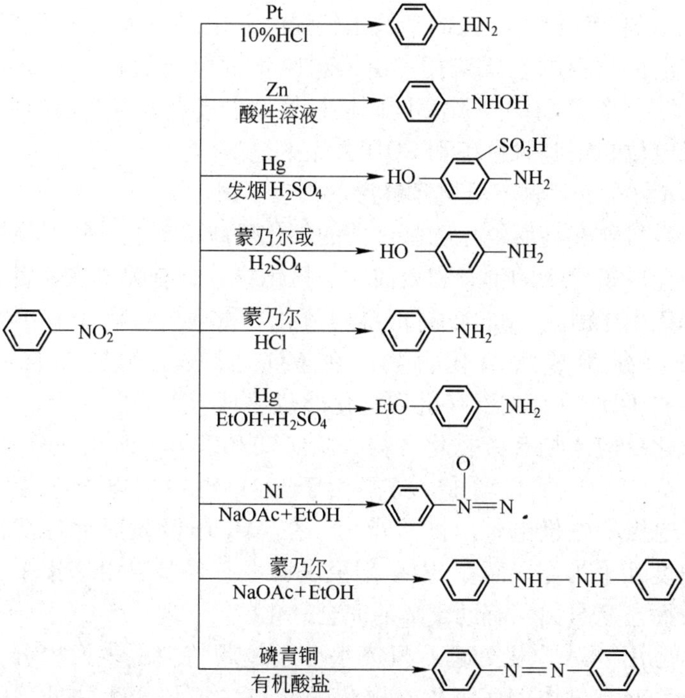

图 1-4　电极材料对硝基苯电还原反应的影响

（对于含 Cl^- 比较多的废水，也可能是 Cl_2 的析出），因此，催化电极的一个必要条件就是要有较高的析氧过电位。

电解过程主要是通过阳极反应来降解有机物的，而且电位越高，有机物去除效果越明显。处理含 COD 及带色废水时，很早以来就提议使用直接电解氧化法，经过许多试验，可以实用的例子不多，究其原因，主要是过去的 DSA 电极电位低，氧化能力不高所致。如果使用水溶液中氧过电位高、阳极反应选择性好、阳极氧化反应有效进行的 DSA 时，直接电解氧化法才有可能实施。电极反应是电子参与的氧化还原反应，所以电催化反应进行的情况同电极电位有重要的关系。电极电位越负，越容易失去电子；电极电位越正，越容易得到电子。电极电位负的金属是较强的还原剂，电极电位正的金属是较强的氧化剂，所以电极电位是选择电极材料的重要依据。由染料废水的电解脱色研究结果表明，脱色率和 COD 去除率同阳极材料的电极电位有明显的关系，电极电位越正其脱色率和 COD 去除率越高。

A 电极材料不同则降解反应机理不同

有机物在金属氧化物阳极上的氧化反应机理和产物选择性同阳极金属氧化物的价态和表面上的氧化物种类有关。在金属氧化物 MO_x 阳极上生成的较高价金属氧化物 MO_{x+1} 有利于有机物选择性氧化生成含氧化合物；在 MO_x 阳极上生成的自由基 MO_x·(OH·)有利于有机物氧化燃烧生成 CO_2。酚在 IrO_2 阳极上氧化反应产物有芳香化合物、脂肪酸和 CO_2，而在 SnO_2 阳极上生成的 CO_2 明显增多，这是由于 SnO_2 电极的电极电位大于 IrO_2 电极的电极电位。试验指出，在 IrO_2 阳极表面上羟基自由基浓度几乎为零，而在 SnO_2 阳极表面上有羟基自由基集聚，所以表面羟基自由基有助于酚的完全氧化。

应用 DSA 电极处理有机废水可通过调整涂层表面组分，进而达到使有机物彻底氧化（电化学燃烧）或作为生物处理的预处理而使有机物部分降解、降低毒性（电化学转化）的目的。

按有机物电化学氧化的最终产物，采用电化学氧化法处理有机废水主要有以下两个方面：

（1）电化学转化法即通过电化学方法把不可生物降解的有机物质转化为可以进行生物降解的物质，然后再进行生物处理将其彻底降解为 CO_2，应用于该方法的理想电极材料应该对芳香族物质（芳香族化合物为难生降物质）的开环表现出高反应活性，但对脂肪族羧酸（可生降物质）的进一步氧化降解能力较差；

（2）电化学燃烧法即通过电化学方法把有机物质彻底氧化成为二氧化碳和水，应用于该方法的电极材料应具有很高的电催化活性，否则，不能使有机质彻底氧化为 CO_2 和 H_2O。

对不同电极材料处理有机污染物的效果进行了研究，结果表明，Pt，Ti/IrO_2、Ti/RuO_2 等阳极材料倾向于电化学转化过程，即以各类脂肪酸为最终产物，且伴随较低的电流效率；而若以 Ti/SnO_2、Ti/PbO_2 等为阳极材料，则可进行电化学燃烧过程，有机物可彻底氧化，且电流效率较高。

B 电极材料不同则降解反应效果不同

很多像 SnO_2 这样的金属氧化物表面吸附着大量的羟基，并进行如下化学反应

$$M-OH \longrightarrow M-O\cdot + H^+ + e \quad (1\text{-}8)$$

$$M-O\cdot + OH \longrightarrow M-O^- + \cdot OH \quad (1\text{-}9)$$

$$M-O^- + H_2O \longrightarrow M-OH + OH^- \quad (1\text{-}10)$$

羟基自由基（·OH）对有机体的氧化性极强。

SnO_2 之类的金属氧化物电极的其他优点是析氧过电位高，故极适合于阳极处理污染物。例如，采用喷雾水解方法，在 Ti 基阳极表面的 SnO_2 膜层中掺入 Sb，得到析氧过电位很高的阳极材料，能有效氧化分解种类较多的有机物基体，其平均氧化效率，即有关的 EOI 值，较 Pt 阳极或镀 Pt 钛阳极要高很多倍。用 Pt 阳极氧化苯酚时，EOI 值为 0.10；而用 SnO_2 阳极时，EOI 值为 0.25；相应的转化率分别是 40% 与 90%。用 SnO_2 总有机碳（TOC）移除率达 90%，而用 Pt 仅为 38%。原因是脂肪酸中间体在 SnO_2 阳极上迅速氧化分解，但在 Pt 阳极上却呈现惰性。

一种加速有机物氧化分解的方法是活化金属氧化物表面，使氧原子迁移反应极小，增加析氧净速度。对此，多在氧化物基质中插入催化点以促进氧化了的水放电而产生 ·OH 自由基，从而阻止电极表面产生大量的 O_2。各种掺杂添加剂，包括阴离子（如 Cl^- 等）和阳离子（如 Fe^{3+}，Bi^{5+}，As^{5+}）两种，实际投用于 PbO_2 电极能有效地氧化处理有机污染物与无机污染物。例如，掺 Bi(Ⅴ)PbO_2 阳极用于氧化分解酚、氰化物和铵，它能选择性氧化有机化合物，原位发生杀菌消毒产物和强氧化剂，能从矿石中抽提与氧化各种无机矿物质。

1.1.7.2　提高电催化氧化降解速率的措施

电化学方法用于处理难降解的有机物具有很好的效果，它可以使非生化降解的有机物转化为可以生化降解的有机物种。有机物的电化学转化反应速度一般较慢，所以常用增加电极的过电位、增加电极表面积、选择优秀电极材料以及改进电极结构等方法来提高有机物的电化学氧化反应速度。

在电化学反应中，电极表面区域随着电荷移动而伴生非均相催化反应，该反应类似于化学催化作用，电极材料能显著地影响电化学反应的速度。在同样的过电位下及一定的电解液中，电极反应速度及反应类型因电极基体材料的不同而变化，这在电化学中统称为电催化。在电催化反应中，电极作为电催化剂，不同的电极材料可以使电化学反应速度发生数量级上的变化，所以适当选择电极材料是提高电化学催化反应效率的有效途径。

在电化学反应中，多组分组成电极也是很重要的一个研究方面，$Ti/SnO_2 \cdot Sb_2O_3 \cdot MnO_2/PbO_2 \cdot MnO_2$ 阳极的制备可作为多组分电极设计的一个示例。钛阳极失效的主要原因是由于析氧反应所产生的新生态氧扩散到电极表面，从而在钛表面生成不导电的 TiO_2 膜。为了使阳极活化，在电极表面加一层 $PbO_2 \cdot MnO_2$ 活性层；为了减少新生态氧扩散到钛表面上，在钛电极基体与活性层中间加一层 $SnO_2 \cdot Sb_2O_3 \cdot MnO_2$ 中间层，在含酚污水的处理中，这种阳极有很高的电催化活性和电化学稳定性。

早期的反应器多采用平板二维结构，面积比较小，单位槽处理量小，电流效率比较低，针对此缺陷，采用三维电极来代替二维电极，大大增加了单元槽体积的电极面积，而且由于每个微电解池的阴极和阳极距离很近，传质非常容易，因此大大提高了电解效率和处理量，三维电极是在 20 世纪 60 年代末提出来的，所用的填充材料主要有金属粒子、镀上金属的玻璃球或塑料球、金属氧化物、石墨和活性炭等。三维电极法有着比较高的脱色率和 TOC 去除率，且稳定性比较好。

1.2 电解工程对电极材料的要求

电解工程，特别是电化学工业和电冶金工业都离不开电极材料。电极材料的选择极为重要。电极过程的方向和动力学，电极和电解槽的结构形式与电槽寿命，维修费用和劳动力消耗，以及工艺过程的动力指标等，都在很大程度上取决于电极材料的性能，尤其是在进行电极形式和电槽结构设计时，都和电极材料的耐用性、导电性、电催化活性和电能消耗值有着密切的关系[11,12]。不断研制性能优越的新型电极材料始终受到各国研究人员和工程技术人员的重视。在当今能源紧张的情况下，新型高效的电极对节能降耗、促进生产发展有着极重要的意义。

电解槽中的反应过程，包括电极反应过程和与之相联系的非电化学反应过程。

非电化学反应过程是电极反应生成物向电解液中移动时逐渐发生的反应过程。例如，食盐水电解制造氯酸钠时，通过电解产生了次氯酸盐，次氯酸盐在溶液中发生不均化反应，从而生成氯酸盐。这个生成氯酸盐的不均化反应就属于非电化学反应过程。

真正的电化学反应是在电极表面，伴随着电荷移动而发生的不均接触反应，也就是电极反应本身，电极只是承担这种反应过程的功能元件和材料。电化学反应进行时，由于电极表面的反应物粒子供应不足，生成物积累在电极表面上，所以必须将反应物不断补充到电极表面上，将生成物传送到电解液中。也就是说，电极反应过程包括物质移动、电荷移动以及接触反应三个过程。物质移动属于物理过程，而后两个过程是在电极表面相继发生的化学过程，一起称为活性化过程，或反应过程。

电极的选择和设计应根据电极反应的性质，特别是根据电极反应的速度控制步骤而定[13]。对于反应速度是控制步骤的电极反应，电极催化活性是重要的；而对于物质移动为速度控制步骤的电极反应，电极和电解槽构造的设计是重要的。伴随有气体产生的电极反应，电极的几何形状、表面状态、液流速度等物质因素也会影响电极反应速度。

阳极和阴极统称为电极。阴极材料的选择已不成问题，而阳极材料一直是人们研究的课题。本书主要讲述阳极，书中有出现电极一词的地方，一般来说是指阳极。

与阳极相比，阴极研究的内容少些，但也必须注意下列问题：电解介质腐蚀性强，阴极极化时，会出现腐蚀现象；阴极会发生氢脆；停产时暴露在腐蚀介质中。对于阴极，一般是研究其催化活性，较为重大的研究课题是开发盐水电解用低氢过电位阴极。阴极分为表面更新型阴极和表面不变型阴极两种。

阳极根据其在电化学反应中的行为可分为两种类型。第一类电极，本身并不直接参加电极反应，还会被消耗，称为不溶性阳极。不溶性阳极又可分为渐耗型（不完全耐腐蚀）阳极和形稳型（完全耐腐蚀）阳极。另一类阳极，直接参加电极反应，并有所消耗，如阳极溶解，可称为可溶性阳极。可溶性阳极分为完全可溶性阳极和不完全可溶性阳极。

不溶性阳极是在其表面进行阳极氧化反应的电极，理想的情况是向反应提供场所而电极本身并不损耗。

如果将碱水电解槽的镍阳极或镀镍钢板阳极以及铬酸盐中的铅之类阳极进行阳极极化，则其表面就生成一层比较厚的氧化物，而这类氧化物多数是难溶性物质，故能阻止电极本身氧化消耗，则氧就先产生，但是这层氧化物薄膜与基体结合不够牢固，会逐渐脱落，结果造成基体金属被氧化而慢慢损耗。

盐水电解使用的石墨阳极，由于阳极电解消耗，极间距离增大，槽电压升高，电能消耗增加，以 DSA 为代表的形稳型阳极的开发解决了上述问题。

铜电解精炼是以粗铜块作为阳极，粗铜阳极溶解向电解溶液源源不断地提供 Cu^{2+}，阳极溶解电流效率可达100%。

电镀镍的工艺中，镍阳极溶解提供 Ni^{2+}，但是纯镍阳极在硫酸电镀液中常常会钝化。为避免钝化现象，可采用添加微量氧的镍铸造材料。

电极的构造，必须设计和使用适应各种结构电解槽的电极，但以电极结构设计为依据，变更电解槽结构的例子也不少。最常用的是平板电极，圆筒状或曲面电极也常被使用，金属表面处理工艺使用长方形和线状电极。有气体产生时，为了迅速排除电极间的气泡，电极最好用网状、冲拉扩张金属网、多孔板等。燃料电池使用多孔电极，允许反应气体通过，但要防止电解液泄漏。

选定电极材料原则是：电极除具有反应催化性能外，还应在苛刻条件下能进行长时间工作。应从科学方面和工艺方面进行考察来选定电极。

从科学角度选择的标准有以下三方面。

（1）催化活性和抗中毒性。反应速度（电流密度）i 与过电位 $\Delta\varphi$ 的关系可用下式表示：

$$\Delta\varphi = \frac{RT}{\beta F}(\ln i_0 - \ln i) \qquad (1\text{-}11)$$

式中，i_0 为反应速度系数（交换电流密度），是催化活性代表值；i 为单位电极面积通过的电流。电极有效表面积 A 增加，电流（物质移动量）I 一定时，i 就减少：

$$i = \frac{I}{A} \qquad (1\text{-}12)$$

即要降低过电位，可通过增大催化活性和增大电极表面积两条途径。事实上，把两者分开考虑是困难的，与其增大催化活性，不如增大微观的有效表面积，对于实用电极的抗中毒性和耐久性均有好处，镀铂黑的铂可作活性极高的氢电极催化剂，但物理强度差。与此相反，镀 Ni-S 钢板的有效表面积大，因此氢过电位很低，当电解液干净时，可长时间使用。

（2）反应选择性。生产工艺所需要的电极反应和不希望发生的副反应同时存在时，电极对反应的选择性是个重要问题。水溶液电解时，氧电极反应和氢电极反应常常同时发生。RuO_2 涂层钛阳极的氯过电位值很小，但氧过电位值也小，因此，应考虑往 $RuO_2 \cdot TiO_2$ 混合氧化物涂层中添加第三种元素，以改善涂层性能，使其保持原来低的氯过电位特性，而又具有高的氧过电位特性。

（3）表面状态及其随时间变化。电极表面状态如果随着运转时间发生变化，那么伴随着的是电极催化活性也将发生变化。金属阳极表面覆盖一层阳极氧化薄膜，这层薄膜的组成和形态与电极电位有关。通常，催化活性随氧化状态而变化。电极特性如果随着运转时间发生变化，则用作工业材料时是非常不合适的。电极同时具有耐蚀性和耐磨损性时，电极性能可期望获得长期稳定性，即获得长的工作寿命。

从生产工艺及实用角度来考虑选择电极材料时应注意以下几方面：

（1）耐腐蚀性和耐磨损性；

（2）电极反应特性的稳定性和耐久性；

（3）电性能（导电性），设计制造大型电解槽时，电极的导电性常常成为问题，例如，使用钛基体电极时，钛电阻比较大，为了不增加电极本身的损耗，因此要选用具有足够强度的厚板或者采用导电性好的 Ti-Cu 复合金属材料；

（4）机械强度及密度，机械强度以及加工的难易程度，对工业用材料必然要涉及到的，电极材料也不例外；

（5）加工性能（机械加工及焊接加工）；

（6）活化（再生）及原料回收可能性，失效后的电极再生的可能性与材料性能和电极结构设计有关，钛基体涂层电极，其工作寿命和重涂涂层，从经济方面考虑都是重要的，从使用过的废旧电极中回收有价值的原料，具有很大的经济意义；

（7）价格及经济性。

总之，应该根据总的经济核算，在生产工艺中选定最合适的电极材料，这是必须确认的基本准则。

电解工业不同，对电极材料要求也不同[14]。

对氯碱工业来说，过去长期使用石墨为阳极材料，铁网为阴极材料。

在水电解工业中，由于阳极产生大量的氧气，因此不能用石墨作为阳极，生产中大都采用不锈钢为阳极材料，即使在高浓度的烧碱溶液中发生阳极极化时，也不会发生活性溶解，但如果电解液中混进了微量的氯离子，不锈钢会产生明显的蚀点。

生产具有氧化性的某些无机盐，如过二硫酸铵[$(NH_4)_2S_2O_8$]等时，阳极材料必须具有良好的耐腐蚀和较好的催化选择性，一般采用铂族金属铂为阳极材料。

在海水淡化器或处理废水用的电渗析器中，由于阳极、阴极要经常换向，因此必须选择既能做阳极又能做阴极的材料，一般用铅作为电极材料，也可采用含铱涂层金属阳极。

用铂阳极进行电解硫酸盐与氯酸盐水溶液时，因为氧在铂上的过电位高，可抑制氧的产生，而使硫酸根及氯酸根发生氧化反应，可利用此法制造过硫酸盐及高氯酸盐。

电解硫酸盐生产过二硫酸盐时，可用具有导电性能的二氧化铅镀层作为阳极。

将铁氧化物熔融铸造的磁性氧化铁阳极，在氯化物溶液中具有良好的耐蚀性，可用来制取氯酸盐。

以阴极还原反应作为目的反应的电解工艺中，如电解提取有色金属、钢铁工业中的镀锌、电解制造印刷电路用的铜箔等大多数是在酸性溶液中进行。在酸性溶液中电解能发生氧反应的电极材料是铂。在硫酸酸性溶液介质中，作为工业化使用的电极材料只使用铅基合金电极。添加银后可延长铅基合金电极的工作寿命，但硫酸溶液中如混进微量的氯离子，铅电极就不能使用了。

一般认为，在酸性溶液中阳极极化时显示优良耐蚀性能的是钛镀铂电极。钛镀铂电极解决了铂电极价格昂贵，资金短缺的问题，可作为工业电解用电极材料。

铁、镍及铁基合金（包括碳钢、铁合金不锈钢）主要适用于碱性水溶液及熔融碱性介质，它们在这些介质中稳定、耐蚀，而且价格较低，如在水电解槽中作为阳极材料，在其他一些电合成中也可作为阳极材料使用。

目前，电解工业主要使用的阳极材料有磁性氧化铁、石墨、铅基合金、二氧化铅、铂、镀铂、铂族金属氧化物、[正]铁酸盐[15~17]。

表 1-1 和表 1-2 介绍了这些阳极的部分性能。

表 1-1　各种阳极的性能

性　能	铂族金属	铅氧化物	磁性氧化铁	其他迁移族金属氧化物
机械强度	强	脆	脆、硬	脆、硬
加工性能	良好	差	差	差
电阻率/Ω · cm	10^{-6}	10^{-5}	10^{-3}	(MnO_2)
在电解液中的耐酸性	与电流量成正比地溶解在含 Cl^- 的酸性溶液中①	溶解在含 Cl^- 的溶液中	良好	差

① $Pt \rightleftharpoons Pt^{2+} + 2e \approx 1.2V$；$Ir \rightleftharpoons Ir^{3+} + 2e \approx 1.1V$；$Rh \rightleftharpoons Rh^{3+} + 3e \approx 0.8V$；$Pd \rightleftharpoons Pd^{2+} + 2e \approx 0.9V$。

表 1-2　各种阳极材料在不同条件的耐蚀性

条　件	DSA（钛基体）	铂族金属（钛基体）	氧化铅（钛基体）	磁性氧化铁
$pH < 2$		溶　解		
$pH > 12$				
SO^{2-}				
NO^{3-}			溶　解	
Cl^-		溶解增加	溶　解	
Br^-，I^-	钛分解电压下降	钛分解电压下降	钛分解电压下降	
CN^-		溶解（络盐）		
F^-	腐蚀钛	腐蚀钛	腐蚀钛	腐　蚀
苯胺，腈	生成聚合物	生成聚合物	生成聚合物	生成聚合物
乙酸，草酸	腐蚀钛	腐蚀钛	腐蚀钛	
糖　类		溶解增加		
温　度		溶解增加		

表 1-3 列出了按工作介质选择的阳极材料。

表 1-3 在不同工作介质可供选择的不溶性阳极材料

工作介质（水溶液）	可使用的阳极	不能使用的阳极	备 注
硫酸盐，铬酸盐	铅、铅合金，铂、铂合金，高硅铸铁	炭和石墨，镍、铁及其合金，铜及其合金	如有卤化物存在，腐蚀加速，过电位高
浓氯化物，盐酸	炭及石墨，磁性铁、二氧化铅，RuO_2 型氧化物阳极	一般金属材料	溶液中有含氧阴离子时腐蚀加速
稀氯化物	铂，二氧化铅，RuO_2 型氧化物阳极	一般金属材料	随有效氯增加腐蚀加速
碱性溶液	铁、镍及其合金、碳钢、不锈钢	炭和石墨，铜及其合金	如有卤化物存在，腐蚀加速

上述这些电极材料中，金属铂及其合金价格昂贵，并且在高电流密度下使用时消耗显著。铅氧化物制造困难，耐蚀性差。磁性氧化铁质脆弱，尺寸受限制，其电位和过电位均高，使用它作阳极材料不经济。因此都没能得到普遍应用。

参 考 文 献

[1] 杨辉，等．应用电化学［M］．北京：科学技术出版社，2001.

[2] 张招贤，等．钛电极学导论［M］．北京：冶金工业出版社，2008.

[3] 张招贤．电催化科学［M］．广州：广东科技出版社，2007.

[4] 张招贤，等．应用电极学［M］．北京：冶金工业出版社，2005.

[5] 张招贤．钛电极工学［M］．第 2 版．北京：冶金工业出版社，2003.

[6] 张招贤．钛电极工学［M］．北京：冶金工业出版社，2000.

[7] 马淳安．有机电化学合成导论［M］．北京：科学出版社，2002.

[8] 冯玉杰，等．哈尔滨工业大学学报，2004，36（4）：450 ~ 455.

[9] 吴辉煌．环境污染与防治，2000，22（4）：39 ~ 42.

[10] 关本正生．電氣化学およひ工業物理化學，1993，61(1)：131 ~ 133.

[11] 张招贤. 广东有色金属，1991，(1)：21 ~ 24.
[12] Якименко Л. М. Химическая Промышленность，1973，(3)：38 ~ 44.
[13] 日根文男. ソーダと盐素，1985，36(3)：1 ~ 10.
[14] 陈康宁. 金属阳极 [M]. 上海：华东师范大学出版社，1989.
[15] 陈延禧. 电解工程 [M]. 天津：天津科学技术出版社，1993.
[16] 中村正. 化学工学，1976，40(5)：249 ~ 250.
[17] 高桥正雄. ソーダと盐素，1989，40(11)：1 ~ 10.

第 2 章　电极反应工程实际问题

2.1　电极反应工程生产中主要技术经济指标

2.1.1　电流效率[1,2]

1833 年,英国科学家 M. Faraday 提出的法拉第电解定律揭示了电化学反应中物质与电量的关系。在电化学中,法拉第定律常以简单的方式表述:如电化学反应中得失的电子数为 n,则界面上每通过 1 法拉第电量(符号:1F),应生成$\frac{1}{n}$mol 的物质。1F 表示 1mol 电子的电量,即数量为阿伏伽德罗常数(6.0221367×10^{23})个电子的电量:

$$1\text{F} = (6.0221367 \times 10^{23}) \times (1.6021892 \times 10^{-19})\text{C/mol}$$
$$= 96486\text{C/mol}(\text{C 为库仑})$$

如以电化学工程中常用的安时(A·h)表示,1F 相当于 26.8A·h。这是由于,在电化学反应中$\frac{1}{n}$mol 物质的生成,恰好消耗了 1mol 电子。例如,对于放氯反应 $2Cl^- \rightarrow Cl_2 + 2e$,$n = 2$,即每生成 1 个 Cl_2 分子需 2 个电子,所以每通过 1F 电量,应生成 1/2mol 的 Cl_2 即 35.5gCl_2。

在处理实际问题时,一般采用“电化当量”(符号:K),其定义为:界面上通过单位电量时所生成的物质数量。在电解工业中,计算电能消耗时,需要掌握生成单位质量物质所需的电量,称为理论耗电量(k),它是电化当量的倒数,即

$$k = \frac{1}{K} \tag{2-1}$$

例如,对于 Cl_2,其电化当量为 $K = 1.323$g/(A·h),则生

成 $1tCl_2$ 的理论耗电量为

$$k = \frac{1000}{K} = \frac{1000}{1.323} = 755.86 \approx 756\text{kA} \cdot \text{h/t}$$

法拉第定律是自然界中最严格的定律之一，它不因物质品种、性质、反应条件而改变，但在电化学科研和生产中常发现表观的偏差，即电化学反应的产物少于（有时也可能多于）理论计算值。为此，提出了电流效率（η_I）这一概念，其定义为：

当电流通过电极与电解液界面时，实际生成的物质的量与按法拉第定律计算应生成的物质量之比称为电流效率。即

$$\text{电流效率} = \frac{\text{电极反应实际生成的物质量}}{\text{按法拉第定律计算应生成的物质量}} \tag{2-2}$$

$$\eta_I = \frac{G/k}{Q} \tag{2-3}$$

式中，G 为产物的质量，kg；k 为产物的理论耗电量，A · s/kg；Q 为实际通过的电量，A · s。

表 2-1 给出了一些常见物质的电化当量。

表 2-1 常用元素的电化当量

元素	元素符号	相对原子质量	化合价	电化当量 $K/\text{g} \cdot (\text{A} \cdot \text{h})^{-1}$
铁	Fe	55.85	2 3	1.0416 0.694
镍	Ni	55.89	2 3	1.095 0.730
铬	Cr	52.01	3 6	0.647 0.324
钛	Ti	47.90	2 4	0.894 0.447
钴	Co	58.94	2 3	1.099 0.733

续表 2-1

元素	元素符号	相对原子质量	化合价	电化当量 $K/g\cdot(A\cdot h)^{-1}$
铜	Cu	63.54	1 2	2.372 1.186
铝	Al	29.97	3	0.373
镁	Mg	24.32	2	0.454
锰	Mn	54.93	2 3	1.025 0.683
锌	Zn	65.38	2	1.220
锑	Sb	121.76	3	1.514
钨	W	183.92	5 6	1.374 1.145
氧	O_2	16	2	0.597
氢	H_2	1.008	2	0.041
氯	Cl_2	35.457	2	1.323
溴	Br_2	79.916	2	2.982
氟	F_2	19.00	2	0.709
镉	Cd	112.41	2	2.097
银	Ag	107.88	1	4.024
钠	Na	22.30	1	0.858
铅	Pb	207.21	2	3.865
铂	Pt	195.23	2 4	3.642 1.821
锡	Sn	118.7	2 4	2.214 1.107
铋	Bi	208.98	3	2.601
金	Au	197.0	1 3	7.361 2.454
铊	Tl	204.37	1	7.629
砷	As	74.921	3	0.932

2.1.2 电化学反应器工作电压[1,3]

实现电化学反应的设备或装置称为电化学反应器，它包括电解工程使用的各种电解槽。自发电池在放电时的电压称为端电压，它小于电池的电动势，并与放电电流有关，如图 2-1 所示。电解槽工作时的电压称为槽电压，它大于电解反应的理论分解电压，它与电解电流有关，如图 2-2 所示。

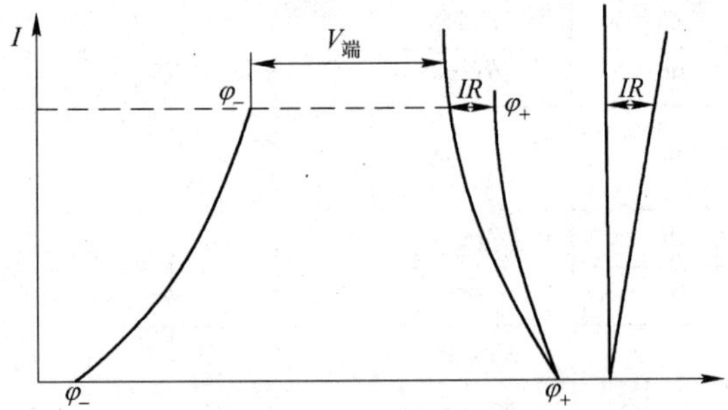

图 2-1 自发电池的端电压与电流的关系

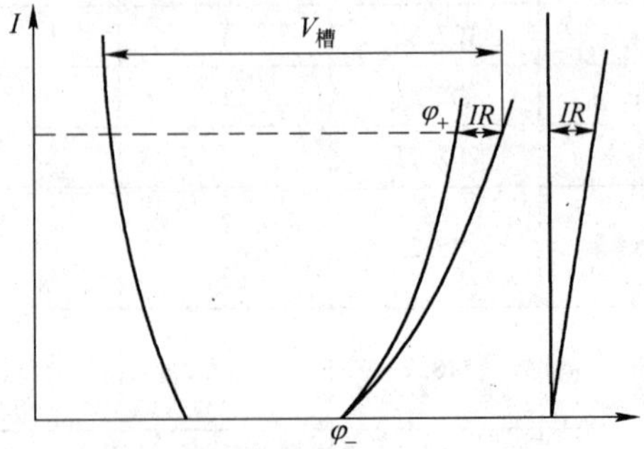

图 2-2 电解槽的槽电压与电流的关系

如以电压方程表示，端电压及槽电压与电流的关系为：

$$V_{端} = \varphi_+ - \varphi_- - IR < E \tag{2-4}$$

$$V_{槽} = \varphi_{+} - \varphi_{-} + IR > E_{分} \tag{2-5}$$

式中，φ_{+}为正极的电极电位；φ_{-}为负极的电极电位；I 为电流；R 为电化学反应器内的各种电阻；E 为自发电池的电动势；$E_{分}$为电解反应的理论分解电压。

可以下式表示电化学反应器工作电压的组成：

$$V = \varphi_{e,A} - \varphi_{e,K} + |\Delta\varphi_{A}| + |\Delta\varphi_{K}| + IR_{AL} + IR_{KL} + IR_{D} + IR_{A} + IR_{K} \tag{2-6}$$

式中，$\varphi_{e,A}$为阳极平衡电极电位；$\varphi_{e,K}$为阴极平衡电极电位；$|\Delta\varphi_{A}|$为阳极的过电位（绝对值）；$|\Delta\varphi_{K}|$为阴极的过电位（绝对值）；IR_{AL}为阳极区电解液的电阻压降；IR_{KL}为阴极区电解液的电阻压降；IR_{D} 为隔膜的电阻压降；IR_{A} 为阳极及与阳极联结的导电板上的电阻压降；IR_{K} 为阴极及与阴极联结的导电板上的电阻压降。

式（2-6）中，$\varphi_{e,A}$和$\varphi_{e,K}$之差即理论分解电压（E）；IR_{AL}和IR_{KL}则是第二类导体的电阻压降，可由下式计算：

$$IR_{L} = I\rho\frac{\Delta}{S} = \frac{i\Delta}{æ} \tag{2-7}$$

式中，ρ 为电解液的电阻率；æ 为电解液的电导率；Δ 为电极间距离或电极到隔膜的距离。

以铜的电解精炼及电解制取来说明电解槽槽电压情况。

铜的电解精炼槽中，以粗铜棒为阳极，纯铜板为阴极，置于硫酸铜的硫酸溶液中进行电解。此时电极反应为：

阳极反应：$Cu(粗铜) = Cu^{2+} + 2e$　　(2-8)

阴极反应：$Cu(纯铜) = Cu^{2+} + 2e$　　(2-9)

总反应：$Cu(粗铜) = Cu(纯铜), \Delta G \approx 0, E_{d} \approx 0$　　(2-10)

由于阳极与阴极反应相似，两者的 ΔG 几乎相等，所以总反应的 ΔG 接近于 0，理论分解电压也近于 0。这就是电解精炼槽槽电压低的主要原因。

与此相反，采用电解提取铜时，为达到将溶液中的 Cu^{2+} 还原为 Cu 的目的，需用不溶性阳极。在此情况下，阳极反应生成氧，这与阴极反应具有本质上的不同：

$$\text{阳极反应:}\ H_2O = 2H^+ + \frac{1}{2}O_2 + 2e,\ E_A = 1.23V \qquad (2\text{-}11)$$

$$\text{阴极反应:}\ Cu(\text{纯铜}) = Cu^{2+} + 2e,\ E_C = 0.33V \qquad (2\text{-}12)$$

$$\text{总反应:}\ Cu^{2+} + H_2O = Cu(\text{纯铜}) + 2H^+ + \frac{1}{2}O_2,$$

$$E_A = 0.90V \qquad (2\text{-}13)$$

即加上上述反应的理论分解电压 0.9V 这样一个大的数值，且因阳极氧的过电位很高，因而，上述两种电解槽的槽电压具有很大的差异：

电解精炼槽：0.16～0.17V；

电解提取槽：2.0～2.2V。

所以，两者的电能消耗量是大不相同的。

2.1.3　直流电耗

工业电解过程的直流电耗一般可用单位产量（1kg 或 1t）消耗的直流电能表示，即

$$W = \frac{kV}{\eta_I} \qquad (2\text{-}14)$$

式中，W 为直流电耗，kW·h/t；k 为生成产物的理论耗电量，kAh/t；V 为槽电压，V；η_I 为电流效率，%。

2.2　气泡效应[1,4]

电化学反应器中，电解析出气体，主要有阴极析出氢气和阳极析出氧气、析出氯气。气泡效应主要影响如下：

（1）在电极与电解液界面上，由于气泡的生长和附着，形成所谓“气泡帘”，使电极活性面积减小，又使电极表面电位和

电流密度的微观分布不均匀；

（2）在体相，由于电解气泡的分散，使电解液成为气-液混合体系，因而真实电导率下降，溶液的电阻压降和电化学反应器工作电压升高，增大了能耗。而电极之间的气泡不均匀的分布，则是电极表面电流宏观分布不均匀的主要原因。

影响电化学反应器工作电压的气泡效应，特别是在高电流密度时尤为重要。

2.2.1　电极析气对溶液电导率的影响

电极析气使电化学反应器中溶液电阻压降增大，这是由于电解液充气后，其有效电导率下降。表达充气率 ε 对电导率 $æ$ 影响的关系式有多种，其中最重要的是以下 3 种：

Maxwell 公式：
$$\frac{æ}{æ_0} = \frac{1-\varepsilon}{1+\varepsilon/2} \tag{2-15}$$

Bruggeman 公式：
$$\frac{æ}{æ_0} = (1-\varepsilon)^{3/2} \tag{2-16}$$

Prager 公式：
$$\frac{æ}{æ_0} = (1-\varepsilon)\left(1-\frac{\varepsilon}{2}\right) \tag{2-17}$$

式中，$æ$ 为充气电解液的电导率；$æ_0$ 为不含气泡的电解液的电导率；ε 为电解液的充气率，其定义为

$$\varepsilon = \frac{V_{气}}{V_{气} + V_{液}} \tag{2-18}$$

式中，$V_{气}$ 为气泡的总体积；$V_{液}$ 为溶液的体积。

2.2.2　析气电极的电流分布

电化学反应器中由于电解析气产生的电流分布不均匀性，不仅影响电极活性表面的充分利用及电极寿命，更波及电化学反应器的性能，如使槽电压和直流电耗增大。

与电化学工程中其他电极的电流分布比较，析气电极的电流分布具有以下特点：

（1）其一次电流分布的不均匀性主要不是由几何因素引起的，而起因于体相（气-液混合系）电导率的不均匀性；

（2）其二次电流分布受电极表面气泡帘的影响，使电化学极化有更大的变化；

（3）与电解液的流量、流速、流场分布有密切关系；

（4）电化学反应器和电极的结构、电极间（或电极与隔膜间）的距离对析气电极表面的电流分布有更大的影响。

本书介绍的涂层钛阳极在氯碱工业使用时，与石墨阳极相比，直流电流消耗可降低 10% ~20%。钛阳极电槽槽电压低的其中一个原因，是降低了“气泡屏蔽效应”，金属阳极表面生成的气泡比较细小，且脱离迅速，这样电极间充气度大为降低，两极间电阻降明显下降。如在 $10kA/m^2$ 下，金属阳极间电阻降在 100mV 左右，气泡直径 1mm；而石墨阳极电阻降大约为 700mV，气泡直径约为 3mm。

2.3 电极表面的电位及电流分布[1,3]

电极表面的电位及电流分布是电化学工程的一个特殊问题。各种工业电化学过程，都要求电极表面具有均匀的电流分布。这是由于不均匀的电流分布（即电极表面各点的电流密度不相等），将产生以下的不良后果：使电极表面的局部反应速度处于“失控状态”，即不能在给定的合理的电流密度下工作，由此产生的副反应，可能降低电流效率和产品的质量（如纯度）；导致电极材料的不均匀损耗，局部腐蚀、失活，缩短了电极的工作寿命。

影响电位分布及电流分布的因素包括以下 3 种：

（1）电化学反应器及电极的结构因素，包括形状、尺寸大小、相互位置、距离等；

（2）电极和电解液的电导率及其分布；

（3）产生过电位的各种极化，主要包括电化学极化和浓度极化。

电流分布的规律分为 3 种：

（1）一次电流分布，即忽略各种过电位，并认为电导率亦均匀时的电流分布；

（2）二次电流分布，即考虑电化学极化但忽略浓度极化时的电流分布；

（3）三次电流分布，即考虑电化学极化又考虑浓度极化时的电流分布。

2.3.1　一次电流分布

电极表面的一次电流分布是由溶液中的电场分布决定的，因为任一点的电流密度正比于该点的电位梯度 $\nabla\varphi$ 和介质的电导率 æ，即

$$\boldsymbol{i}_s = -æ\ \nabla\varphi \tag{2-19}$$

式中，$\boldsymbol{i}_s$ 是溶液中的电流密度，它是矢量，垂直于等电位面，正切于电力线。流经电极表面的电流密度则是标量，它是 $\boldsymbol{i}_s$ 在垂直电极表面方向的分量，可由电位在垂直电极表面方向的偏微分 $\frac{\partial\varphi}{\partial n}$ 及式（2-19）求出，这样即可得到电位 φ 及电流密度 i 在电极表面的分布。

一次电流分布只有在平行电极及同心圆柱电极体系，即电极间隙相等，且两端良好绝缘时才能均匀。对于其他的电极结构，电流密度都不能均匀，在距离最近点，电流密度最高，而在阳极背面的点，电流密度则趋于零。

电极的结构、形状、馈电方式及结构对电流分布均有重要的影响。

2.3.2　二次电流分布

电流通过电极表面，将发生电化学极化，这时电流密度的分布发生变化，称为二次电流分布。

在电化学工程中常用一个无因次的数群 Wa（Wagner）来表

征二次电流分布的均匀性。

$$Wa = \frac{\mathrm{d}(\Delta\varphi)}{\mathrm{d}i}/\rho L = \frac{\mathrm{d}(\Delta\varphi)}{\mathrm{d}i} \cdot \frac{æ}{L} \tag{2-20}$$

式中，$\frac{\mathrm{d}(\Delta\varphi)}{\mathrm{d}i}$ 为电极反应的极化率（或极化电阻）；ρ 为电解液的电阻率；æ 为电解液的电导率；L 为特征长度（在不同情况下含义不同）。

Wa 的物理含义是单位面积的极化电阻与单位面积的电解液电阻之比，也可视为电荷通过双电层时的电阻与通过溶液的电阻之比。Wa 值愈大时，电流分布愈均匀，即很小的电流密度变化产生的过电位变化即可补偿由于密度变化引起的溶液电阻压降的变化，当$\frac{\mathrm{d}\varphi}{\mathrm{d}i}\rightarrow 0$ 时，$Wa=0$，即无电化学极化，此时电流已为一次分布。

2.3.3 三次电流分布

除电化学极化外，浓度极化也需要考虑时的电流分布称为三次电流分布，显然这发生在电流密度达到一定值，电极表面附近的反应物浓度显著降低，传质过程已不容忽视时。

在研究电流的三次分布时应考虑电极的表面轮廓，如果电极表面的粗糙度远大于扩散层厚度（δ），那么扩散层将沿表面轮廓分布，并且厚度大致均匀（具有相近的 δ 值），因此将具有基本均匀的 i_d 值；反之，若粗糙度远小于 δ 值，那么在扩散控制下，将形成不均匀的三次电流分布，因为在凸处的 i_d 值将大于凹处的 i_d 值。

参 考 文 献

[1] 陈延禧. 电解工程 [M]. 天津：天津科学技术出版社，1993.
[2] 安特罗波夫 Л. И. 理论电化学[M]. 吴仲达,等译. 北京:高等教育出版社,1982.
[3] 日根文男. 电解槽工学 [M]. 安家驹等译. 北京：化学工业出版社，1985.
[4] 张招贤，等. 广东节能. 1991，(3)：28～31.

第3章　工业电解用电槽及电极

3.1　工业电解槽[1~3]

实现电化学反应的设备或装置称为电化学反应器，工业生产一般又称为电解槽。电解槽广泛应用于化工、冶金、能源、环保、电镀等各个部门。它们结构与大小不同，功能及特点各异，但都具有下列的共同特点：

（1）所有的电化学反应器都由两个电极（一般是第一类导体）和电解质（第二类导体）构成；

（2）所有的电化学反应器都可归入两个类别，即由外部输入电能，在电极和电解液界面上促成电化学反应的电解反应器以及在电极和电解液界面上自发地发生电化学反应产生能源的化学电源反应器；

（3）电化学反应器中发生的主要过程是电化学反应，并包括电荷、质量、热量、动量等4种传递过程，服从电化学热力学、电极过程动力学及传递过程的基本规律。

3.1.1　电解槽的分类

从电化学工程实际出发，通常以电解槽的结构和工作方式进行分类。

3.1.1.1　按电解槽结构分类

电解工业上应用的电解槽可分为3类。

A　箱式电解槽

箱式电解槽形式各异，大小不等，一般槽体为长方形，具有不同的三维尺寸（长、宽、高），电极常为平板状，大多数垂直平行交错放置在槽内，电解液盛装在槽内。

箱式电解槽既可以采用间歇工作方式，也可以采用半间歇工作方式。

由于电解中要防止两极产物混合引起的副反应发生，因此有时需在两个电极之间使用隔膜。箱式电解槽中很少引用外加的强制对流，而往往利用溶液中的自然对流。例如，电解析气时，气泡上升运动产生的自然对流可有效地强化传质。

箱式电解槽多采用单极式电连接，但采用一定措施后也可实现复极式连接。由于箱式电解槽的结构简单，设计和制造较容易，维修方便，因而得到了广泛应用，但其缺点是时空产率较低。

图 3-1 为一种水电解用的单极式箱式电解槽。

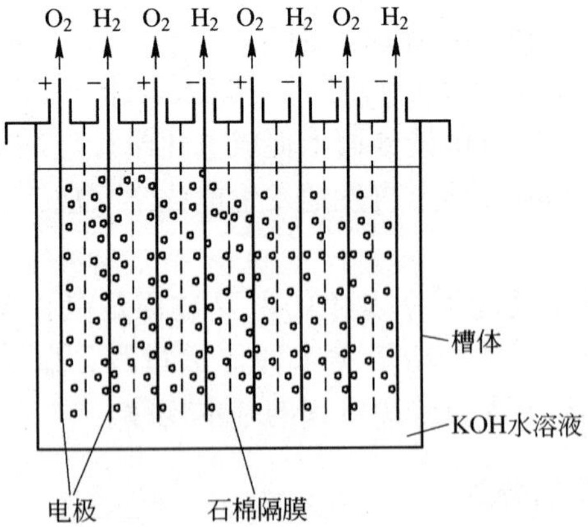

图 3-1　水电解用单极箱式电解槽

B　压滤机式或板框式电解槽

这类电解槽由很多单元反应器组合而成，每一单元反应器都包括电极、板框、隔膜，电极大多垂直安放，电解液从中流过，无需另外制作反应槽体，图 3-2 为其示意图。一台压滤机式电化学反应器的单元反应器数量可达 100 个以上。

压滤机式电化学反应器受到广泛应用的原因有：

（1）单元反应器的结构可以简化及标准化，便于大批量生

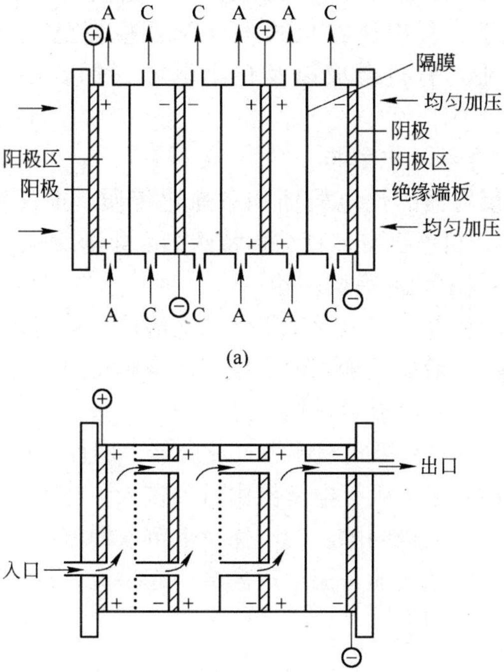

(b)

图 3-2　板框压滤机式电化学反应器

（a）单极式；（b）复极式；

A—阳极液；C—阴极液

产，也便于在维修中更换；

（2）电极材料及膜材料的选用较为广泛，可以满足不同的需要；

（3）电极表面的电位及电流分布较为均匀；

（4）可采用多种湍流促进器来强化传质及控制电解液流速；

（5）通过改变单元反应器的电极面积及单元反应器的数量，可以方便地改变生产能力，形成系列产品，适应不同用户的需要；

（6）可按复极式连接（其优点可减小极间电压降，节约材料，并使电流分布较均匀），也可按单极式连接。

在电化学工程中压滤机式电化学反应器已成功用于水电解、氯碱工业、有机合成以及化学电源（如叠层电池、燃料电池）。

C　特殊结构的电解槽

为增大反应器的比电极面积、强化传质、提高反应器的空间-时间产率，目前已有多种结构特殊的电化学反应器。

a　毛细间隙和薄膜反应器

电化学反应器采用电导率很低的电解质，采用减小电极间隙形成薄膜状电解液的毛细间隙反应器及薄膜反应器，对于降低电解液的电阻压降具有显著作用。

图 3-3 为一种复极式涓流塔式反应器，圆柱形塔中水平排列着多层双极性石墨电极，电解液由塔顶进入，在重力作用下以涓流方式缓缓通过电极间隙。为了保持电解液涓流流动，并防止电流短路，必须限制流速，流速过高会引起溢流，过低则可能使电极表面不能完全湿润。

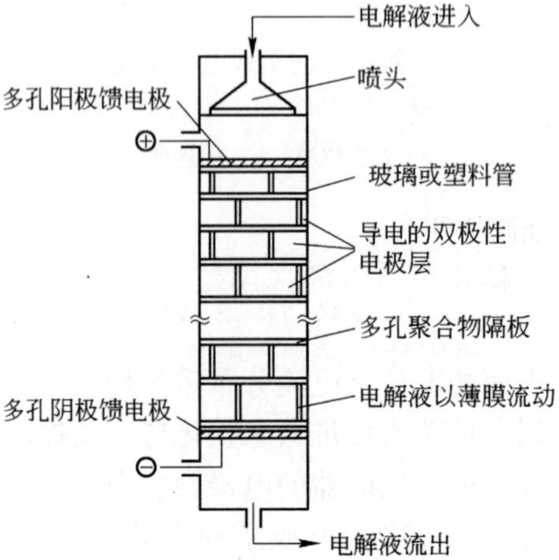

图 3-3　复极式涓流塔电化学反应器

图 3-4 为一种毛细间隙电化学反应器，它可以在使用电导率低的电解质时降低电阻压降和能耗。反应器为圆柱体，内装一组双极性圆盘状石墨电极，每一片电极厚度约 1cm，面积为 $100cm^2$，电极间隙很小，有的仅为 125μm，电解液由液泵自上部送入流过间隙。德国 BASF 公司电解合成己二腈、癸二酸二甲酯时都采用这种电化学反应器。

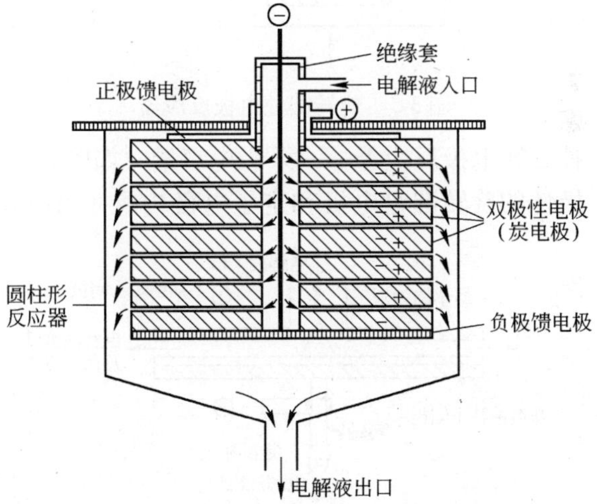

图 3-4　毛细间隙电化学反应器

b　旋转电极反应器

工业电解中使用的旋转电极分为两种，一种是圆柱形旋转电极，另一种是由旋转电极构成的泵吸电解槽。前一种圆柱形旋转电极与理论研究中使用的旋转圆盘电极具有不同的使用目的及特点，其工作表面，即圆柱面上的各点与转轴距离相等，因而具有相同的角速度和线速度，电极表面具有相同的传质条件及均匀的电流分布。如图 3-5 所示，由于电极旋转时使电解液与电极产生相对运动，从而强化传质，提高电流密度。

这种旋转圆柱电极已在水处理中用于回收照相废液中的银。

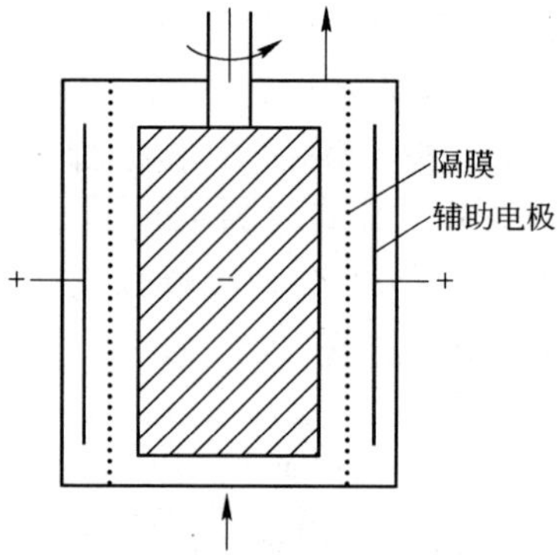

图 3-5　旋转圆柱电极反应器

另一种旋转电极反应器——泵吸电解槽，如图 3-6 所示，它由一个双极性的旋转圆盘电极和定子电极构成，当前者旋转时，

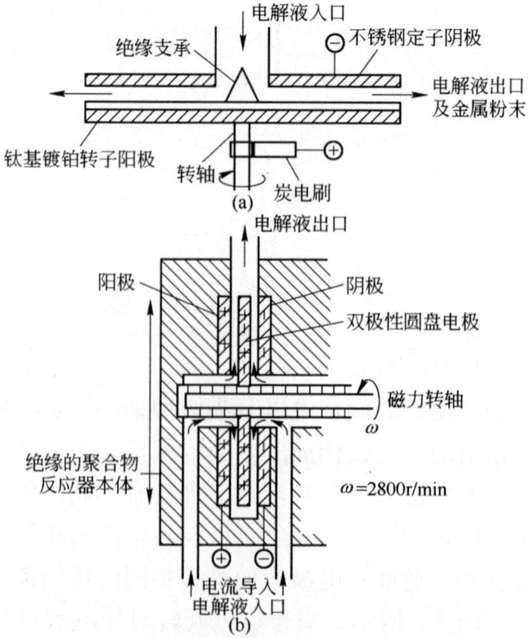

图 3-6　泵吸式电化学反应器

（a）单极式：用于生产金属粉末；（b）复极式：用于电合成

电解液被抽吸进入狭窄的电极间隙，并具有较高的流速，因而可提高电流密度。改变电极旋转速度可以改变电解液的流速、液压和电解时间，这种反应器不仅可以用于生成可溶性产物的电解合成，也可利用电极旋转时所产生的刮削作用和剪应力生产粗细不同的金属粉末。

c　三维电极电解槽

将使用三维电极的填充床（固定床）电解槽和流化床电解槽统称为三维电极电解槽。三维电极电解槽的突出特点是具有很高的比电极面积（A_s）。

早期的三维电极多采用微小的颗粒状或球状材料，包括炭粒、石墨粒、各种金属球。

然而现在的三维电极材料并不限于颗粒状材料，选材范围大为扩大，其中有：

（1）纤维状材料，包括金属纤维、炭纤维及其他纤维；

（2）泡沫状材料，包括金属泡沫或碳质泡沫；

（3）由规则排列的微电极（包括各种网状电极、多孔电极）构成的三维电极；

（4）在不同工艺（如烧结、压制、腐蚀）制备的多孔基体上，以各种方法（如浸渍、涂敷、电镀）负载电催化剂、活性物质和导电材料的三维电极。

三维电极反应器中电解液的流动既可为涓流，亦可由液泵输送，具有较大的流速。其流动方向大多数与电流方向垂直，但也有相互平行的。三维电极反应器的结构除圆柱形、塔形之外，亦可为矩形或其他结构。电连接可为单极式或复极式，辅助电极可采用三维电极或二维电极。

当通过颗粒床向上流动的电解液流速足够大时，床层发生流态化，这时电极和电解液近似单相的流体，处于此种状态的反应器称为流化床反应器。

此外，还有一种具有叠层结构的电极（国外称为 Swiss-Roll cell），如图 3-7 所示。阳极和阴极分别为两张很薄的金属箔，为

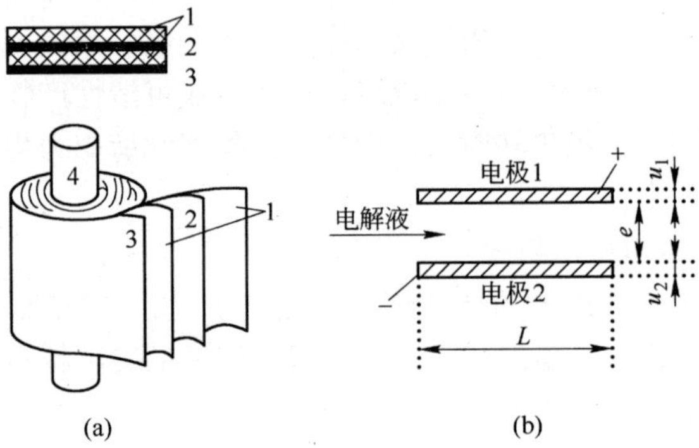

图 3-7　Swiss-Roll 电化学反应器

（a）电极结构；（b）电极的排列

1—隔膜；2，3—电极；4—轴

防止短路，各用两层塑料网或织物隔开。这种网布上吸满电解质，构成电化学反应体系，将它们绕成一个轴卷绕成一个整体后，即可作为电化学反应器工作。

这种反应器可视为一个长度很长的平行电极，被一层薄薄的电解液隔开的电化学反应器，如图 3-7（b）所示。由于电极很薄，其电极电阻与电解液的电阻相比不能忽略，因此可将它视为三维电极。

这种电极的特点是具有很高的比电极面积和较低的电阻压降。为使电流分布均匀，这种反应器电极的连接最好一极由接近轴的一端引出，另一极从圆柱外面引出。这种反应器常用于化学电源，如箔式圆柱密封镉镍蓄电池。

三维电极电解槽已用于四乙基铅、对氨基苯酚等产品的电合成。

d　零极距电化学反应器（zero-gap cell）和 SPE 电化学反应器

零极距电化学反应器（zero-gap cell）和 SPE 电化学反应器表面近似，即电极距离非常小，贴近隔膜，实际却不同。零极距电化学反应器，如图 3-8 所示，其电极（一般为网状电极或孔板电极）直接压在隔膜上，因此使电解液的电阻压降大大减小，适用于有气体析出的场合。气泡不会在电极与隔膜之间存留，能迅速逸散到电极背面，在水电解及氯碱工业中都得到了应用。

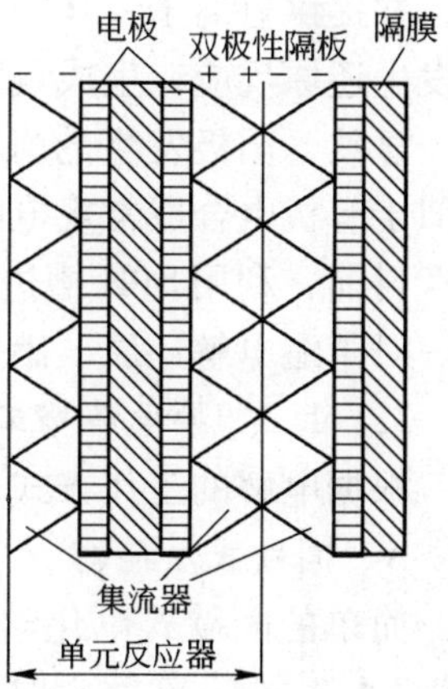

图 3-8　零极距电化学反应器

SPE 电化学反应器即固体聚合物电解质（solid polymer electrolyte）电化学反应器。最初在通用电气公司为 NASA 宇宙计划研制的燃料电池中得到应用，后来逐渐推广到其他工业电解过程，如水电解、氯碱工业、有机电合成等。

SPE 电解槽在有机电合成和水电解中的反应原理如图 3-9 所示，图中 SPE 采用阳离子交换膜，膜两侧为金属催化剂涂层。其中一侧为阳极，另一侧为阴极，且阳极室盛水，阴极室装有机物反应原料。当在两极间施加电压时，阳极发生氧化反应析出氧

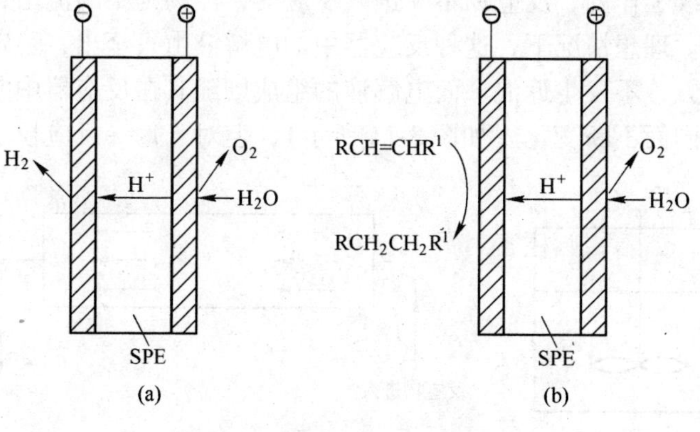

图 3-9　SPE 电解槽基本原理

（a）水电解；（b）烯烃电还原

气，并提供氢离子（H^+），氢离子通过 SPE 膜移往阴极；阴极侧发生还原反应，生成氢气或有机产物。

显然，阳极发生的氢离子在 SPE 内是可以移动的，其作用类似于有机电合成常规电解中的支持电解质。

目前，利用 SPE 槽进行有机电合成反应有：马来酸电解还原、对苯醌电解还原、硝基苯电解还原和肉桂醇电氧化等。

3.1.1.2　按电解槽工作方式分类

根据电解的工作方式，电解槽可分为 3 种。

A　间歇式反应器

简单的间歇式电化学反应器定时送入一定量的反应物（电解液），经过一定反应时间后，放出反应产物。显然，随着电化学反应和伴随化学反应的进行，反应产物不断消耗，其浓度不断降低，而产物则不断生成，浓度不断提高，如图 3-10 所示。

间歇式反应器运行中耗费的劳动量较大，一般适用于小规模生产或间断提供产物的场合。

B　柱塞流电化学反应器（PFR）

柱塞流电化学反应器又称为管式反应器或活塞流反应器，它是连续工作的，反应物不断进入反应器，产物则不断流出，达到稳态。理想情况下，这种反应器中的电解液由入至出，稳定地流向前方，不发生返混。而电解液的组成则随其在反应器中空间位置不同而不断变化（如图 3-11 所示），但对于每一反应粒子具有

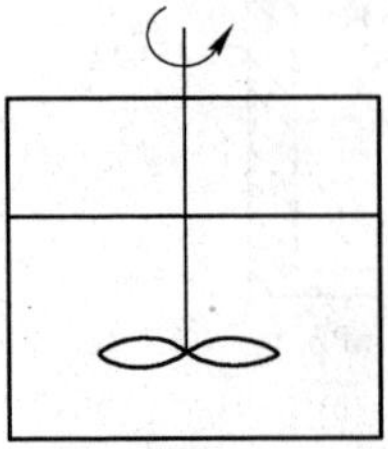

图 3-10　间歇式反应器

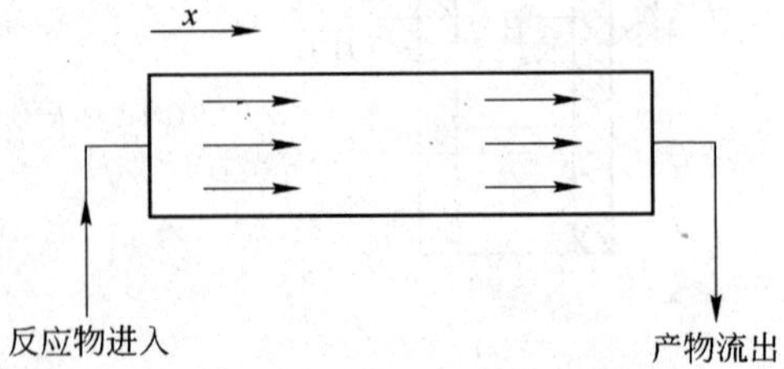

图 3-11　柱塞流电化学反应器
（x 为距反应器入口的距离）

相同的停留时间。

C　连续搅拌箱式反应器（CSTR）或返混反应器

这种反应器的特点是，在连续加入反应物并以同一速率放出产物的同时，还在反应器中不断地搅拌，因此反应器内的组成是恒定的。图 3-12 表示了这一反应器的特点。

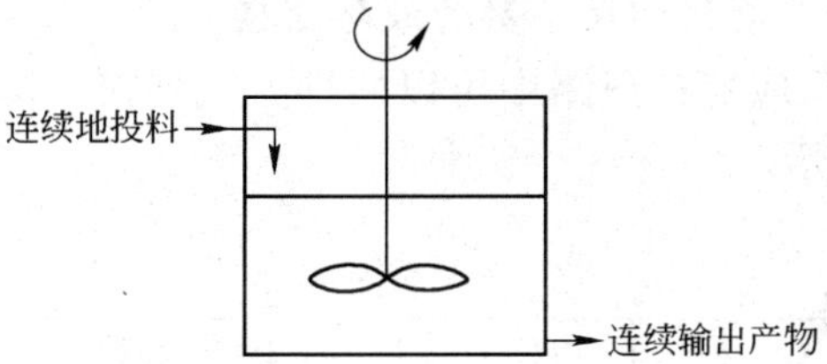

图 3-12　CSTR 反应器

3.1.2　电解槽的连接与组合

一般电化学工业的工厂都不可能仅仅设置一台电解槽，而是装置多台电解槽同时运转。

电解槽连接包括电连接和液（路）连接。

3.1.2.1　电化学反应器的电连接

按反应器内电极连接方式可分为单极式槽和复极式槽，其原理如图 3-13 所示。

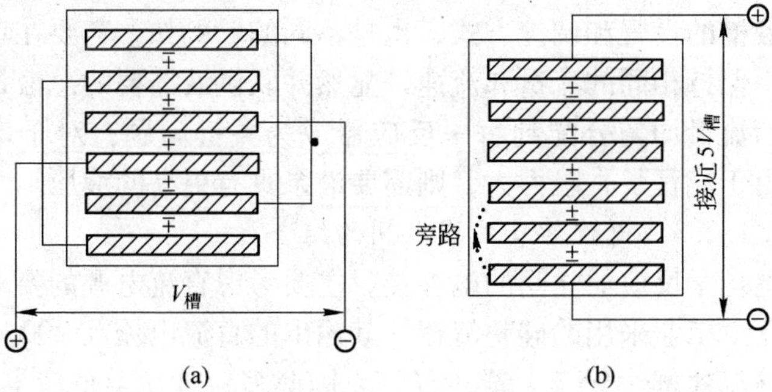

图 3-13　单极式（a）和复极式（b）电化学反应器中的电连接
（图中显示了旁路的情况）

可以看出，在单极式电化学反应器中，每一个电极均与电源的一端连接，而电极的两个表面均为同一极性，或作为阳极，或作为阴极；复极式电化学反应器则不同，仅有两端的电极与电源两端连接，每一电极的两面均具有不同的极性，即一面是阳极，一面是阴极。

3.1.2.2　电化学反应器的液路连接

电化学反应器在液路中可以两种方式连接，即并联或串联，如图 3-14 所示。

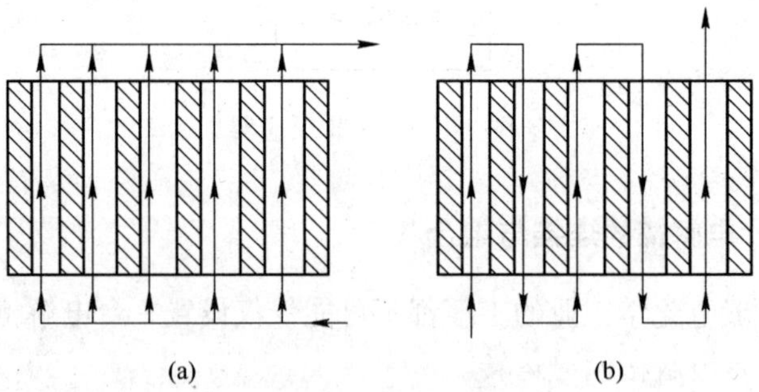

图 3-14　电化学反应器的液路连接
(a) 并联；(b) 串联

两种供液方式对电解液系统的要求，包括设备设计，如液泵、液槽的设置和调控方式，也是不同的。例如，若要在单元反应器中保持相同的流量和流速，显然并联供液需要的总液量大得多，而流量均匀分配到每一反应器成为关键问题；对于串联供液，由于流程长、阻力大，则需要液泵具有更高的液压。

3.1.2.3　电化学反应器之间的组合

电化学反应器之间的电连接，主要考虑直流电源的要求。现代电化学工业采用的硅整流器，其输出的直流电压在 200～700V 时，整流效率达 95%，颇为经济。因此多台电化学反应器连接，一般串联后总电压应在此范围内。例如，总电压在 450V，一般在中间接地，使两端电压分别为 +225V 和 −225V 较为安全。至于直流电流的大小，可通过适当选择整流器的容量或通过并联来满足生产需要。

由于单极槽的特点是低压大电流，多台单极槽的电连接宜在电源之间串联工作；反之，由于复极式电槽的工作的特点是高压低电流，多台复极式电槽的电连接宜在电源的正负极间并联工作，如图3-15所示。

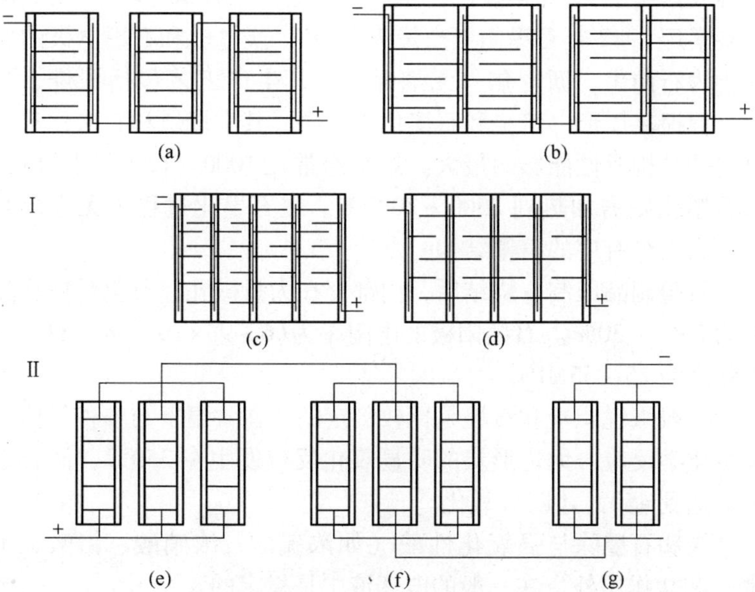

图3-15　电解槽之间的组合

Ⅰ—单极式电极的并联-串联连接；Ⅱ—复极式电解槽群的串联连接

(a)单独电解槽的串联；(b)两组电解槽的串联；(c)电解槽与总电流分配线串联；

(d)电极直接接触式并联；(e)～(g)复极式电解槽群的串联系统

3.2　工业电解用电极

涂层钛阳极、石墨电极、铅基合金电极及铂电极被称为水溶液电解工业用四大电极材料。本节介绍石墨电极、铅基合金电极、金刚石膜电极、气体扩散电极及其他工业电解用电极。

3.2.1　石墨电极[1,4,5]

炭电极和石墨电极是电解工业中应用最广泛的电极材料，可用作阳极材料，也可用作阴极材料。

我国生产炭素材料最大的工厂是吉林炭素厂和南通炭素厂。吉林炭素厂于1958年投产，生产石墨电极已有50多年历史。南通炭素厂1982年石墨阳极产量为3018t。炭电极和石墨电极的原料皆为石油焦、沥青焦、无烟煤等，其生产工艺包括煅烧、配料、混捏、压形、焙烧和石墨化等工序，其中焙烧和石墨化对炭材料的结构及性能影响最大。焙烧通常在1000～1250℃下进行，而石墨化则需加热到2500～3000℃。在石墨化过程中无定形炭转变为三维有序的石墨结构。

石墨制品压制、烧结后，内部存在大量微孔，石墨阳极孔隙率为20%～30%。石墨阳极的电阻率为$(6\sim9)\times10^{-4}$cm·Ω，抗压强度为25～35MPa。

一般来说，炭和石墨是比较稳定的，在常温下与各种气体不发生化学反应。无定形炭的明显氧化反应发生在350℃，而石墨则需达到450℃才明显氧化。

炭和石墨除与强氧化性酸（如浓硫酸、浓硝酸、铬酸、王水）和盐作用外，在一般的电解液中是稳定的。

炭和石墨作为阳极材料使用时，特别是在酸性溶液中，其电化学氧化将造成电极的损耗——不仅使外层炭原子生成CO和CO_2，而且可造成石墨膨胀、剥落。溶液的浓度、pH值均影响炭材料的阳极腐蚀。例如，在碱性溶液中炭材料的腐蚀就较弱。

炭和石墨作为阴极材料使用时，不会发生电化学腐蚀。

炭和石墨电极具有许多优点：导电和导热性能均好，具有较好的耐蚀性，易加工成不同形状的电极，价格便宜，因此广泛应用在电化学工业中。

其缺点是机械强度较低，易磨损，使用寿命较短，因而还需经常更换电极材料，增加了维修费用，而且影响时空效率的提高。

材料科学的发展是当前重要的研究内容，一些新的炭材料，如具有不同特点的炭纤维、玻璃炭、热解石墨以及采用各种表面修饰方法处理的炭电极相继问世，使炭材料在电化学中的应用更为广泛。

炭电极最早用于 Volta 电池和 Leclanche 电池，它在电解工业中的应用如下。

3.2.1.1　石墨电极在氯碱工业和无机电合成中的应用

在 DSA 出现之前，石墨电极一直是氯碱工业和一些无机电合成，如氯酸盐、次氯酸盐、H_2O_2 等的阳极材料。在无机电合成中还可用作阴极。

电解盐水溶液制备氯气和烧碱已有 100 多年历史，由于人造石墨制造技术的开发，盐水电解工业获得飞跃发展。

石墨阳极对放氯反应是完全耐蚀的，但当 Cl^- 浓度或 H^+ 浓度降低，电极上放氧反应可能性增加时，石墨阳极就会氧化消耗：

$$C + H_2O = (C—O) + 2H^+ + 2e \qquad (3\text{-}1)$$

式中的（C—O）为吸附 C 的 O 原子，根据电位的不同有较低价氧化物和较高价氧化物。前者对于电位变化是可逆的，后者是不可逆的。盐水电解时生成较高价氧化物，进一步生成 CO 或 CO_2，而脱离电极表面，结果导致石墨的消耗。

作为阳极的副反应，当 ClO^- 及 OH^- 放电产生新生态氧，使石墨电极被氧化腐蚀，并增加氯气中杂质，降低氯气纯度：

$$C + 2[O] = CO_2 \qquad (3\text{-}2)$$

$$2C + 2[O] = 2CO \qquad (3\text{-}3)$$

电解副产物次氯酸也会与石墨作用生成二氧化碳或一氧化碳：

$$2HClO + C = 2HCl + CO_2 \qquad (3\text{-}4)$$

$$HClO + C = HCl + CO \qquad (3\text{-}5)$$

另外，石墨机械强度差，容易磨损。电解槽内物料流动冲刷，造成机械摩擦，也使石墨粒子剥落，1t 氯的石墨的损耗量为4～6kg。石墨损耗，阳极变薄，导电截面积变小，阴阳极之间距离增大，槽电压升高，电流效率下降，电耗增加。因此，石墨阳极使用中，必须定期更换。在氯碱生产时，每隔 6～8 个月便要更换石墨阳极。

为了延长石墨电极的使用寿命，国内外一直使用石墨电极浸渍处理法。所用的浸渍剂有桐油、亚麻仁油、酚醛树脂、呋喃树脂（包括糠醇、糠酮、糠醛树脂）、四氯化碳、沥青、水玻璃。

在浸渍工艺方面有常压法、常温真空加压法和加温真空加压法。一般采用真空加压法，抽真空可把吸附在石墨空隙中的空气抽出，再加以一定的压力，有利于浸渍剂渗透到石墨孔隙中，提高浸渍效果。

株洲化工厂采用下面的浸渍工艺。这个厂原用的石墨电极平均寿命只有 180 天左右，后改用桐油全浸石墨板，使阳极平均寿命增至 240 天左右，最长可达 410 天左右。

石墨板全油浸操作分为油浸和固化两步骤。

A　油浸

（1）将石墨板装进油锅，加热到 60～70℃；

（2）抽真空 15min，真空度不低于 80kPa（600mmHg），把石墨板小气孔中的空气、水分、灰尘抽走；

（3）压油，将桐油压进油锅，浸没整个石墨板，油温 70～80℃，而后用空气压缩机加压到 4kg/cm^2，时间 15min；

（4）把油压进贮槽后，油锅抽真空 50min，真空度保持 80kPa（600mmHg）以上。

B　固化

（1）将油浸好的石墨板吊进固化炉，温度 80～100℃，8h；

（2）将温度逐渐升到 120～160℃，8h；

（3）温度升到 220℃，8h，而后吊出，自然冷却待用。

北京化工冶金研究院开发的 J 型长寿石墨阳极在氯碱生产中

使用，取得节电、节气、低耗的良好效果。

国外对石墨电极的处理进行了大量的研究，归纳起来有：

(1) 使用新型树脂浸渍石墨电极，采用对氧稳定的新型热固性聚合物，主要是热固性乙烯基聚合物和烯丙基树脂两种；

(2) 为了进一步提高石墨阳极的耐蚀性，采用树脂浸渍后再进行高温玻璃化，其稳定性约接近常用电极的两倍。

(3) 采用贱金属、贵金属以及它们的氧化物浸渍石墨电极；

(4) 研究一种介于石墨阳极和金属阳极之间的石墨改良阳极，类似金属阳极的表面涂层，在石墨板表面涂敷各种金属化合物，以期获得催化活性表面。

3.2.1.2 炭和石墨在有机电合成中的应用

炭和石墨在有机电合成中既可作为阳极材料，也可作为阴极材料。

表3-1为有机电合成中一些应用炭材料的实例。

表3-1 炭和石墨电极在有机电合成中的应用

方法	原料	电解质	主要产物
氧化	苯胺	H_2O、HCl	苯胺黑、四氯苯醌
	乙醇	H_2O、HCl	氯醛
	乙烯	H_2O、NaCl pH值为10.6	环氧乙烷 二氯化乙烯
	呋喃	CH_3OH，NaBr或NH_4Br	二甲氧二氢呋喃
	葡萄糖	H_2O，NaBr，$CaCO_3$	葡萄糖酸钙
	萘		乙酸萘酯
	酚	CH_3OH，$LiClO_4$，$NaHCO_3$	萘醌
	丙烯	H_2O，NaCl或NaBr	氧化丙烯
还原	苯	NH_3，NaCl或CH_2NH_2，LiCl	1，4环己二烯
	苯酮		二苯基甲醇
	重氮亚氨基苯	H_2O，CH_3OH，THF，NaOH	苯肼
	甲醛		1，2亚二基二醇
	硝基苯胺		苯二胺

3.2.1.3　石墨电极在水处理中的应用

由于炭材料具有很高的比表面及良好的渗透性，而且价廉易得，很适合在水处理中作为电解沉积、离子交换及电吸附的电极材料，用于水处理，回收其中的金属离子、除盐及净水。研究表明，采用多孔的石墨电极，用电解方法，可将 Cu^{2+} 从浓度很低（$10^{-2} \sim 10^{-4}$mol/L）的污水中回收，使其浓度下降为1/100或更低。

3.2.2　铅及铅基合金电极

3.2.2.1　铅及铅基合金电极特性

铅和铅基合金电极是广泛用于硫酸及硫酸盐介质、中性介质的铬酸盐介质的不溶性阳极。

当铅和铅基合金浸入硫酸等介质后，表面迅速生成一层 PbO_2 薄膜。

新铅阳极电积时，阳极发生如下反应：

$$Pb \rightleftharpoons Pb^{2+} + 2e \tag{3-6}$$

生成的 Pb^{2+} 与溶液中的硫酸根离子发生作用，生成硫酸铅：

$$Pb^{2+} + SO_4^{2-} \longrightarrow PbSO_4 \downarrow \tag{3-7}$$

硫酸铅是难溶化合物，生成后立即覆盖在阳极表面；又因它难于导电，所以此时阳极电流集中到未被硫酸铅覆盖部分，从而使阳极表面导电部分的电流密度大大提高。在相当大的电流密度下，可发生二价铅离子氧化为四价铅离子的反应：

$$Pb^{2+} \rightleftharpoons Pb^{4+} + 2e \tag{3-8}$$

四价铅离子的硫酸盐难溶于水，它也附着于阳极表面，同时水解析出二氧化铅沉淀：

$$Pb(SO_4)_2 + 2H_2O \longrightarrow 2H_2SO_4 + PbO_2 \downarrow \tag{3-9}$$

生成的二氧化铅开始沉积于硫酸铅表面薄膜的孔隙中，后来逐渐在整个阳极表面建立起保护层，将金属铅与溶液隔开，使铅电极成为不溶性阳极。由于二氧化铅具有较高的电催化活性，所以电化学反应就在它的表面继续进行。

在硫酸溶液中，二氧化铅又可生成 β-PbO_2 和 α-PbO_2。从热力学稳定性来看，在低 pH 值硫酸溶液领域中会生成 β-PbO_2，而在高 pH 值硫酸溶液领域中则生成 α-PbO_2。β-PbO_2 不能从 Pb 直接阳极氧化而成，Pb 氧化先生成 $PbSO_4$，然后进一步氧化生成 β-PbO_2；Pb 也不能直接阳极氧化生成 α-PbO_2，要先氧化生成 PbO，然后进一步氧化生成 α-PbO_2。

铅阳极在硫酸溶液中生成氧化物薄膜的过程如图 3-16 所示[6]。

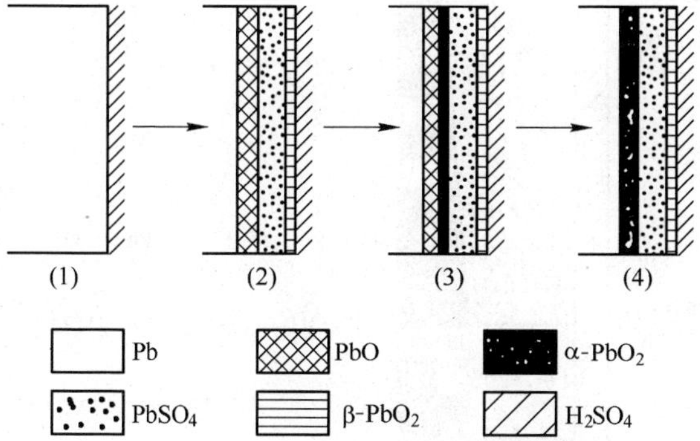

图 3-16　铅氧化薄膜生成过程示意图

（1）开始氧化时，与 pH 值低的硫酸溶液接触的 Pb 表面生成 $PbSO_4$。在与 pH 值高的硫酸溶液接触的 $PbSO_4$ 层内部，Pb 氧化生成 PbO。

（2）生成物进一步氧化。$PbSO_4$ 氧化生成 β-PbO_2，PbO 氧化生成 α-PbO_2。

（3）β-PbO_2 与 $PbSO_4$ 的生成同时进行，但 PbO 生成结束后，才生成 α-PbO_2。

（4）PbO 几乎全部氧化生成 α-PbO_2，$PbSO_4$ 只是部分氧化生成 β-PbO_2。

电极极化时，在硫酸溶液中铅阳极表面氧化物结构与电极电位关系如图 3-17 所示。

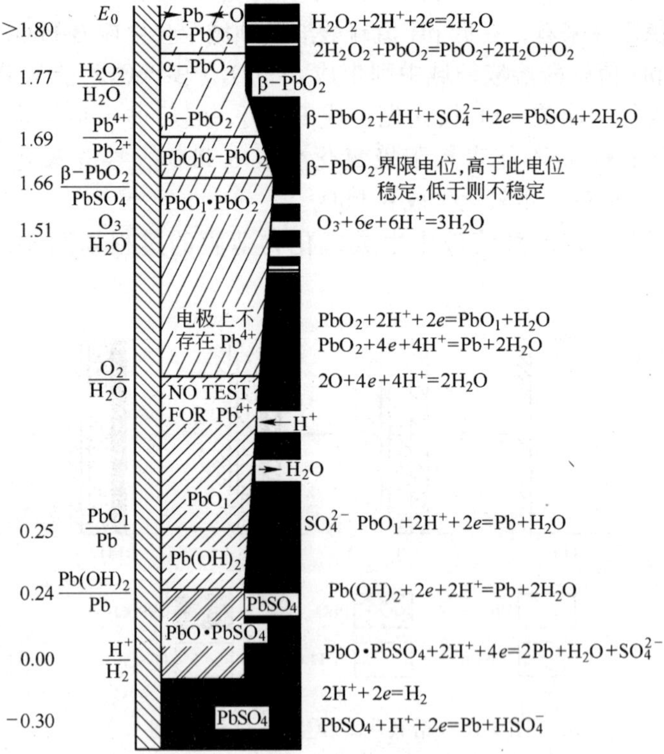

图 3-17　在 H_2SO_4 中铅阳极表面氧化物结构与电极电位（vs，SHE）关系示意图

文献［7］作者采用实时交流阻抗测量与激光扫描微区光电流技术，对 Pb 电极在硫酸溶液中 PbO 和 PbO_2 生成过程进行了研究，取得相应成果。

铅阳极具有下列致命缺点。

(1) 铅阳极质量大、强度低，在使用中易发生弯曲变形，造成短路，降低电流效率。为使生产正常进行，必须将变形的阳极提出电解槽，进行锤击整平，这不仅劳动强度大，而且导致阳极表面层大量脱落，缩短阳极使用寿命。

（2）铅阳极导电性能不够好，电能消耗比较大。作为阳极第二反应是阳极铅的溶解：$Pb = Pb^{2+} + 2e$，生成的铅离子在阴极上析出，从而降低了金属产品的纯度。以电积金属锌为例。随着国民经济的不断发展，对金属锌的质量要求越来越高，例如生产压铸用高纯锌、压铸用锌铝合金都需要使用铅含量特别低的高纯度锌，但是，我国大部分电解锌工厂很难生产出高纯度的一级锌，在高温季节时，甚至生产二级锌也难保证。主要问题是锌中含铅量偏高。

如果电解液中存在氯离子，Cl^-有可能取代PbO_2晶格中的氧离子，引起晶粒间的破坏，造成铅阳极被氯离子严重腐蚀。

为了改善铅阳极的性能进行的许多研究工作主要集中在三个方面。

A 研制铅基合金阳极

Tainton 以及 Bey 分别在1929年和1936年发表了用铅银合金阳极代替纯铅阳极，可降低铅的腐蚀，可大幅度减少铅混进阴极产物中，并可降低阳极电位的报告[8]。文献［9］指出，阳极表面氧化物层与银含量有关，银含量低时主要是α-PbO_2，银含量高时主要是β-PbO_2。此后，工厂生产中一直使用含 Ag 约1%的 PbAg 合金阳极。

为了进一步提高铅阳极的强度、导电性能以及降低银消耗量，曾进行过三元铅基合金阳极的研制，如 PbAgCa、PbAgTl、PbAgSn、PbSrSn、PbCaSn 等，以及二元铅基合金阳极，如PbCa、PbSn、PbSr、PbSb、PbTi、PbAl、PbZn 等[10~12]。其中栗原二郎研制的含0.56% Ag、1.41% Ca 的铅阳极，与1% Ag 铅阳极相比，槽电压可降低0.1V[13]。

智利的 Chuguicamata 铜厂使用含 Sb 6%～15%的铅阳极。

据文献［14～16］的作者介绍，在铅银合金中加入钙，可以使合金机械强度提高，形变小，但对阳极的其他性能影响不大。PbAgCa 三元合金与 PbAg 合金相比，前者生成β-PbO_2所需要的银含量变低，即钙具有促进 β-PbO_2 生成的效果。PbAgCa 系列合金比 Pb-2.0% Ag 合金的析氧电位正 20～70mV 左右，相差不大。在银含量 0.1%～0.3%，钙含量 0.06%～0.3% 范围内，随着银、钙含量的增加，阳极析氧电位负移，而且阳极表面生成致密的 β-PbO_2 的趋势增大，从而使合金在硫酸溶液中的抗腐蚀能力增强。沈阳冶炼厂、株洲冶炼厂以及柳州有色总厂都曾使用过铅银钙合金阳极。

联邦德国鲁尔锌有限公司于 1978 年开始研制新型的合金阳极，研究发现 Pb-Ag-Ca 合金或 Pb-Ag-Sr 合金性能优异，其中 Ag 的质量分数可以降到 0.25%，但 Ca、Sr 的质量分数必须分别为 0.05%～0.1% 和 0.05%～0.25%。这种阳极材料的腐蚀率可降低 30%，电导率提高 9% 以上，阳极寿命估计可达 8 年[17]。

也有科研人员进行四元铅基合金阳极研究，Pb-Ca-Sr-Ag 四元合金同二元铅银合金阳极相比，电流效率提高，电耗降低，阳极寿命大于 1.5 年。四元合金阳极槽电压比铅银合金阳极的低，节能、节银，延长阳极使用寿命。

B 铅阳极表面处理

表面处理方法有化学表面处理和机械表面处理两种。

(1) 把纯铅板或含 0.1% 以上的 Ag、Ca、Te、Sb、Tl、Sn 的铅基合金放在 Pt、Ir、Ru、Pd、Ag、Au 等贵金属的硝酸盐溶液中浸泡，通过化学置换，上述贵金属还原析出在阳极基板上，然后在 100～300℃ 下热处理，所获得的阳极具有更低的氧过电位，可节省电能消耗[18]。

(2) 阳极喷砂镀膜。我国东北某冶炼厂 20 世纪 70 年代进行过铅银合金阳极喷砂镀膜生产试验。铅银合金阳极在一定的空气压力下用石英砂进行喷射，然后在低电流密度下在硫酸锌电解液中进行电解镀膜。经过喷砂镀膜处理的铅阳极，与一般铅阳极相比较，产品金属锌含铅量降低 83.6%，实际含铅量为 0.0017%，达到国家特号锌标准。

C　活性铅阳极[17]

这种阳极是将涂覆有 RuO_2 贵金属氧化物的海绵钛颗粒嵌压进 Pb-Ag 基体中而制成，电极的电催化活性由于有 RuO_2 基涂层，因而兼具铅合金阳极和 DSA 的优点。在已知的电催化剂中，RuO_2 在酸性溶液中的析氧过电位最低，所以该阳极材料可降低单位产量的电耗，并且能减少产品中铅的污染。

尽管进行了许多研究，铅基阳极的致命缺点仍没有得到解决，因此人们把希望寄托在钛基涂层电极上。

铅阳极具有价格便宜、容易成形、表面氧化物即使破损也能自行修复、在硫酸电解液中操作稳定等优点，因而广泛应用于各个电解行业中。

3.2.2.2　铅阳极的工业应用

A　在电解工业的应用

在电解工业中，特别是电解提取有色金属，如锌、铜、镉、锰、钴、镍等，电解液往往是硫酸盐体系，常用铅或铅基合金阳极[19]。

锌的冶炼分湿法冶炼和火法冶炼两种。湿法冶炼具有生产能力大、效率高、操作条件好、污染小以及有价金属综合回收好的优点，已被广泛采用，现今世界上80%以上的锌都是通过湿法冶炼生产出来的。锌电积是湿法冶炼锌过程的一道主要工序。在锌电积中，阳极的组成和性质非常重要，它直接影响锌电积的能耗和阴极锌的质量。一般电极的材料须满足以下基本要求：(1) 良好的导电性；(2)耐腐蚀性强；(3)机械强度和加工性能好；(4)寿命长；(5)对电极反应具有良好的电催化性能。

锌电积中常用的阳极是含银1%左右的铅银合金阳极，该阳极基本上能满足生产需要，具有成形容易，在硫酸介质中稳定等优点。银是析氧反应的催化剂，在纯铅中加入银可以降低氧的析出过电位，与纯铅阳极相比，过电位可降低200mV以上，并且银的加入使生成的二氧化铅膜致密，较耐腐蚀。铅合金阳极存在的问题是其中的铅污染阴极产品，析氧过电位高，在工业电流密度下过电位接近1V，相当于每吨锌多耗电820kW · h。

B　在金属阴极保护中的应用

在海水体系的金属阴极保护中，例如船体的保护，也有采用铅基合金阳极。在舰船阴极保护中普遍采用含2% Ag的铅合金作为外加电流辅助阳极。

据文献［20］作者介绍，某10万t级油码头由19只钢筋混凝土沉箱和钢质架管桥组成。采用区域性外加电流法，对沉箱的海水全浸区进行连续的阴极保护，而对其潮差区进行断续的阴极保护，被保护面积（沉箱外表）约12250m^2，钢筋总面积约40000m^2。研究开发了成套的专用阴极保护装置，阳极材料为铅银合金。总重量600kg，沉放于海底。实际运行一年后的检测结果表明，有保护的钢筋比未保护的其耐腐蚀能力提高4.7 ~ 6.1倍，而锈蚀率降低为1/14。

C　钢板镀锌用铅阳极

钢板镀锌主要是在硫酸盐电解液中进行，电流密度高达80 ~ 250A/dm^2，电解槽规模大，为100 ~ 650kA。一个电镀系列的能力为每年10万 ~ 40万t。钢板线速度200m/min，镀层厚度5 ~ 10μm或20 ~ 50g/m^2。在这样苛刻条件下，铅合金阳极虽然有些损耗，但仍然是可靠实用的阳极材料。

a　纯铅电极

由于金属铅具有良好的导电性能，而且在电镀锌的生产条件下，又具有良好的耐腐蚀性能，所以电镀锌技术应用初期多选用金属铅作为电镀锌用不溶性阳极的材质。在电镀锌的生产条件下，铅阳极表面生成一层PbO_2薄膜，在这层PbO_2膜上进行着主要的阳极反应，即析氧反应。但是这层PbO_2薄膜往往是以粒状分布在铅阳极表面上，疏松多孔、结合力不好。在电镀锌的过程中，镀液中的水分子或阴离子容易通过PbO_2膜层中的微孔与阳极基体发生作用，导致铅基体的逐渐溶解以及PbO_2膜层的脱落。铅阳极的溶解与PbO_2膜层的脱落，给电镀锌钢板带来了严重的质量问题。当阳极电流密度为 $50A/dm^2$ 时，铅的失重为 $50g/m^2 \cdot h$，并且电镀锌钢板出现了黑变现象。

b　PbSn 合金电极

上海宝山钢铁集团公司的高速电镀锌生产线采用 Pb-5% Sn 合金阳极。

不溶性阳极结构为电解铜板骨架，外面包覆一层 5～15mm 厚的 Pb-5% Sn 合金。电解液由硫酸锌、硫酸钠、硫酸组成，pH = 1.2，电流 11000A，镀液温度 55℃，电流密度 $46A/dm^2$。

不溶性阳极在使用中的腐蚀情况均为点腐蚀，腐蚀坑最深处 5～8mm，最大腐蚀坑 10mm，腐蚀坑连成一片，遍布整个阳极板。

从金相学角度分析，铅锡合金在硫酸溶液中有较好的耐蚀性。铅锡合金腐蚀产生的主要原因：（1）金属或合金的晶粒粗大；（2）合金组织或结构上的不同（铸造缺陷、夹渣、气孔、裂纹等）；（3）金属表面应力状态不均匀。

不溶性阳极具有很好的耐腐蚀性能和导电性能。以铅作为不溶性阳极的主要材料，是由于铅的化学稳定性好，对硫酸有较好的耐蚀性。只有当硫酸浓度高到 80%，或温度超过 50℃，生成的硫酸铅保护膜会被溶解，铅的腐蚀速度加快；而电镀锌镀液温度为 55℃，硫酸浓度低于 80%，可以满足其工况的要求。

在铅基材料中加入 5% 的锡，不仅可以提高材料的耐蚀性能，还可提高其力学性能和合金与铜板的浸润性，降低铅的熔点，明显地改善加工性能。

c　PbAg 合金电极

到目前为止，应用最广泛的铅二元合金阳极是铅银合金阳极，银是析氧反应的催化剂，在纯铅阳极中加入银可以降低析氧反应的过电位。

文献［21］作者对 Pb-0.5% Ag 合金阳极进行了测试，证明其同纯铅阳极相比具有析氧过电位低，阳极失重少，PbO_2 膜层致密等特点，在电镀锌工业中已经投入使用的铅银合金阳极中，银的含量一般是0. 75% ~1. 00%。

文献［22］作者对 Pb-5% Sn、Pb-0. 5% Ag、Pb-1% In-0. 5% Ag 三种合金阳极进行了对比测试。

Pb-0. 5% Ag 和 Pb-1% In-0. 5% Ag 合金阳极的析氧过电位要明显地低于 Pb-5% Sn 合金阳极的析氧过电位，其中 Pb-0. 5% Ag 合金阳极的析氧过电位最低。即在这三种合金阳极中，氧气在 Pb-0. 5% Ag 合金阳极上最容易析出，在 Pb-1% In-0. 5% Ag 合金阳极上比较容易析出，在 Pb-5% Sn 合金阳极上最不容易析出。

Pb-5% Sn 合金阳极在失重试验条件下的失重是最大的，即这种合金阳极的破损速率最大；Pb-0. 5% Ag 和 Pb-1% In-0. 5% Ag 合金阳极的失重比较小，并且比较接近，其中 Pb-0. 5% Ag 合金阳极的失重最小，说明 Pb-0. 5% Ag 合金阳极的破损速率是最小的。

Pb-5% Sn 合金阳极的阳极膜表观形貌疏松多孔；Pb-0. 5% Ag 和 Pb-1% In-0. 5% Ag 合金阳极的表观形貌坚实致密。

通过前面的测试结果可以看出，Pb-0. 5% Ag 和 Pb-1% In-0. 5% Ag 合金阳极的氧析出过电位低，阳极膜组织结构坚实致密，阳极破损速率小；Pb-5% Sn 合金阳极的析氧过电位高，阳极膜组织结构疏松多孔，阳极破损率大，这说明阳极上析氧过电位的高低对阳极的破损率存在着一定的影响，而阳极上析氧过电位的高低同阳极表面上化学吸附的惰性氧原子（基团）的数量有关。阳极表面上化学吸附的惰性原子（基团）的数量越多，析氧过电位就越高，阳极的破损速率就越大。

在电镀锌过程中，阳极的失重主要是由于 PbO_2 膜层的脱落引起的。在高速电镀锌的电流密度下，阳极主要发生析氧反应，同时伴随着少量 PbO_2 的生成，首先是化学吸附的氧原子（基团）的生成，这是一个多电子过程：

$$S_{表面} + H_2O - e \longrightarrow S_{表面} - OH + H^+ \tag{3-10}$$

$$S_{表面} - OH - e \longrightarrow S_{表面} - O + H^+ \tag{3-11}$$

由于析氧反应是主反应，大多数的化学吸附氧原子（基团）要生成氧气，但仍然有一部分吸附氧要扩散到铅合金的晶格中去，形成铅的氧化物。

$$2S_{表面} - O \longrightarrow 2S_{表面} + O_2 \tag{3-12}$$

$$O_{ad} \longrightarrow O_{L(晶格)} \longrightarrow 生成铅的氧化物 \tag{3-13}$$

正是由于吸附氧扩散到晶格中去，与基体铅在较高的阳极电位下发生反应生成了 PbO_2。由于这层 PbO_2 与基体间的结合力差，膜层疏松，所以在镀液的高速流动冲刷下，PbO_2 要脱落进入到镀液中去，使阳极表面的保护膜遭到破坏，这样就加剧了阳极的破损。要减少阳极的破损，就要增加阳极表面活泼吸附氧原子（基团）的数量，减少惰性吸附氧原子（基团）的数量，使反应向有利于析氧的方向上进行，减少 PbO_2 的生成。而增加活泼吸附氧原子（基团）数量的关键在于降低铅基体与吸附氧原子（基团）之间的结合能。结合能的降低有助于析氧反应的发生，降低阳极的破损。

阳极的破损速率还受到一些其他外界因素的影响，如镀液的温度、pH 值，以及镀液中存在的阴离子、阳离子等。

阳极破损速率一般是随着镀液温度和酸浓度的升高而增大的。镀液中的 Mn^{2+} 对阳极破损速率的影响很大。而在 25 ~ 100A/dm^2 的电流密度范围内，如果存在 Mn^{2+}，阳极破损速率与电流密度的大小无关；阳极破损速率随着镀液中 Cl^- 浓度的升高而增加；在静态电镀过程中，镀液中 CrO_3 的加入和 K^+ 的浓度对阳极破损速率不构成影响。在 25 ~ 100A/dm^2 的电流密度范围内，如果不存在 Mn^{2+}，阳极破损速率随着阳极电流密度的升高而升高；Cl^- 浓度对阳极的破损速率不产生影响。有人认为在镀液中存在 Mn^{2+} 的情况下，阳极在镀槽中工作时，在阳极表面生成一层玻璃态的沉降物，这层玻璃态的沉降物是 MnO_2-β-PbO_2 的混合型氧化物，具有更好的保护性能。镀液中锌盐的浓度也会对阳极的破损速率产生影响。当 Zn^{2+} 的浓度大于 1mol/L 时，阳极的破损速率会增加。镀液中存在 Fe^{2+}、Co^{2+}、Ni^{2+} 时会降低氧析出的过电位，从而降低阳极的破损速率。

d 铅的多元合金电极

人们研究了在铅银合金中用锑、锡、铜、砷、锰来代替金属银，以及在铅银合金中加入铊、钙、铋、硒、金、汞、锡、钴、锑、砷、碲、铜、硅、锶、锌、钛、钡、锰等金属，铅银合金阳极是二元合金阳极中阳极破损率最小的。向铅银合金中加入少量的钙可以增强阳极的机械强度，但对阳极的破损速率将不产生影响。由铅、钙、银、铊组成的四元合金阳极的破损速率明显地小于相同含银量的铅银合金阳极。日本户田制作所采用住友金属专利制作的 Pb-Ag-Ca-Tl 四元合金阳极已经在住友公司投入使用。

3.2.3 反应性金属电极[3,12]

反应性金属电极应用于有机电合成取得了较好的发展，现已成为有机化学中的一个新领域。

反应性金属电极如 Mg、Al、Zn、Fe、Li 等较活泼，且具有还原性，它既作为反应的电子源，起着在反应基质间进行电子交换的作用，同时也作为反应物直接参与反应，形成活泼的中间物种，使电化学合成与化学合成结合在一起，减小了反应步骤，产率高，选择性亦好。对传统有机合成方法难以进行的反应，采用反应性金属参加的电解合成法可以顺利地一步完成。另外，采用反应性金属电解，其电解装置为一室型电解槽，无需隔膜，简单易行。由此表明该方法是对传统的有机电解合成和有机合成的一个重要发展。使得合成反应由原先主要集中于以卤代烃为原料的一系列有机电解合成进一步向其他类化合物拓宽。例如羧酸、醇、醛、酮等的合成，采用反应性金属电极，既简化了反应步骤，又提高了选择性，获得了提高产率的目的产物。举例如下：

$$C_6H_5CHCl_2 \xrightarrow{\overset{+\quad -}{Al—C} + 2e + CO_2} C_6H_5—\underset{\displaystyle Cl}{\underset{|}{CHCOO^-}} \quad (3\text{-}14)$$

随后 Perichan 等人用反应性电极 Mg、Al、Zn、Fe、Li 作阳极，对由苄氯、卤代苯和含取代基有卤代苯、杂环芳香族、卤代化合物及卤代酯的电羧化反应做了大量工作，制得了高产率的羧酸化合物，此类反应高产率的原因是由于生成的羧酸以其盐的形式存在。

用电化学方法将脂肪酸甲酯还原为伯醇非常困难，因为其还原电势很负（$-3.0V/SCE$）。长链的脂肪族伯醇是一非常有用的化工原料，用化学法由脂肪酸甲酯还原为伯醇，需采用催化剂，反应不易进行。Shone 等人用 Mg 同时作阴、阳极，将脂肪酸甲酯电解还原为伯醇，例如由 $Me(CH_2)_5CO_2Me$ 电解还原为 $Me(CH_2)_5CH_2OH$，其产率为 88%。

1，2-二酮是有机合成中间体，用化学法由酯合成二酮需多步反应，需由金属还原剂使酯还原为 α-羟基酮，再进一步氧化为二酮。1993 年，Troupl 等人用镁阳极、镀镉的镍网作阴极，使芳香族酯电解合成二酮。如：

$$R—CO_2R' \xrightarrow{\text{Mg 镀 Cd 的 N}} R—R \tag{3-15}$$

其中，R 为 Ph，4-CF_3-C_6H_4，4-MeO-C_6H_4，4-Bu-C_6H_4，4-F-C_6H_4；

R′为 Me，Ph，Et。

反应性电极，除了用于羧酸、醛、酮、醇类化合物的有机电解合成外，还可用于形成 C—C，C—Si，Si—Si，C—S，C—P 以及 C—M 链的有机电解合成中。例如多卤代烃（CCl_4、$CHCl_3$）与三甲基一烷反应时，可得高产率的有机硅化合物，选择适当的阳极和溶剂，可制得部分硅烷化的产物，反应如下：

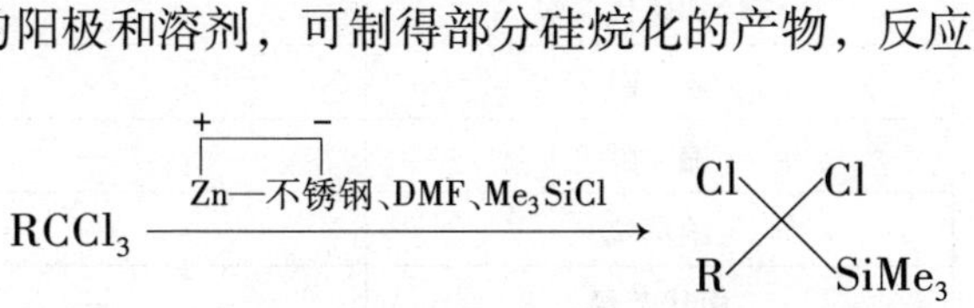

(3-16)

迄今为止，人们已对成千上万种有机电合成反应进行了研究，并对相关的电极进行了摸索，其研究结果归纳在表 3-2 中。

表 3-2　用于有机电合成的电极

电 极	氧化反应	还原反应
Pt	饱和碳氢化合物	芳烃类化合物
	芳　烃	烯　烃
	烯　烃	炔
	醇、酚	硝基化合物
	烯　醇	醛、酮
	酯	>C═N- 化合物
	羰化物	金属有机合物
	酸　酐	—
	醛、酮	—
	醚	—
	羧　酸	—
	甲酮/二硫化物	—
	胺	—
	氨基化合物、内酰胺	—
	偶氮和氢化偶氮化物	—
	肼	—
	N-杂环	—
	芳胺聚合	—
	烷烃和卤代烷烃	—
	格利雅试剂	—
	硫　醇	—
	焦硫酸盐	—
	烷烃和硫代烷烃	—
	亚　砜	—
	硫　脲	—
	硝基烷	—
	卤代芳烃	—
	电解氟化物	—
	乙酸铵	—

续表 3-2

电 极	氧化反应	还原反应
炭/石墨	饱和双环碳氢化合物	硝基化合物卤代烷
	芳香烃、烷基芳香烃	烯烃电聚合
	醇、酚	—
	烯 烃	—
	醛	—
	羧酸盐	—
	酯	—
	硝基烷盐	—
	胺	—
	肼	—
	N-杂环	—
	烷烃和硫代烷烃	—
	电解氟化物	—
PbO_2	饱和碳氢化合物	—
	芳烃、烷基芳烃	—
	烯	—
	炔	—
	卤代烷	—
	醇、酚	—
	内 酯	—
	酯	—
	醛、酮	—
	氨基化合物、内酯胺	—
	N-杂环	—
	亚 砜	—

续表 3-2

电 极	氧化反应	还原反应
Hg	烯烃（制备金属有机化合物）	芳 烃
	频哪醇	烯 烃
	N-杂环	炔
	肼	醛、酮
	酰 肼	硝基化合物
	羟 胺	卤代烷烃
	格利雅试剂	$>C=N-$ 化合物、金属有机合物
Ag	硝基烷盐	芳 烃
	醛	炔
	醇	醛、酮
	胺	—
	肼	—
	肟	—
Ni	醇	烯
	醛、酮	炔
	硝基烷	醛、酮
	电解氟化物	腈
	—	硝基化合物
Sn	—	芳 烃
	—	醛、酮
	—	硝基化合物
	—	卤代烷烃（R_4Sn）

续表 3-2

电 极	氧化反应	还原反应
Cu	炔	烯
	醇、酚	炔
	CO	醛、酮
	N-杂环	硝基化合物
	—	>C＝S(氢解作用)
Pb	醇、酚	芳 烃
	格利雅试剂	醛、酮
	—	卤代烷烃
	—	硝基化合物
	—	>C＝N- 化合物
	—	腈
	—	N-杂环
	—	>C＝S(氢解作用)
	—	—S—S—断裂
Fe	烯	醛、酮
	醇	硝基化合物
	酮	—
	硝基烷	—
	苯 胺	—
	喹啉盐	—
Au	烯	硝基化合物
	炔	酰 胺
	羧 酸	—
	肼	—

续表 3-2

电　极	氧化反应	还原反应
Zn	酚聚合	硝基化合物
	—	氯代烷
	—	酰　胺
Mn	醇	—
Cr	醇	—
Al	卤代烷烃（生成金属有机物）	芳香族化合物、烯烃
	金属有机化合物（生成 R_3Al）	硝基化合物、N-杂环化合物
Mg	—	烯　烃
Ru	—	芳香族化合物
Pd	烯　烃	腈
Cd	—	N-杂环
	—	烯
	—	芳　烃
Pb/Hg	—	葡萄糖、酰胺、硝基化合物
Ni/Hg	—	腈
Zn/Hg	—	醛、酮
Cu/Hg	—	水杨酸、金属有机化合物
Pb/Sb	电　解	醛、酮
Pb/Sn	—	醛、酮
Pb/Ag	—	水杨酸
Cu/Ag	—	炔
蒙乃尔合金	电解氟化物、醇	硝基化合物
硅铁合金	芳烃硝化	—
耐酸硅铁	芳烃硝化	—
Ni/Pb	—	腈

续表 3-2

电 极	氧化反应	还原反应
Cd/Bi	—	醛、酮
黄磷青铜	—	硝基化合物
WC	醛	—
Pd/Ni	—	腈
Pt/Ir	酚、羧酸盐	—

3.2.4　SPE 复合电极[3]

SPE 复合电极即固体聚合物电解质复合电极，是由 SPE 膜和电极材料复合而成，在有机电合成中得到应用。

SPE 复合电极由 SPE 膜和电极材料复合而成。SPE 膜包括掺杂的聚合物膜和离子交换膜，在离子交换膜中，一般用于 SPE 复合电极的是全氟离子交换膜。全氟离子交换膜具有较高的化学稳定性，较小的膜电阻和良好的力学性能，它包括阳离子型和阴离子型两类。

全氟阳离子交换膜是一种阳离子交换聚合物，其典型例子是 Du Pont 公司生产的全氟磺酸离子交换膜（Nafion 膜），其结构式如下：

$$
\begin{array}{l}
—(CF_2CF_2)_m\underset{\displaystyle |}{C}FCF_2— \\
\qquad\qquad\quad (OCF_2\underset{\displaystyle \underset{\displaystyle CF_3}{|}}{C}F)_nOCF_2CF_2SO_3^-X^+
\end{array}
$$

从其结构式可知，Nafion 膜分子主要由 C—F 骨架及磺酸根离子组成。其中 m、n 一般较小，X^+ 为可交换阳离子。1971 年 Nafion 膜开始用于氯碱工业。以 Nafion 膜为电解质的 SPE 复合电极的应用将会得到发展。

复合电极的电极材料的选用主要取决于 SPE 膜。由于 Nafion 膜的强酸性环境，所以与 Nafion 膜构成复合电极的电极材料必须在酸性条件下有较好的化学稳定性，主要包括贵金属（Pt、Au 等或镀铂的钛网、多孔烧结钛片等）、炭及一些导电金属氧化物（PbO_2、RuO_2、IrO_2等）。与全氟 OH^- 离子膜构成复合电极的电极材料要求在碱性条件下有较好的稳定性，主要包括上述电极材料以及一些贱金属材料（如 Cu、Ni、Co 及其合金等）。

SPE 复合电极主要的制备方法有化学沉积法、机械压制法、电化学修饰法，即在 SPE 膜上化学沉积多孔催化层或将多孔催化层压于 SPE 膜上复合而成。例如用化学沉积法可制得 Pt-Nafion，Ag-Nafion、Ni-Nafion、Cu-Nafion、Pb-Nafion 等复合电极，而多孔炭电极、炭载催化剂多孔电极及 Ti/RuO_2，电极、Ti/IrO_2 电极等多采用机械压制法；为了使复合电极具有更好的性能，常在复合电极界面用电化学方法修饰一层具有较高活性的催化层，如 Pt-Sn、Pt-Ru、Pt-Zn、Pt-Sb 等。

3.2.4.1　SPE 方法的基本原理

图 3-18 为 SPE 复合电极电解的原理图。图中 SPE 膜为 Nafion 阳离子交换膜，它有两个作用，既作为一个膜，又作为支持电解质。作为一个膜，它将参加合成反应的有机相与对电极所在的水相或另一有机相分开；作为支持电解质，它在电解过程中能

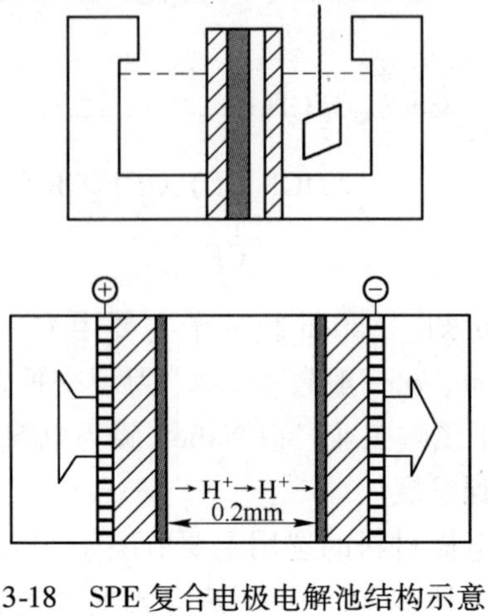

图 3-18　SPE 复合电极电解池结构示意图

够传输正电荷粒子（例如 H^+ 等）。在 SPE 膜上面向有机相的一面覆盖一层金属电催化剂，这一金属层就是电解池的工作电极。工作电极的电解反应在金属、SPE 和有机相界面及其附近进行。有机相只提供反应物和容纳反应产物，电流并不流经有机相，因此不要求有机相导电。对电极如果沉积在 SPE 膜的另一面，则对电极室中也可以是纯水或另一有机相，如果是悬挂式对电极，则对电极室中应有支持电解质。总之对电极反应的结果应通过 SPE 膜向工作电极提供或抽取阳离子，如 H^+ 等。

以电解醇氧化为例说明如下。醇在阳极/Nafion 膜界面失去电子被氧化成酸和 H^+，而 H^+ 电迁移到阴极/Nafion 界面，被还原成 H_2，反应如下：

阳极：$RCH_2OH + H_2O \longrightarrow RCOOH + 4H^+ + 4e$　(3-17)

阴极：$4H^+ + 4e \longrightarrow 2H_2$　(3-18)

3.2.4.2　SPE 方法在有机电合成中的应用

A　烯式双键的加氢还原

这类化合物的特点是有双键，打开双键加氢，实现电还原，这类化合物电还原具有普遍意义，用 SPE 方法实现电还原为有机电合成开辟了一条新途径。

B　有机官能团的氧化反应

这类化合物采用 SPE 方法实现电还原的实例见表 3-3。

表 3-3　Pt-Nafion 复合电极上烯属化合物电化学还原加氢（电极面积 0.8cm²）

反应物	产　物	溶剂	电流 /mA	电流效率 /%	产物收率 /%
顺丁烯二酸（1）	顺丁二酸	水	10	40	95
顺丁烯二酸乙酯	1.4-丁二酸二乙酯	乙醇	6.0	30	100
苯乙烯	乙苯	乙醇	3.0	135	75
α-甲基苯乙烯	1-甲基-2-乙基苯	乙醇	3.0	35	100
环辛烯	环辛烷	正乙烷	2.0	44	100
丁烯酸乙酯	丁酸乙酯	乙醇	3.0	29	70
甲基丙烯酸丁酯	甲基丙酸丁酯	乙醇	3.0	35	85

C　呋喃的甲氧基化反应

呋喃的甲氧基化反应是一类具有工业实用价值的重要有机反应，传统的电化学方法是向有机反应体系中加入溴水媒质体和支持电解质。将 SPE 方法用于呋喃的甲氧基化反应，在 Pt-Nafion 复合电极上均获得了较高的电流效率。

D　石墨/Nafion 膜复合电极上大茴香醛的电合成

茴香醛香料广泛应用于甜香香料、化妆品、食品、糕点、香皂、香料、抗组胺药物中间体、电镀增光剂等方面，具有价格低、使用方便等优点。对甲氧基苯甲醛（P-MBA）是一种典型的茴香醛香料，俗称大茴醛。

SPE 有机电合成方法不仅无须向反应体系中添加支持电解质，而且采用直接电氧化，即将氧化还原媒质 Mn^{3+}/Mn^{2+} 或 Ce^{4+}/Ce^{3+} 固定于 SPE 膜上来间接电氧化 P-MT，既减少了媒质的用量又简化了分离程序。以对甲酚为原料，先通过化学合成法将其转化为 P-MT，再用 SPE 法，同时将 Mn^{2+} 和 Ce^{3+} 引入膜中，电氧化合成 P-MBA。

3.2.5　金刚石膜电极[23~27]

金刚石膜电极是从 20 世纪 80 年代后半期 CVD 金刚石实用化中开发的。

金刚石是一种特殊的物质材料，具有很高的硬度和非常稳定的化学性质，其同素异构体石墨常作为一种良好的电极材料在很多电化学领域中广泛应用。然而，石墨电极具有明显的缺陷，如机械强度差、在水介质中的析氧电位低、电势窗口小、对有机物的电催化性能差等。因此，将金刚石生长制备到电极基体的表面制作成金刚石膜电极材料，其表现出的化学、物理性质和电化学性质以及潜在的功能具有广泛应用前景。

近年来，人造金刚石材料的制备和应用在机械制造、材料科学领域内，一直是研究的热点。采用微波等离子化学气相沉积法（MWCVD）和热灯丝化学气相沉积法（HFCVD）等制备金刚石膜的方法和工艺正在不断提高和完善。在金刚石膜生长过程中掺入硼元素，使制备得到的硼掺杂金刚石膜具有良好的导电性能和半导体光电性质，并将其沉积到一些电极基体如石墨、硅片、钛片等表面上，研制得到的这种掺硼金刚石墨膜电极（BDD）材料，在物理、化学、生物等方面已显示出了极好的应用前景，引起了国际电化学领域的极大关注。

用CVD法以氢气作为主要反应气体合成金刚石膜的方法有：微波等离子增强CVD（MPECVD）、热丝CVD（HFCVD）、高频率等离子法、直流电弧等离子体CVD、电子回旋共振CVD（ECRCVD）法、燃烧法等；以氢气和另一种炭源（甲烷、丙酮等）为主要反应气体生成的金刚石膜是微米级的多晶，热灯丝法时，基体材料要加热到1000℃以上，微波等离子法也要加热至800℃以上，由于是在氢气氛下进行，因此基体材料只限于使用铈以及铌，但是最近制造网状电极，利用领域扩大了。

微波等离子体增强CVD的典型情况是以一定直径的石英玻璃管为沉积室，以氢气与甲烷的混合气体为反应源气通入反应室内。微波通过波导管输入反应室，使氢气与甲烷气体在反应室发生辉光放电，从而在基片上沉积出金刚石薄膜。通常工作条件为：基片温度600～1000℃，微波功率300～700W，微波频率2.45GHz，反应室压力4.6×10^3Pa，气体流量10～200mL/min，甲烷的体积分数为0.5%～5.0%。

微波等离子体CVD法的特点是用微波功率馈入激励辉光放电，能够在很宽的气压范围内产生稳定的等离子体，电子密度高，激活的原子氢的浓度大，因此所沉积的金刚石薄膜质量好。

热丝CVD法是把氢气与甲烷的混合气输入到被加热的反应室内，用直流电源加热位于基片上方的钨丝到2000℃。甲烷输送到热钨丝附近被分解，在基片上沉积出金刚石薄膜。反应室温度为700～900℃、压力为10^3～10^5Pa，甲烷浓度和基片温度对金刚石薄膜的结构、质量和生长速率影响较大。

文献［28］作者介绍了掺硼金刚石膜电极的制备及表面微

观结构、电极电势窗口和背景电流情况。

3.2.5.1 金刚石膜电极的制备

采用微波等离子化学气相沉积法（MWCVD）在硅片上生长掺硼金刚石来制备金刚石膜电极。固体 B_2O_3 为硼掺杂源，选择高阻硅（100）基片，硅衬底的尺寸约为 15mm × 15mm。将硅衬底进行常规处理后放入反应室中，用氢气在低压下轰击衬底表面 20min，以去除衬底表面的污染及氧化层。先在硅衬底上用热丝 CVD 方法沉积约 5μm 厚的本征金刚石薄膜，生长条件为：热丝功率 3kW，衬底至灯丝距离约 5mm，C/H 比为 1%，气体压力 40kPa，衬底温度 850℃，生长时间 1h，然后把样品转移到微波 CVD 反应室内继续生长掺硼金刚石薄膜，微波功率 850W，衬底温度约为 515℃，生长时间为 5h。

3.2.5.2 金刚石膜电极的表面微观结构

从硅片上沉积的金刚石膜的扫描电子显微镜图可以看出，硅衬底的金刚石膜晶粒形状清楚，晶粒生长良好，有棱角，颗粒比较均匀，其大小尺寸在微米级范围，相互间致密，以复晶形式生长，此外，由拉曼光谱表征结果可知，非金刚石相的含量较低，这表明沉积出的金刚石膜质量良好。

3.2.5.3 金刚石膜电极的电势窗口和背景电流

采用电化学催化氧化降解有机污染物过程中，电极的电势窗口是衡量该电极是否适用于水处理方法的一个重要参数。这是因为阳极上发生有机物氧化降解的同时，还存在着水分解析出氧气的竞争反应。若有机物的氧化电位小于电极的析氧电位，在阳极达到析氧电位前，有机物在阳极上得以催化氧化；若有机物的氧化电位大于电极的析氧电位，则在达到析氧电位前阳极上无物质发生电化学反应，阳极电流应该较低。当达到析氧电位后，由于阳极上发生析氧反应，产生的氧化电流迅速增加，此时电极氧化降解有机物的电流效率将大大下降，在电化学处理过程中由于发生水的电解而使得能耗增大。同样，阴极的还原析氢电位的大小与有机物在阴极上被还原的能力有关，因此，电极的析氧电位与析氢电位的电势差值这一电势窗口是反映电极性能的一种重要的电化学参数。电极的电势窗口越大，阳极上 O_2 越难析出，阴极上 H_2 越难析出，则有机物在阳极上被氧化降解或在阴极上被还原的几率就越大，有机物的电化学处理效率就越高。

图3-19是金刚石膜电极（BDD）、Pt和石墨3种电极在1mol/L硫酸溶液中的循环伏安图。从图中可得到3种电极在酸性介质中的电势窗口大小和电极的背景电流范围，数据列于表3-4中。与铂电极和石墨电极相比，金刚石电极的电势窗口非常宽，高达4.0V，比前两种电极的电势窗口宽了1倍以上，这使得各种物质在金刚石电极上产生电化学响应的机会大大增加。通常，有机物的氧化电位在1.5～2.0V之间，而金刚石电极在酸性介质中的析氧电位达到了2.4V，因此，大多数有机污染物能直接在该电极得到不同程度的氧化分解。由此也表明金刚石电极具有处理有机物范围宽广的电化学特性。

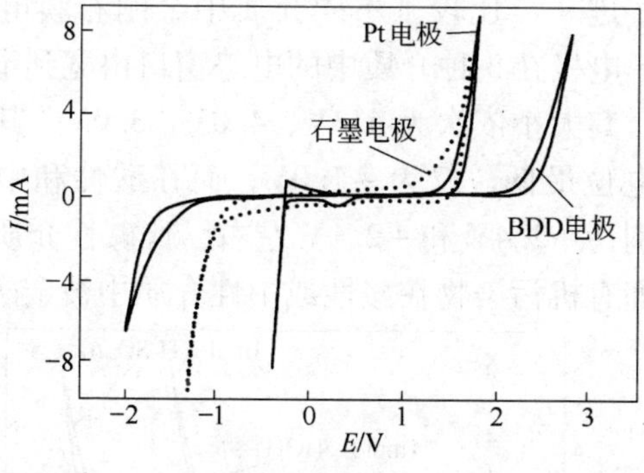

图3-19 BDD、Pt和石墨电极在1mol/L硫酸介质中的伏安图

表3-4 BDD、Pt和石墨电极在1mol/L硫酸介质中的电势窗口与背景电流

电 极	析氧电位/V	析氢电位/V	电势窗口/V	背景电流/A
BDD电极	+2.4	−1.6	4.0	$-9\times10^{-6}\sim5\times10^{-7}$
Pt电极	+1.5	−0.3	1.8	$-1\times10^{-5}\sim1\times10^{-5}$
石墨电极	+1.2	−1.0	2.2	$-6\times10^{-4}\sim7\times10^{-4}$

图 3-19 还表明，金刚石膜电极的背景电流非常小。背景电流是电极另一重要的电化学参数，是指当电极上无氧化还原反应发生时仅由电极本身的电阻以及溶液的电阻产生的导电电流，背景电流越小，产生相同的氧化还原电流时所需的电压越小，能耗越低。酸性介质中金刚石膜电极的背景电流范围 $-9\times10^{-6}\sim5\times10^{-7}$ A，非常小，这也表明制备得到的金刚石膜的导电性能优异。铂电极是性能优良的常用电极，由表 3-4 可知，它的背景电流也很低，在大部分电势窗口内其值为 $-1\times10^{-5}\sim1\times10^{-5}$ A。但铂电极的电势窗口要比金刚石膜电极小得多，仅 1.8V，与金刚石电极、铂电极相比，石墨电极的电化学性能较差，主要表现在整个电势窗口内背景电流都较大，为 $-6\times10^{-4}\sim7\times10^{-4}$ A，电势窗口也不宽，为 2.2V，在酸性介质中其析氧电位为 1.2V。因此，石墨电极氧化有机污染物的范围和能力较低，且应用于水处理中能耗较高。

图 3-20 是 BDD 电极分别在酸性、中性和碱性介质中的循环伏安曲线图，进一步比较了不同介质中金刚石膜电极的电势窗口。金刚石膜电极在 3 种介质中的电势窗口由宽到窄为：中性 > 酸性 > 碱性，其大小依次为 4.3V、4.0V、3.0V。其中在碱性介质中的析氧电位最低，仅为 +1.0V；而在酸性和中性介质中的析氧电位分别为 +2.4V 和 +2.1V 左右，比碱性介质中的析氧电位高得多，即有机污染物在酸性或中性介质中被金刚石膜电极直

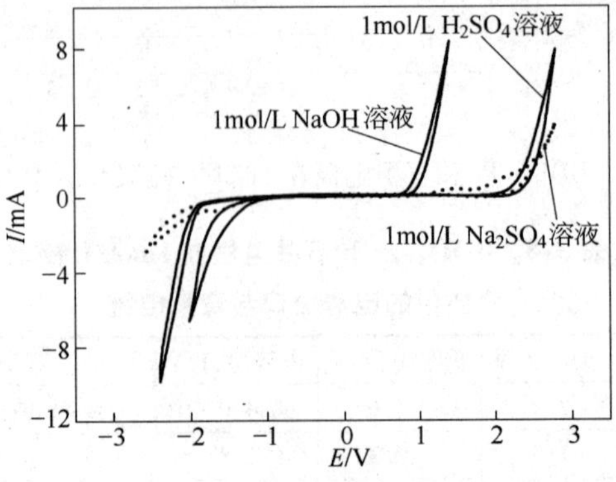

图 3-20　BDD 电极在酸性、中性和碱性介质中的伏安图

接氧化分解的机会要比在碱性介质中高得多。

金刚石电极析氧过电位高，氧化作用强，有可能用于水电解、臭氧及过氧化氢制造上，有效地用于有机物等的阳极氧化、分解以及氧化剂的制造上。

即使发生电极物质溶解问题，由于是炭，不是金属，因此完全不存在二次污染。

金刚石电极可通过大电流，氧化作用强，没有金属溶解下来，故可用于要用轻质油加工电子部件、洗净、水处理等。

开始时，阳极一侧、阴极一侧都具有极广泛的、稳定的电位范围，因此主要是用作敏感元件。这种导电性的金刚石，虽然过电位高，但可稳定地流过大电流，20 世纪 90 年代后半期研究了其作为电解用电极的可能性。在硅表面用热灯丝 CVD 技术生成的硼金刚石电极用作阳极也好，用作阴极也好，都可在 100A/dm^2以上进行稳定电解。特别是用作阳极时，具有极高氧过电位，强的氧化作用。虽然是炭素电极，由于具有稳定的结构，即使在氧气氛中也不会完全消耗。

阳极极化时，电位电流曲线见图 3-21。

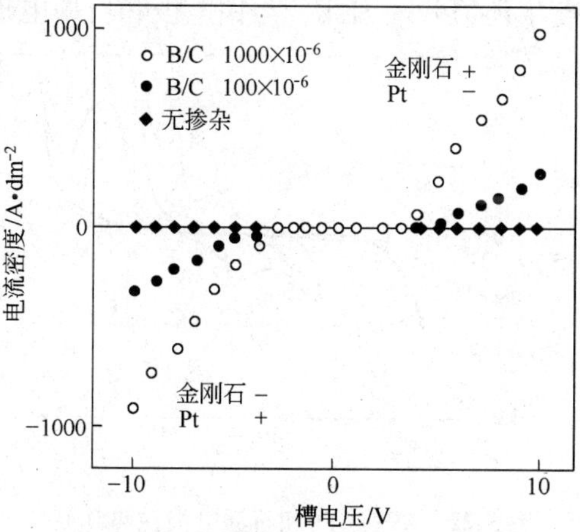

图 3-21　加硼金刚石电极极化特性

（H_2SO_4 体积分数为 10%，35℃）

金刚石膜电极用于废水处理。金刚石膜电极对有机污染物的催化氧化作用具有选择性。与铂电极和石墨电极相比，金刚石膜电极对苯酚、硝基苯等芳香化合物的催化氧化强烈，氧化过程较为简单、彻底。这些性质表明金刚石膜电极是一种非常适用于环保处理的新型电极。

3.2.5.4　金刚石膜电极的电催化性能

以苯酚为有机污染物研究对象，采用循环伏安法研究了金刚石膜电极在酸性介质中对有机物质的电催化性能。图 3-22 是 3 种电极在酸性介质中催化氧化还原苯酚的循环伏安图。可以看出，苯酚在石墨电极上产生多个氧化峰和还原峰，表明石墨电极对苯酚具有一定的氧化还原能力，但催化性能比较低，氧化不彻底，其氧化过程较为复杂，产生多种中间体，被吸附在电极表面，易被还原。铂电极对苯酚的氧化不明显，表明铂电极对苯酚的催化氧化效率不高。而苯酚在金刚石膜电极只产生一个峰电流较高、峰面积很大的氧化峰，同时在整个循环扫描过程中没有还原峰产生，这表明 BDD 电极对苯酚催化氧化的能力较高，产生的氧化电流大，氧化峰形明显，氧化中间产物少且不吸附在电极表面而导致产生还原峰。因此，与铂电极和石墨电极相比，金刚

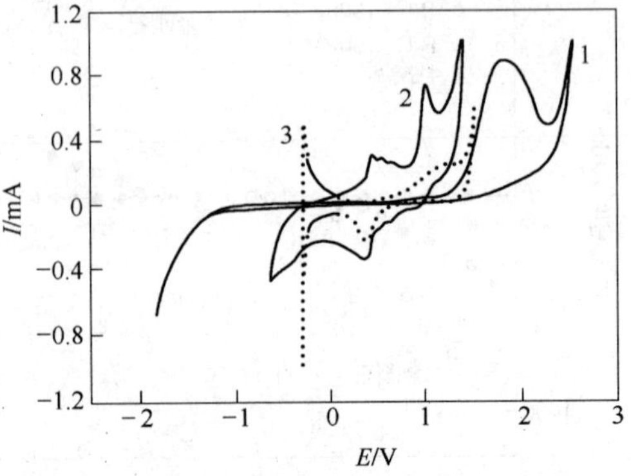

图 3-22　BDD、Pt 和石墨电极在 400mg/L 苯酚 + 1mol/L 硫酸溶液中的伏安图

1—BDD 电极；2—石墨电极；3—Pt 电极

石膜电极对苯酚的催化氧化强烈，氧化过程较为简单、彻底。

采用循环伏安法进一步考察了在酸性介质中金刚石膜电极对一些常见有机物的催化氧化还原特性。结果表明，苯酚、硝基苯和苯等芳香化合物在金刚石膜电极上只产生氧化峰，没有还原峰；甲醇、甲醛、冰醋酸、丙酮、苯胺、吡啶等有机物在该电极上既无氧化峰也没有还原峰产生；对苯二酚、对位苯醌等酚醌类物质则可产生一对氧化还原峰。由此表明，金刚石膜电极对有机污染物的催化作用是有选择性的。金刚石膜电极对于芳香类化合物有良好的催化氧化能力，这些有机物可在该电极上直接氧化降解，而对于甲醇、吡啶等其他一些有机物则是电催化惰性的，这些物质可在高于金刚石膜电极的析氧电位下，通过析出的氧气得以间接氧化。

文献［29］、［30］对废水处理中电化学矿化有机物的动力学模型进行的研究有描述。

文献中称，对于稀废水（COD < 5g/L）处理，电化学矿化有机物是一种新技术。这种技术在高氧化能力阳极上使用电能可将有机物完全氧化。有机物废水处理中理想阳极是渗硼金刚石膜电极（BDD），其特点是对有机物的氧化具有高的反应活性。

A 电化学矿化机理

电化学矿化（EM）反应中，电能可使氧从水转移到有机物中，即被称为氧电化学转移反应（EOTR）。EOTR典型例子是酚的阳极电化学矿化：

$$C_6H_5OH + 11H_2O \longrightarrow 6CO_2 + 28H^+ + 28e \tag{3-19}$$

式中，水提供大量氧原子，氧原子可使酚在电解槽阳极上完全氧化成 CO_2。反应中析出的氢原子在阴极上放电变成氢分子：

$$28H^+ + 28e \longrightarrow 14H_2 \tag{3-20}$$

通常提出的EM机理为，首先在标准状态下电位大于1.23V（vs. SHE）时水放电，在阳极活性区域M产生可吸附的羟自由基：

$$H_2O + M \longrightarrow M(^{\cdot}OH)_{ads} + H^+ + e \qquad (3\text{-}21)$$

这些电解产生的羟自由基促成存在于水溶液中的有机物 R 的矿化：

$$R_{(aq)} + xM(\cdot OH)_{ads} \longrightarrow xM + \text{矿化产物} + yH^+ + ye \qquad (3\text{-}22)$$

式中，x 和 y 是化学计量系数。

反应（3-22）的竞争反应为，羟自由基阳极放电变成氧分子：

$$M(\cdot OH)_{ads} \longrightarrow M + \frac{1}{2}O_2 + H^+ + e \qquad (3\text{-}23)$$

B　阳极材料与电解产生的羟自由基反应活性的关系

有机物与电生的羟自由基的反应（3-22）以及羟自由基阳极放电生成氧的反应（3-23）相互竞争。电解羟自由基的活性（即反应（3-22）和反应（3-23）的速率）与它们和电极表面 M 的相互作用有着很大关系。一般来说，相互作用越差，对于析氧电化学活性（高析氧过电位阳极）就越差，但对于有机物氧化的化学反应性就越高。基于这一点，根据它们在酸性介质中的氧化能力对不同阳极材料进行分类，如表 3-5 所示。

表 3-5　用于酸性介质电化学矿化中各种阳极材料的氧化能力

电　极	析氧电位/V	析氧过电位/V	M—·OH 吸附焓	阳极氧化能力
RuO_2-TiO_2 (DSA-Cl_2)	1.4～1.7	0.18	化学吸附 OH 基	↓
IrO_2-Ta_2O_5 (DSA-O_2)	1.5～1.8	0.25	↑	
Ti/Pt	1.7～1.9	0.3		
Ti/PbO_2	1.8～2.0	0.5		
Ti/SnO_2 · Sb_2O_5	1.9～2.2	0.7	物理吸附 OH 基	
P-Si/BDD	2.2～2.6	1.3		

表 3-5 表明，阳极析氧电位（即析氧起始电位）和析氧过电位及羟自由基在阳极表面的吸附焓有直接关系。也就是说，对于某种阳极材料，析氧过电位越高，它的阳极氧化能力也就越强。

低氧化能力阳极的特点是电极与羟自由基相互作用强烈，导致析氧反应电化学活性高（低氧过电位阳极），以及有机物氧化化学活性低，造成有机物氧化电流效率低。典型的低氧化能力阳极是 IrO_2 基电极。微分电化学质谱研究（DEMS）表明，在 IrO_2 基电极上 IrO_2 和羟自由基相互作用强烈，以至于产生了更高氧化态的氧化物 IrO_3。这种高价氧化物充当了有机物氧化和析氧反应的催化剂。

与低氧化能力阳极相反，高氧化能力阳极特点是电极与羟自由基相互作用弱，导致析氧反应电化学活性低（高氧过电位阳极），以及有机物氧化化学反应活性高，这样有机物氧化电流效率高。

3.2.6　气体扩散电极[23~27]

工业电解工艺，发生氧反应或发生消耗氧反应，其电极过电位高。例如，水溶液电解时，其过电位在 400mV 以上；若发生氢反应或消耗氢反应，其电极过电位在 100mV 以下。如果把它们组合起来，通过反应的改变，可降低理论分解电压，降低过电位，从而可大幅度降低电能消耗。

水电解时，阳极反应及阴极反应如下。

阳极反应：

发生气体反应

$$H_2O \longrightarrow 2H^+ + \frac{1}{2}O_2 + 2e, E_0 = 1.229V \tag{3-24}$$

（过电位高，大于 400mV）

气体扩散电极

$$H_2 \longrightarrow 2H^+ + 2e, E_0 = 0.00V \tag{3-25}$$

（过电位低，小于 100mV）

阴极反应：

发生气体反应

$$2H^{+} + 2e \longrightarrow H_2, E_0 = 0.00V \qquad (3\text{-}26)$$

（过电位小，小于100mV）

气体扩散电极

$$\frac{1}{2}O_2 + H_2O + 2e \longrightarrow 2OH^{-}, E_0 = 0.041V \qquad (3\text{-}27)$$

（过电位大，大于400mV）

通过使用不同电极，仅是过电位就有800mV的差别。通过反应的变换，可能降低理论分解电压的电位。

使用气体扩散电极，不但可降低电耗，且使得许多电解工艺得以实现。

A 氯碱电解

使用气体扩散电极的电解工艺最早于1978年在日本开始研究。

氯碱电解，阴极使用氧气体扩散电极，理论分解电压为0.96V，和以前工艺的2.42V相比，降低了1.5V。通过电极电位之差，实际生产时槽电压降低约1V，电能消耗约为原来的2/3。

B 芒硝电解

将氢气体扩散电极用作阳极，意大利De Nora公司1991年就已商品化。将阴极产生的氢作为阳极供给气体，因此不需要从外部供给氢气。阳极、阴极过电位都接近0V，因此是一个不消耗电能就可以进行电解的理想盐分离工艺。可制造规模300t/a从Na_2SO_4生产NaOH的商业电槽。

C 制造过氧化氢

制造过氧化氢是使用氧气体扩散电极的碱水电解法。

使用炭电极物质的氧气体扩散电极，通过所谓2电子反应来制造过氧化氢，其制造单位能耗相当低，实用可能性高。理论分解电压如下。

阳极反应：

$$H_2O \longrightarrow 2H^+ + \frac{1}{2}O_2 + 2e, E_0 = 1.229V \qquad (3\text{-}28)$$

阴极反应：

$$O_2 + H_2O + 2e \longrightarrow HO_2^- + OH^-, E_0 = 0.4V \qquad (3\text{-}29)$$

共计为0.829V。即使加上过电位等，槽电压可控制在2V以下。

D 盐酸电解

氯用作制造尿烷及氟树脂的中间体，经常回收为盐酸。

很早以前试验过盐酸电解，德国Uhde公司全炭制电解槽已商品化。最近提出阴极侧使用气体扩散电极工艺方案。阴极使用气体扩散电极时，理论分解电压约0.13V，加上过电位，及各种阻抗，实际槽电压为1.3~1.5V。

E 其他气体扩散电极工艺

通过阴极不产生氢，只产生所需要的产品，从而节省能耗，例如，生产过焦硫酸铵、生产臭氧等。

使用气体扩散电极作阳极，例如，不锈钢钢板脱垢、电解提取金属等，特别是阳极使用氢气体扩散电极，过电位接近零。与此相对比，常用的铅合金阳极，由于电极反应不同，相差约1.2V，加上电极过电位差约800mV，因此电解电压有可能相差2V。电解提取锌时，电槽电压为3.2V左右，如降低1.2V的话，就可以节约能耗60%以上。

3.2.7 充填式电极[31]

在电净化工艺过程中常用到充填式电极。采用具有电催化作用的氧化物层作不溶性阳极，或向电解液中添加具有一定催化活性的物质，可明显加快电化学反应速度。铁砂或合成铁氧体就是极好的催化材料，它能加速六价铬的还原。

充填式电极就是采用上述具有一定催化活性的固体颗粒材料，填充于电解槽的阴、阳极之间所构成的电极。通电之后，电极间的固体颗粒在电场力作用下起到多极作用，从而加速电解污水中的有害组分。图3-23是充填式电解槽，在主电极之间充填导电性粒子，如活性铁、石墨粒、铁砂及其他适当的金属氧化物等，当注入废水，加上槽压后，各个粒子便具有双极性，在其两端分别发生阳极与阴极反应。这样整个充填的固体颗粒相当于形成了无数微小的电解单元，其总的电极面积变得很大，极间距离却很小，反应物在溶液中的移动距离极短，因而大大降低了溶液的欧姆阻降，即使废水中反应物浓度比较低，电化学反应速度也很快。

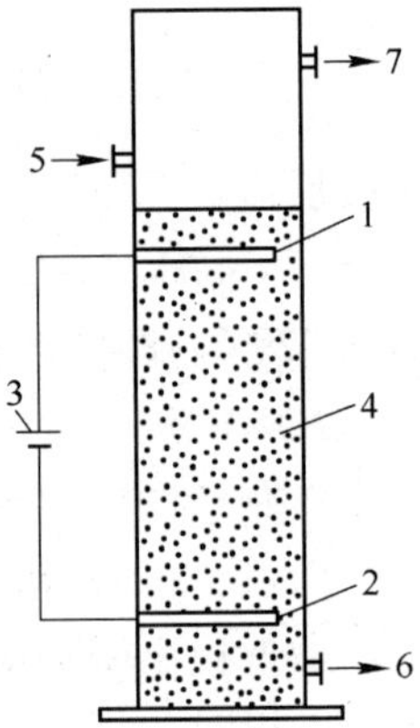

图3-23　充填式电净化槽示意图
1—正极；2—负极；3—12V直流电源；4—充填层；5—进液口；6—出水口；7—溢流口

但是，充填式电解槽中的充填粒子，在电解质溶液中的电位梯度分布并不均匀，使得充填颗粒的双极性能有较大差异。另外，充填粒子间溶液的电阻必须大于粒子间的电阻，才能使各个粒子在溶液中保持相对“独立”，即阻碍粒子之间的电接触，以使两端分别发生阳极反应与阴极反应。由此可见，充填式电解槽槽压较高，适于采用小电流，电解低电导率的废水，从表3-6所列数据可明显看出这一特征。对于充填活性炭或石墨颗粒电解槽，在一定电压下有水与无水时的电流差别相当明显。在无水情况下，由粒子间电子传导而通过电流；充填床内注入水后，水分子进入颗粒之间，阻碍粒子间的电子传导，产生接触电阻，使电流下降。

表3-6　不同充填条件下的电流值

充填颗粒种类	槽压10V时的电流/A	
	无水时	有水时
活性炭	0.11	0.026
石　墨	3.70	2.40

充填式双极性电解槽，既用于电氧化处理废水，也用于电还原处理废水。对不同的充填粒子，电流效率或电能效率不一样，例如，充填石墨粒的电解槽就远不如充填活性炭的电流效率高。这种充填不同材料粒子所造成的差异，启发人们去寻找效率更高的充填材料，如充填某些有催化作用的固体粒子。一般来说，充填的固体催化剂可能是导体、半导体，也可能是绝缘体。目前认为有实用价值的催化剂材料为铁砂（有时是合成铁氧体）、氧化铝等。表 3-7 列出充填铁砂的双极性电解槽处理含高价铬离子特钢混酸酸洗废液的电参数，表中数据表明，充填活性炭比充填石墨的电流效率提高了 8%，加入铁砂后，其电流效率提高 23%，不过，含铬废酸液应预先中和至 pH 值接近 7，这就增加了费用，如改用粒子床电极则更为有利。

表 3-7　充填式双极性电解槽性能

充填粒子		槽压	[Cr^{6+}]	电流效率	电能效率（Cr）
填　料	粒度/目	/V	减少量/%	/%	/g·(kW·h)$^{-1}$
无		50	4	4	0.6
石　墨	4～6	50	24	9	2.3
石墨/铁砂混合体	6～8	30～50	76	60	8.4
活性炭	4～6	50	56	17	4.1
活性炭/铁砂混合体	6～8	30～50	92	93	13

3.2.8　粒子床电极[31]

在电净化工艺过程中还常用到粒子床电极。

采用粒子床电极，溶液的 pH 值从 1 到 14 都可以处理，并可投加各种支持电解质，如硼酸盐、氯化钠、硫酸或氢氧化钠等，溶液温度可在 0～100℃范围内变化。

粒子床由充填粒子和床孔率所组成，床孔率即指充填粒子外的有效空间，约占电解池体积的 40%～80%。电解池体积（总容量）减去空位，即减去加到池中的电解液体积，即为粒子的真实体积。通常，粒子随电解液流动而扩散，当扩散高度改变，床孔率亦随之发生变化，故床孔率是可变的。较好的床孔率可变范围为55% ~75%，最好的为60% ~70%。

填充粒子多由导体或半导体组成，可以是导电的金属混合物，如磷铁、硼化物或金属的氮化物、氧化物，如氧化铝、二氧化钌等；有时，也可以充填非导体，如玻璃珠、聚四氟乙烯涂层玻璃珠、聚苯乙烯珠、其他各种塑料珠或塑料片，甚至砂粒等。粒子直径最好在0.1 ~0.8mm 范围内。

所用粒子应考虑其密度，选用那些能消除因电解产物（如少量氢或氧等）及边界层所引起阻力的粒子，使其在理想床孔率内较好扩散。粒子密度为0.1 ~1.0g/cm^3的粒子能克服边界阻力而利于扩散；密度为1.1 ~10g/cm^3的粒子（最好在1.5 ~3.5g/cm^3范围）则易克服引力而利于在粒子床中扩散。

如采用聚丙烯酸树脂、聚甲基丙烯酸树脂或聚丙烯等塑料球、片作充填粒子，电槽配置的正、负电极间距取0.5 ~2cm 为宜，电流密度1 ~500mA/cm^2，较适当的溶液流速为1 ~10cm/s。

在不少情况下，在阴、阳极之间设置隔膜可消除不必要的副反应发生，从而提高电流效率。常用的隔膜有聚四氟乙烯、纤维玻璃、石棉或多孔陶瓷等。

图3-24 所示为粒子床电净化槽示意图，含有高价金属离子

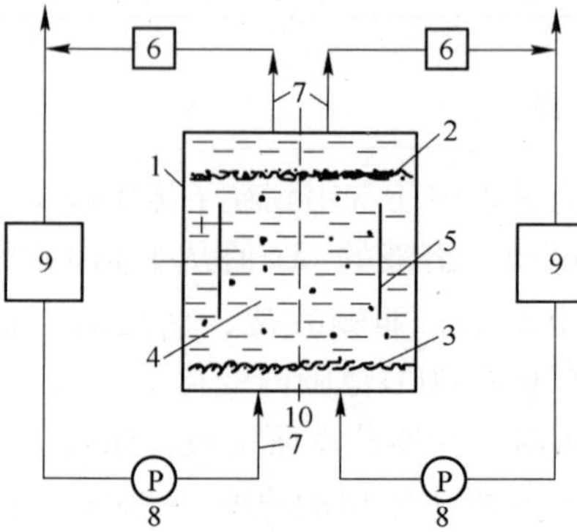

图3-24　粒子床电净化槽示意图

1—槽体；2—上隔板；3—下隔板；4—电解质；5—粒子；6—过滤器；7—进水管；8—泵；9—储槽；10—隔膜（备用）

的废液经泵送进电净化槽，通过粒子床电极发生还原反应，由过滤器滤去沉淀物，上层清液再泵进槽中，不断循环到净化后排放。图3-24中上隔板是防止粒子在水流冲压下流失，下隔板则作为粒子的承担层。上、下隔板间的距离可调整改变，即床孔体积可相应变化，以改善填充粒子在床中的扩散与移动状况。

与普通板式电解槽相比，粒子床电净化槽的处理能力显著提高。假如板式电极面积为$1.3\times10^3 cm^2$，槽的容积为$3.5\times10^3 cm^3$，则电极面积与电解槽容积之比为0.37∶1。对于电解反应区为导电粒子床电极，电解反应的表面积则剧增。例如，若粒子床电极的表面积设计成$1.2\times10^4 cm^2$，电解槽容积等于$9\times10^5 cm^3$，则电极面积与电解槽容积之比为1∶75，这显然比一般电解槽大得多，其处理废水的能力也就大得多。

3.2.9　旋转圆筒电极[31]

用作电沉积分离金属离子的电解槽或称电化学反应器的电极有二维电极、三维电极和旋转电极3种，前两种电极又各分为固定式与移动式电极。固定式二维电极有压滤器、叠层板和平行板电极；移动式二维电极有往复式和振动式平行板电极；固定式三维电极有网状、纤维编织物和海绵状多孔透水电极；移动式三维电极有金属颗粒与碳粒子活动流动床电极。旋转电极有悬杆式与径流式同心圆柱电极，填装细粒薄片与纤维-金属棉等物料的填充床电极，以及倾斜式与翻转式等移动床电极。

旋转圆筒电极（RCE）已制成操作简便、多用途、时-空产率较高的转动式二维电极，通常采用不锈钢圆筒阴极，在含金属离子的溶液中高速旋转，如图3-25所示，阴极电解液中的Cu^{2+}在圆筒的表面上还原沉积。圆筒与Scroper旋转轴相连，底部有塑料套，两边是同轴线的多孔阳极，以阳离子选择透过膜隔离阴阳两极，得到的不均匀的金属淀积层用刮刀刮下后回收。

3.2.10　三维电极[31]

采用多孔材料如网状玻璃炭、炭毡和金属毡、金属棉、海

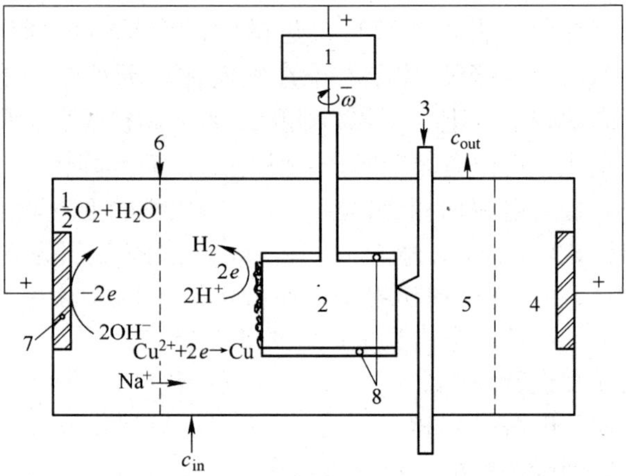

图 3-25　旋转圆筒反应器原理

1—直流电源；2—旋转圆筒；3—旋转轴；4—阳极液；5—阴极液；6—阴离子选择透过膜；7—金属淀积层；8—塑料底套帽盖

绵、叠层网状物和打孔金属板以及粒子电极填料等组装的固定式三维电极，已用于许多电化学工艺过程，包括废水处理、有机与无机合成、燃料电池等的能量生产与储存，以及电分析检测等。美国制的各种反应器均带有可互换的多孔电极。三维电极材料在径流模式下或在自流模式下，有助于增加电极表面积，有助于金属离子从溶液中质量迁移到电极表面上。

石墨和炭组成的三维弹性结构电极，有很大的表面积，价廉、牢固耐用、耐化学腐蚀，适用于多种不同的电化学反应器，这种材料早已用于燃料电池领域。具有代表性的炭纤维电极，炭丝直径 10μm，表面积 $1000m^2/g$，可用作单电极或双电极。石墨纤维织品有精细的双层编织品与毛造编织品，石墨毡有编织毡与模压毡。浸渍阳离子、阴离子、非离子或两性表面活性剂以改良电极可促进金属离子沉积而移去，其可能作用机理为促进气泡从电极表面逸出而有较好的表面接触。

处理含 Hg^{2+} 废液，选用石墨毡电极比用石墨粒、石墨编织物、铜网或金属镍微粒电极更有效，原因是石墨毡的沟流度即液体的不均分布度较低。

采用石墨毡或纤维电极将含铬液中的Cr(Ⅵ)还原成Cr(Ⅲ)而移去，即用电化学法产生的OH^-与Cr(Ⅲ)形成不溶性氢氧化物沉淀，因正的ZETA电位附着于阴极上；当电位反向使电极更新而使氢氧化物溶解，可使处理液中残留的Cr(Ⅵ)降至每升只有几微克。

叠层金属隔网或框栅也能用作三维电极。例如，用不锈钢网栅相叠加组成的电解槽，处理照相显影液含Ag废水，净化液中金属离子残余浓度约1mg/L。已观察到叠层网格的响应电流比金属平板要高两个数量级。在适当的条件下，径流构型的时空产量比直流构型高。用于制作隔网或框栅的金属与合金有Al，Cu，Ni，Zn，黄铜（60%～90%铜，40%～10%锌），蒙乃尔(Monel)高强度良延性抗蚀合金（68% Ni，28% Cu，1.5% Mn，2.5% Fe)，钢或不锈钢。

3.2.11 填充床电极[31]

经加工成形的规则或不规则的导电颗粒堆放一起可作为填充床电极。电化学处理器的阳极和阴极都是填充床，则称为双填充床电解池。所用填充物有石墨和金属粉、钢棒、片状石墨与薄铁片、钢珠、车屑、拉希格圈和金属棉等。其优点是结构设计简易、质量迁移率高、多方面适用和导电颗粒成本低廉，即使在很低的导电液中单程转化率也可达99.9%。

用金属棉作填充材料较通常的颗粒材料性能优越，有较低的液压与电位降，较高的伸缩性与气孔隙，低密度，可减少10%的材料用量。由于金属棉中空白气穴所占体积比很小，故在有气体产生的条件下，金属棉的电解液气阻较颗粒PBE小得多。另外，能用金属棉制成大范围的专门表面积，例如用Cu和Ag金属棉清除或回收Cu^{2+}。

将炭颗粒填充床与气体扩散电极组合成新的电极体系，热力学上极有利于用氢还原铬酸盐。H_2在气体扩散电极一侧被氧化，铬酸盐则在填充电极一侧被还原，在这一热力学衰降反应中，两种电极过程同时快速自发发生而无需外加电源。

3.2.12　流动床电极[31]

设计优良的流动床反应器较固定式多孔床电压与电流分布均匀，因部分扩散层减小而有较大的质量迁移系数。流动床电极英文缩写为 FBE。FBE 反应器有矩形、鼓形和圆筒形等多种构型，只要沿着电流方向的基准尺寸不改变，将它们按比例放大 10 倍亦具相同特性。金属离子通常均匀沉积并能不断移除，由于导电性粒子间瞬时接触，实际电导率与电解液相同。在这一工艺过程期间形成的颗粒通路，可能与其他通路接触，或与靠近电源线的馈线电极相碰。因某些颗粒在给出的瞬间未能电连接，由此而产生单极性粒子与双极性粒子，其电流效率多随电流密度增加而提高。

采用从床顶补加少量待处理微粒而从床底不断移走沉积颗粒的方法，能实现连续进行金属回收。对于不同的液流模式与对电极位置，已表明圆筒形 FBE 槽比矩形槽效果更好。影响 FBE 性能的其他重要因素是床的长宽比与床体厚度。在某些情况下，电流效率可达 80% ~90%，移除金属离子至 1mg/L 以下。

应用 FBE 清除的金属离子包括 Co^{2+} 从 200mg/L 降至 0.2 mg/L，从浓 $Cu(NO_3)_2$废液中移去 Cu^{2+}，从含 Cd^{2+}，Fe^{3+} 废液中使 Cd^{2+} 降至 1 ~5mg/L。FBE 存在的缺点是有形成惰性区的可能性，在靠近隔膜的最负阴极电位处金属离子先行沉积，对于给定的外加电流密度需较高的外加电位，电流效率随时间加长而下降，因流体化作用降低晶粒间电导率，粒子与粒子之间或粒子与电极之间有团聚作用，两性粒子可能对沉积金属的阳极溶液提供位置，金属离子会在电极导线上沉积，离子浓度低于 100mg/L 则不很有效等，但从回收金属的角度看，FBE 是适用而方便的。

3.2.13　回流床电极[31]

回流床电极（CBE）虽有很多特性与 FBE 相同，但 CBE 有不同的液流方式，按床体中粒子移动方式分为喷流床电极（SBE）、旋流床电极（VBE）和流动床电极（MBE）。3 种构造形式如图 3-26 所示，电源线、隔板和壁侧层标示于不同部位。其内部有两个区间：粒子移动区间，粒子与液流同向移动；类似填充床区间，粒子与液流反向移动。以 VBE 为例，就是从底部床室的扩口形缝口引入电解液，从而造成粒子的旋流运动。

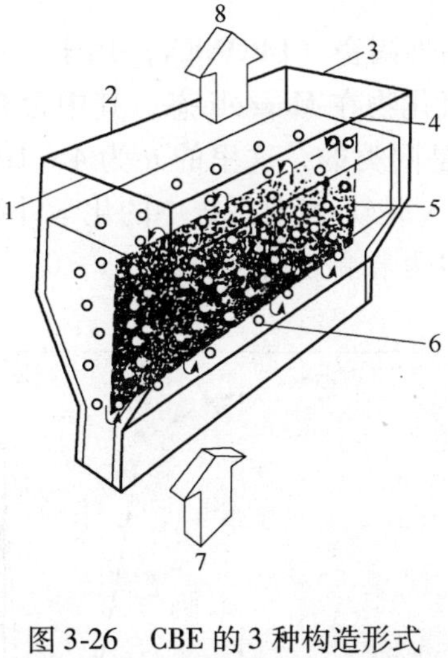

图 3-26　CBE 的 3 种构造形式

1—壁侧层（SBE 与 MBE）或隔板（VBE）；2—电源线（SBE）、壁侧层（VBE）、隔板（MBE）；3—壁侧层（SBE 与 MBE）或电源线（VBE）；4—隔板（SBE）、壁侧层（VBE 与 MBE）；5—壁侧层（SBE 与 VBE）或电源线（MBE）；6—回流粒子；7—电解液进口；8—电解液出口

由于电解液流与电流通道交互垂直，故液流流速与反应器尺寸不受电位分布的影响。CBE 电解槽有较宽范围的电位分布，能处理尺寸范围较宽的微粒。其中 SBE 的最大优点是能输送推放液流中夹持的气泡，减少因气泡产生的较大电阻压降。

另外，因反应粒子未在隔板上晶化，金属离子也未在电流馈线上沉积，故避免了反应粒子的聚集结成团块。在最优工况条件下，CBE 处理 Cu，Sn，Zn，Co 和 Mn 等金属离子的电流效率几乎达 100% 。

CBE 的缺点是流体压力损失较 FBE 所观察到的要大。VBE 与 MBE 构型槽需设置隔板或隔膜，向下流动的反应粒子基本无电化学活性，作为粒子的一部分电解液最终并不能电解，因而单程不能移除全部金属离子。

3.2.14 陶瓷电极[31]

新型的化学惰性陶瓷（EBONEX）用于污水治理。

钛元素的次氧化物在 Magneli 态，其中含有 EBONEX，与一般化合物 Ti_nO_{2n-1} 是同类的，这里的 n 为 4 ~ 10。图 3-27 显示了一部分的导电性，x 是钛-氧双系统中的化学计量参数。

在这个系统中两末端分别代表钛（x =0）和二氧化钛（x =

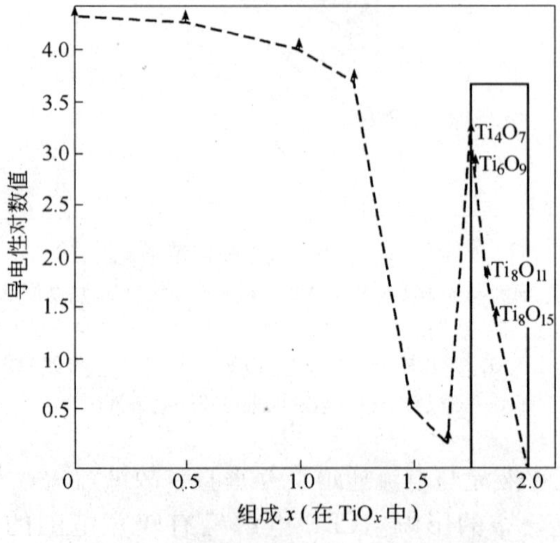

图 3-27 钛-氧化合物系统导电性随组成的变化

［方形区域包括了 Magneli（次氧化）相］

2)，后者是半导体。EBONEX 陶瓷是从这一系列中导电性更好的部分制成的。化合物 Ti_4O_7（$N=4$，$x=1.75$）是导电性能最好的状态，它单个晶体的电导率是 1500mΩ/cm。

图 3-28 包含了 EBONEX 电极在非常恶劣的环境下仍具有稳定性的代表性数据，这种环境是硫酸-氟化氢混合。显著的稳定性与钛元素的次氧化物在 MAGNELI 态的分子结构紧密相关。缺乏氧分子的 TiO 两边被二氧化钛氧化钛薄膜包在中间。实际上，低氧化单纯钛的化学惰性更加明显。例如，EBONEX 陶瓷可以防止氟离子的侵蚀，而在含有氟离子的溶液中二氧化钛常常被溶解，甚至在稀释溶液中溶解钛。

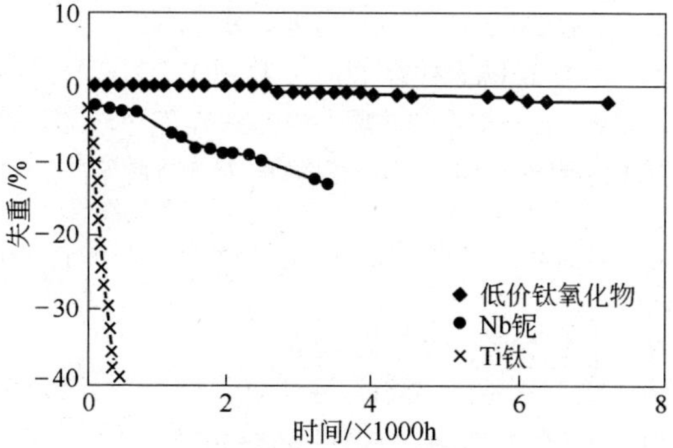

图 3-28　常温下三种电极浸入 15% H_2SO_4 + 0.1% HF 后质量损失随时间变化

参 考 文 献

[1] 陈延禧. 电解工程 [M]. 天津：天津科学技术出版社，1993.
[2] 马淳安. 有机电化学合成导论 [M]. 北京：科学出版社，2002.
[3] 顾登平，等. 有机电合成 [M]. 石家庄：河北教育出版社，2000.
[4] 日根文男. ソーダと盐素. 1985，36(3)：1~10.
[5] 福永富雄. ソーダと盐素. 1991，42(7)：14~19.
[6] 武哲夫. 電氣化學およひ工業物理化學. 1986，54(1)：49~53.
[7] 翟和生，等. 电化学. 1995，1(1)：65~69.

[8] 山村和昭，等．日本矿业会志．1981，97(8)：716～723.

[9] 梅津良昭，等．日本矿业会志．1985，101(6)：375～380.

[10] 梅津良昭，等．资源と素材．1989，105(3)：35～40.

[11] 梅津良昭，等．资源と素材．1990，106(13)：39～45.

[12] Григорьеъ В. Цветный Меттал. 1986，(12)：30～33.

[13] 粟原二郎，等．日本矿业协会研究成果报告会论文集．1983，229～230.

[14] 张玉萍．湿法冶金．2001，20(4)：169～171.

[15] 杨光棣，林蓉．有色金属．1992，(3)：20～24.

[16] 杨光棣，等．有色冶炼．1992，(2)：20.

[17] 徐瑞东，等．电镀与环保．2005，25 (1)：4～7.

[18] 毛利隆．特开昭 62-142798. 1987.

[19] 笠井忠彦．日本矿业会志．1986，102(8)：1～5.

[20] 邱富荣，等．材料保护．2000，33(10)：35～37.

[21] 符寒光，等．上海金属．1996，18(2)：9～12.

[22] 王旭东，等．电镀与环保．1998，18(6)：17～20.

[23] 岛宗孝之．電氣化學およひ工業物理化學，2004，72(4)：279～282.

[24] 张招贤．钛阳极 40 年［C］．隔膜法电解经济运行高级研讨会论文专辑．泰山．2006.

[25] 张招贤．钛阳极的 40 年［C］．第 10 届全国有机电化学与工业学术会议．长春．2006.

[26] 张招贤．氯碱工业．2007，(1)：15～20.

[27] 张招贤．电镀与涂饰．2007，26(1)：50～52.

[28] 赵国华．等．环境科学．2004，25(5)：163～167.

[29] Agnieszka K，et al. J Appl Electrochem. 2008，38：7～16.

[30] Xiao-Mei Wang，et al. Electrochimica Acta. 2008，53：3386～3394.

[31] 陶映初，等．环境电化学［M］．北京：化学工业出版社，2003.

第 4 章　电极反应工程实例

4.1　氯碱工业[1~10]

以电解食盐（NaCl）水溶液的方法制取氯气和烧碱的化学工业称为氯碱工业，它是现代电化学工业中规模最大的部门。以耗电量计，美国氯碱工业用电量在 1976 年占全国总发电量的 2%，在中国，1989 年氯碱工业耗电量接近全国总发电量的 2%。

氯碱工业的产品——氯气、氢气和烧碱，均为基本化工原料，广泛用于化工、石油化工、冶金、轻工、纺织以及民用各部门。至 20 世纪 80 年代中期，全世界氯气年产量为 3000 万 t，烧碱为 3400 万 t。氯碱工业在国民经济中占有重要的地位。

电解食盐水溶液制取氯气和烧碱已有 100 多年历史。1851 年英国 Watt 首先提出了电解食盐水溶液制取氯气的专利，1867 年直流发电机发明后工业电解得以实现，1890 年德国建立起首家电解 KCl 的工厂，1893 年在美国建立了第一家电解盐水制取氯气的工厂。此后，因工业需要及技术改进，氯碱工业获得迅速发展。

中国氯碱工业在解放前十分落后。1929 年在上海建立了我国第一家氯碱工厂——天原电化厂。1949 年仅有 9 家工厂，电解法烧碱年生产能力约 1.5 万 t。新中国成立后迅速发展，1990 年达到年产烧碱 335 万 t，居世界第 3 位。氯碱工业厂家近 300 个，规模最大的上海电化厂，1991 年烧碱产量达 35 万 t。中国氯碱工业协会提供的数据表明，2005 年我国烧碱生产能力达到 1611 万 t/a，2012 年以前将达到 2736 万 t/a。

根据产物分隔的方法，氯碱工业形成了两种不同的生产工艺，即隔膜电解法和水银电解法。

4.1.1　隔膜电解法

隔膜电解法以多孔隔膜将阳极区和阴极区分隔，避免了两极产物的混合。隔膜电解法的原理如图 4-1 所示。饱和盐水由阳极区加入，阴极区生成的碱及未分解的盐水则不断流出。通过适当调节盐水流量，可使阳极区液面高于阴极区液面，从而产生一定的静压差，使阳极液透过隔膜流向阴极室，其流向恰与阴极区 OH^- 向阳极区的电迁及扩散方向相反，从而大大减少进入阳极区的 OH^- 数量，抑制析氧反应及其他副反应的发生，阳极效率提高到 90% 以上。而阴极区由于 OH^- 流失减少，碱液质量浓度可提高到100～140g/L。

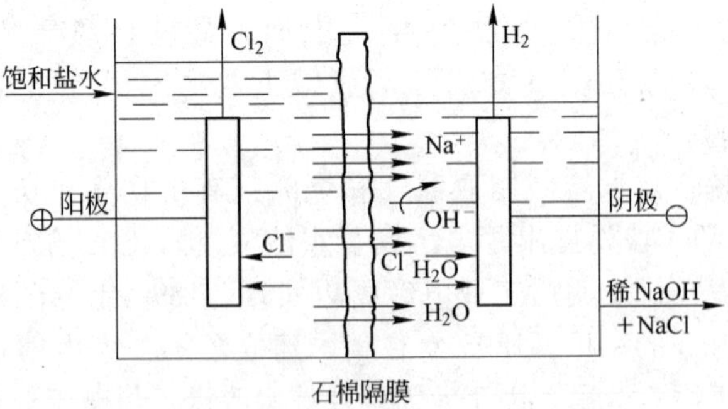

图 4-1　隔膜电解法的原理

隔膜电解法电解槽开始采用炭阳极，槽压高且损耗大，后来改用人造石墨，性能大有改善。20 世纪 60 年代末金属阳极的发明与广泛应用，则使氯碱工业取得突破性进展。涂层可用 RuTi、RuSnTi、RuIrTi 等。

金属阳极隔膜电解槽构造如图 4-2 所示。

表 4-1 为胡克（Hooker）隔膜电解槽金属阳极与石墨阳极的槽电压衡算。

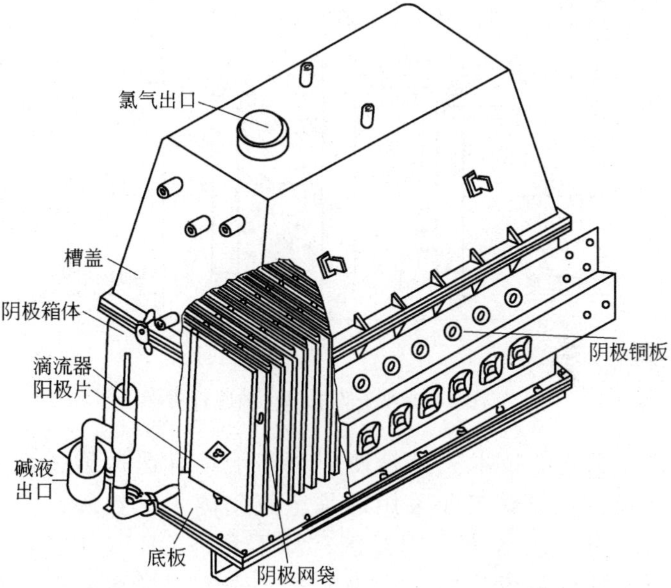

图 4-2　C_{30}-Ⅲ型金属阳极隔膜电解槽（60kA）

表 4-1　Hooker 隔膜电解槽的槽电压衡算

槽型	阳极	隔膜	电流密度 /A·m^{-2}	阳极平衡电位 /V	阴极平衡电位 /V	阳极过电位 /V	阴极过电位 /V	溶液电压降 /V	隔膜电压降 /V	金属导体电压降 /V	槽电压/V
S-3	石墨	石棉	1550	1.32	0.93	0.33	0.27	0.49	0.30	0.36	4.00
H-4	DSA	石棉	1550	1.32	0.93	0.02	0.27	0.24	0.29	0.17	3.25

4.1.2　离子膜电解法

离子膜电解法是氯碱工业在 20 世纪 70 年代中期推出的一种工艺，其原理如图 4-3 所示。

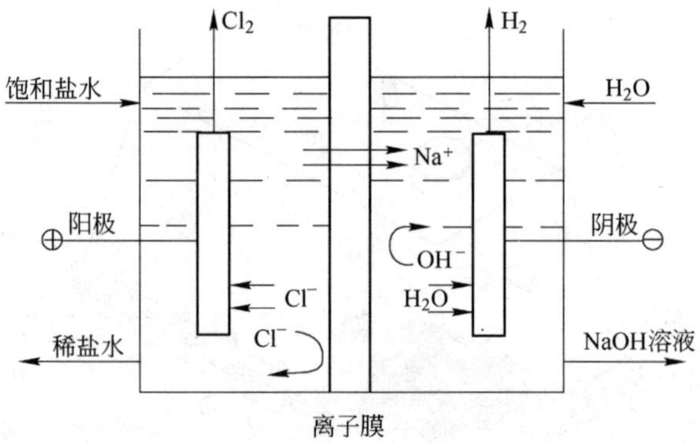

图 4-3 离子膜电解法的原理

这一工艺的技术关键是使用对离子具有选择透过性的离子交换膜，在氯碱工业采用的是全氟阳离子交换膜，它只允许钠离子由阳极区进入阴极区，却不允许 OH^-、Cl^- 及水分子通过，这样不仅使两极产物隔离，避免了导致电流效率下降的各种副反应，而且能从阴极区直接获得高纯度（含盐仅 30×10^{-6}）、高浓度（一般为 32% ~35%）的烧碱。1990 年日本旭硝子公司已开发了直接生产浓度达 50% 的烧碱的离子交换膜电解槽。

离子膜电解法不仅具有产品质量高，能耗低（每生产 1t 烧碱可降低直流电耗约 35%）的优点，而且可消除隔膜法使用石棉，水银法使用汞造成的公害及环境污染。离子膜电解法投资低，在国外新建工厂投资中仅为隔膜法的 80%，因而被认为是当前氯碱工业的最新成就，成为氯碱工业的发展方向。

离子膜电解槽均采用板框压滤机型结构，每台电槽皆由若干单元槽构成，每一单元槽则包括阳极、阴极、离子膜和槽框等。按供电方式，离子膜电解槽可分为单极式电解槽和复极式电解槽两类。

离子膜电解槽都采用金属阳极，而阴极大多采用降低析氢过电位的活性阴极。

图 4-4 及图 4-5 分别为单极式电解槽和旭化成复极式电解槽。

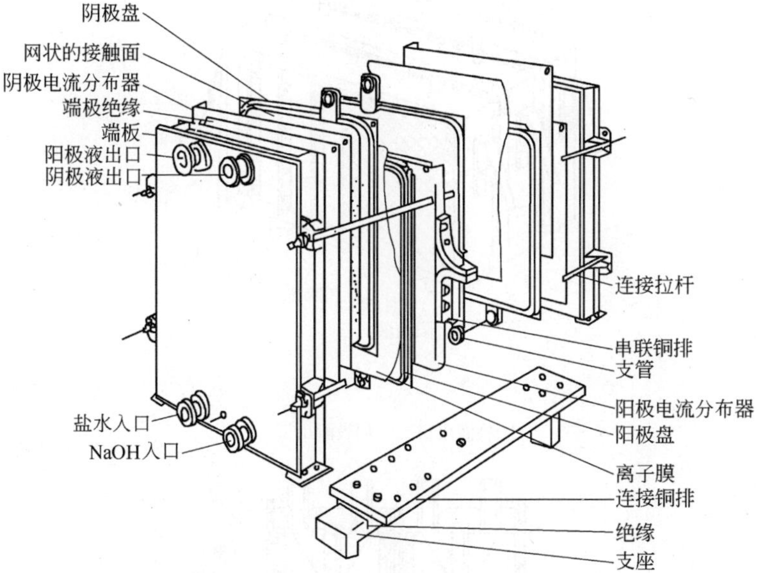

图 4-4 MGC 单极式离子膜电解槽

离子膜电解法的电流密度高于隔膜电解法，一般为 30 ~ 40A/dm^2，而槽电压却低于隔膜法，一般约为 3.1V。

北京化工机械厂 1984 年从日本旭硝子公司引进离子膜法电解槽制造技术，形成年制造 12 万 t 离子膜电解槽生产能力，1987 年已向国内用户提供产品。

上海天原化工厂 1983 年建成 1000t/a 规模的离子膜电解装置。

至 1991 年止，我国 13 家氯碱工厂从国外 5 家公司，即日本旭化成、旭硝子、德山曹达、美国西方技术公司和英国 ICI 公司引进离子膜法电解槽，生产能力达 37 万 t/a。使用 4 种离子膜，日本旭化成 ACIPLEX-FB278 牌号膜，日本旭硝子 Flemion 775 牌

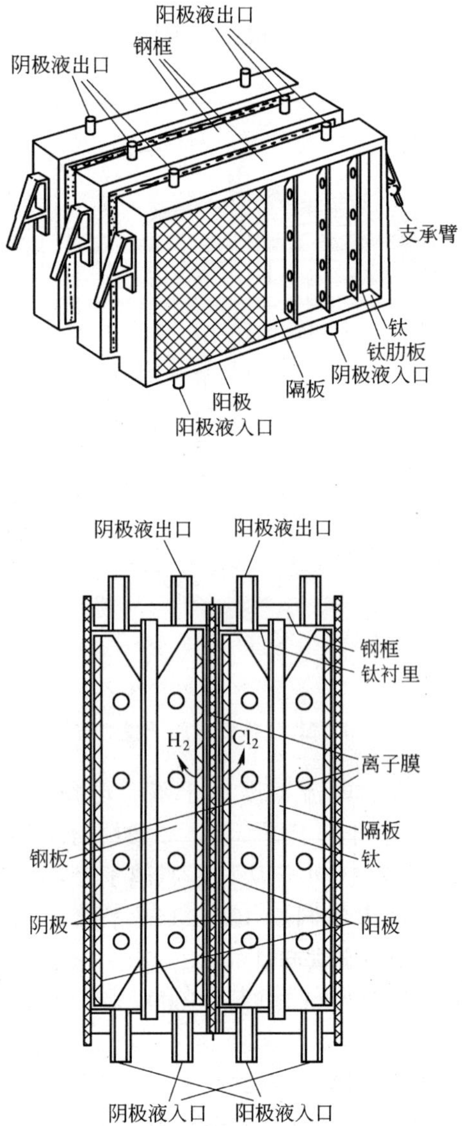

图 4-5　旭化成复极式离子膜电解槽

号膜，德山曹达 Neosepta-F 全氟羧酸离子膜及美国杜邦公司 NX-901 膜，以杜邦公司及旭硝子公司的最好。

4.1.3　水银电解法

水银电解法的原理是在氯碱电解槽中不采用隔膜，而改用水银作为阴极材料，使放氯反应和生成 NaOH 的反应分别在两个反应器中，即电解槽和解汞槽中进行，因而从根本上避免了两种产物的混合。

水银法采用的阳极材料和阳极反应与隔膜法及离子膜法基本相同，如在 DSA 阳极表面析出氯气，但阴极和阴极反应却不同，由于采用析氢过电位很高的汞作为阴极材料，在达到析氢电极电位之前，溶液中的 Na^+ 已在阴极放电，与汞生成钠汞齐：

$$Na^+ + xHg + e \longrightarrow NaHg_x \tag{4-1}$$

因为采用水平电解槽，阴极是在略为倾斜的槽底平面流动的汞层，电极反应生成的钠汞齐将不断缓缓地流出电解槽，进入解汞槽，与水发生以下反应，生成烧碱：

$$NaHg_x + H_2O \longrightarrow NaOH + H_2 + xHg \tag{4-2}$$

水银法的特点是生产强度高，电流密度可达 10000 ~ 15000 A/m^2，不需蒸发即可由电解槽直接得到浓度高达 50% 的烧碱，而且纯度也高，含盐仅 $30 \times 10^{-4}\%$。然而，水银法除电耗高外，其致命的缺点是生产中如发生水银的流失将造成严重的环境污染，例如日本 20 世纪 70 年代发生的“水俣病”就迫使日本政府在 1973 年决定限期将全部水银法改变为隔膜法。然而在欧洲，水银法至今仍然是氯碱工业的主要生产方法，这是由于汞资源丰富及技术进步，采取了多种有力措施，严格限制了水银的流失，使每吨烧碱的汞耗下降到 1 ~ 3g。

世界最早的水银法工厂始建于 1897 年。中国锦西化工厂在 1951 年建成了国内第一套水银电解装置，目前产量最大的则为天津化工厂（年产量约 5 万 t）。

水银电解槽工作槽电压，天津化工厂为4.7～4.8V，锦西化工厂为4.2V。

金属阳极涂层采用RuTi配方。

水银电解槽的底面有一定坡度，使水银（阴极）缓缓流动，而阳极（现在多为DSA电极）则由上面的槽盖插入，与阴极平行，二者之间无隔膜。图4-6为其示意图。

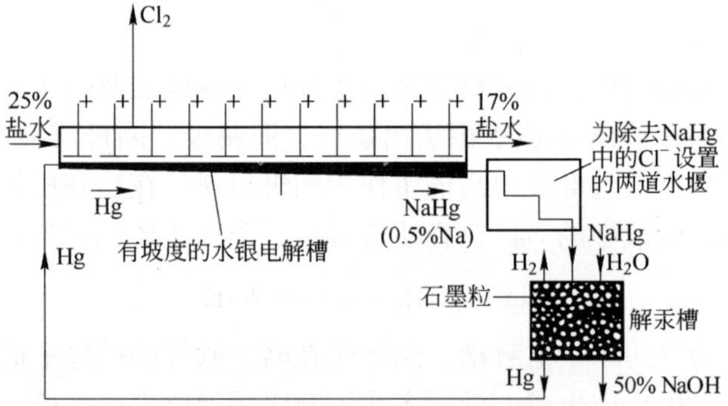

图4-6　水银法电解槽及解汞槽示意图

20世纪中，作为现代电解工业中规模最大的部门之一的氯碱工业，出现了三项重大技术革新。首先是20世纪60年代末问世的涂层钛电极（DSA），紧接着是70年代离子膜法工艺投入生产，80年代活性阴极也应用于工业生产中，从而使氯碱生产进入了辉煌时代。

离子膜法被公认为食盐水电解中能耗最低的工艺。为降低电解液电压降，出现了零极距电解法。把膜和夹膜的两电极间的距离降至最小极限，这就是零极距。离子膜法要求电极间距离越小越好，最好小于2mm。离子交换膜相当薄，约0.1～0.2mm，为防止离子膜遭受机械损伤，采取了将离子膜贴在电极一边的办法。离子膜贴近阳极后，电槽槽电压可大幅度降低。离子膜法采用零极距电解后，可有效地消除气泡效应，也是使槽电压降低的原因。

日本是世界上最早实现离子膜技术的国家。在开发离子膜技术的过程中，涂层钛阳极发挥巨大作用，也就是说，没有 DSA 的出现，离子膜技术也不可能工业化应用。

盐水电解生产氯碱的 3 种工艺中，采用水银槽电解时，阳极材料原用石墨，工作电流密度为 $3700A/m^2$，槽电压为 4.5V；而使用钛电极后，电流密度提高到 $13000\ A/m^2$，槽电压只有 4.2V。

采用隔膜槽电解时，阳极材料原为石墨，工作电流密度为 $900A/m^2$，槽电压为 4.4V；而使用 DSA 后，电流密度可提高到 $2000A/m^2$，而槽电压只有 3.66V。而使用离子膜槽电解时，电流密度还可提高到 $4000A/m^2$，槽电压也只有 3.75V。

从上面数据看到，离子膜技术出现，电流密度可成倍地提高，而槽电压基本上差不多。

离子膜法盐水电解工艺可大幅度降低电耗，延长膜的使用寿命，因此很快在世界各地获得推广应用。至 1990 年，离子膜法烧碱产量达 860 万 t/a，占总烧碱产量的 18%。

4.2　电解提取有色金属

电解冶金在湿法冶金工业中占有很大的比重，采用电解冶金生产的有色金属包括 Zn、Cd、Cu、Mn、Co、Ni、Cr 等。

电解冶金的优点是具有很高的选择性，可获得高纯金属，能回收有用的金属，因此可处理低品位的矿物及组分复杂的多金属矿，有利于资源的综合利用。铜的提取是一个典型例子，由于优质铜矿资源枯竭，低品位铜矿冶炼因而受到重视，一般采用电解提取法。另外，对环境的污染较小，生产较易连续化和自动化，但缺点是能耗较高。节能是电解冶金一个十分重要的课题。

电解提取金属最大困难是选用合适的阳极材料。对阳极要求稳定，耐蚀，可长期使用，对阳极过程具有良好的电催化活性，以降低阳极反应的过电位和槽电压。

氯化物溶液电解时，阳极上析出氯气，可使用石墨阳极。氯化物硫酸盐混合溶液电解时，阳极上同时析出氯气和氧气，曾经使用过石墨阳极。

近些年来电解提取金属领域已广泛使用涂层钛电极，已成为第二个大规模使用钛阳极的工业部门。

4.2.1　氯化物溶液电解提取金属[11~14]

氯化物溶液电积金属，工厂过去使用石墨阳极。石墨材料电阻大，因此电能消耗大；石墨阳极强度低，容易损耗，工作寿命短；石墨污染阴极产品，很难获得高纯金属。

氯化物溶液电积金属时，阳极上主要发生下列反应：

$$2Cl^- = Cl_2\uparrow + 2e \tag{4-3}$$

$$4OH^- = 2H_2O + O_2\uparrow + 4e \tag{4-4}$$

式（4-3）是主反应，式（4-4）是副反应。

阳极上析出氯气，活性涂层最重要的特性是氯过电位低，导电性能好，耐氯腐蚀性强，阳极使用寿命长。

文献［12］作者认为，Ir 从 Ir^{4+} 氧化成 Ir^{6+} 时为 2.06V (vs. SHE)。往 $RuTiO_x$ 涂层中添加 Ir 后，可提高阳极氧化电位，有利于延长阳极工作寿命。福州冶炼厂氯化钴溶液电积钴时，石墨阳极只能用几个月，而他们研制的涂层钛阳极工作寿命长达 4 年。氯化钴溶液电积时，石墨阳极槽电压为 4.1V，而涂层钛阳极为 3.7V，降低了 0.4V；电流效率从 91.5% 提高到 94.0%；生产 1t 钴节省电能 400kW · h，即节电 11%。

浙江义乌冶炼厂使用石墨阳极时，钴中含碳量高，只有 42% 产品达到 1 级钴，改用涂层钛电极后，产品全部达到 1 级品的标准。

文献[13]作者使用恒电位仪，慢扫描法测出涂层钛电极在氯化镍溶液电积时的极化曲线，用电子计算机对极化曲线数据进行线性回归处理，按 Tafel 公式进行计算，得到工业电流密度范围内氯化镍溶液电积镍时涂层钛电极的氯过电位值，在 $250A/m^2$ 时为 0.1979V，过电位值很小，说明涂层钛电极电催化活性很高。

西北某公司钴生产采用氯化物体系电解工艺，经过十多年的研发，现已在几千吨钴生产中使用了钛电极，使生产技术指标达到了先进水平，提高了劳动生产率。这是目前国内电解提取金属工程中最大量使用钛电极的实例。

4.2.2　氯化物硫酸盐混合溶液电解提取金属[14,15]

氯化物硫酸盐混合体系电解时，阳极上同时析出氯气和氧气，对阳极材料腐蚀非常严重，与单一盐类体系相比，阳极处于更苛刻条件下工作，研究难度大为增加。陈康宁教授在其《金属阳极》一书中指出："含氯化物和硫酸盐的电解质至今尚缺乏价廉而稳定的阳极"。

四川某冶炼厂在混合体系电积钴时，原来使用石墨电极和 H. Beer 配方钛电极，电解运转 1 个月后便不能使用，影响了工厂正常生产的进行。

混合体系电解时，阳极上会发生放氯反应和放氧反应

$$Cl^- = \frac{1}{2}Cl_2\uparrow + e \tag{4-5}$$

$$H_2O = \frac{1}{2}O_2\uparrow + 2H^+ + 2e \tag{4-6}$$

SO_4^{2-} 浓度提高时，阳极上放氧反应加剧，会降低析氯电流效率，影响活性涂层钛阳极工作寿命。

活性涂层中添加活性元素钯和铱后，有利于放氯反应的进行和抑制放氧反应的进行，延长阳极的工作寿命。

文献［14］作者研究的涂层配方（IrRuPdTi）钛阳极适合在氯化物硫酸盐混合溶液电积金属中使用，新涂层钛阳极显示良好的性能，可抑制硫酸根在混合体系电积时带来的不良影响，工作寿命达 8 ~ 10 个月，基本上解决了耐腐蚀问题。

四川某冶炼厂已使用改进的深层钛电极生产金属钴。

4.3　有机电合成[16,17]

有机电合成中，阳极材料的选择非常困难，因为电极在阳极

极化时，可能发生溶解和腐蚀。根据不同电解质情况，可使用下列阳极材料 Pt-Ir、石墨、DSA（Ti/RuO_2、Ti/Cr_2O_3）、铅，还可选用铂、钛镀铂、钛镀二氧化铅、钛涂铱等高氧过电位涂层电极。

有机电合成中，形稳阳极（DSA）是很有希望应用的材料[18]。根据电极材料可分类为“活性的”或“非活性的”。活性电极通过生成更高价金属氧化物（MO_{x+1}）来氧化有机物，活性电极可处于更高的氧化状态（即 RuO_2 或 IrO_2），这取决于选择性氧化作用。非活性电极不存在可获得的更高氧化状态，它通过羟基的吸附、化合，可直接氧化有机物（即 SnO_2 或 PbO_2）。然而，没有一种电极可以说完全是活性电极或非活性电极，从本质来看，都具有少量“活性”状态。

我国有机电合成研究及工业化也在迅速发展，下面介绍有机电合成使用涂层钛阳极（DSA）的实例。——L-半胱氨酸盐酸盐合成。

磺基丙氨酸是一种重要的生化试剂，在动物体内有着广泛的生理作用，在医药、化妆品、洗涤剂等行业的应用在国外已受到广泛关注。以其为原料可合成抗艾滋病毒（HIVI）、Herpes Simplex Ⅰ病毒、球菌及杆菌的药物；聚磺基丙氨酸可抑制癌细胞的扩散而对未感染细胞无任何副作用；含磺基丙氨酸的护发剂可保持头发弹性和湿度，定型剂和染发剂可防止头发损伤，还可修复已损伤的头发并改善发质；以磺基丙氨酸二溴乙烷及丁氨二酸为主要原料合成的乙基丁氨二酸磺基丙氨酸（EAC），以磺基丙氨酸、烷基马来酸酯为原料合成的磺基丙氨酸丁二酸酯作为洗涤剂助剂三聚磷酸钠的替代产品，兼有可生物降解和去污力强两大优点，因络合多种金属离子，防锈、防垢、防蚀性能优异，可广泛用于工业及生活用洗涤剂以及油田水处理、水泥改性等方面。

合成磺基丙氨酸的主要原料是胱氨酸，中国有着丰富的毛发资源，胱氨酸供应充足，而国内对胱氨酸的深加工产品主要以电化学法生产 L-半胱氨酸为主。

以胱氨酸为原料，用电化学方法生产 L-半胱氨酸在中国约有二十个厂家，生产能力接近 2000t。目前，大部分厂家由于生产产品单一而处于半停产或停产状态。价格由 1996 年每吨 40 余万元下降到 1998 年每吨 8 ~ 9 万元，再加上 1998 年日本又建成一个年产 500t 的 L-半胱氨酸生产厂，造成了出口的难度。

L-半胱氨酸的一个重要用途是作为化妆品的原料。化妆品对杂质的要求标准高，如要求铁含量在 10^{-6} 以下，否则化妆品很快变黄，影响销售和价格。L-半胱氨酸中的铁离子主要来源于盐酸溶液，电解食盐水溶液生产得到的盐酸中铁含量的合格标准为 6×10^{-6}。建议生产 L-半胱氨酸时使用离子膜工艺电解生产制得的盐酸。如果使用石棉隔膜电解槽生产的盐酸，在使用前经过离子交换树脂处理即可达到较高的要求。

用 L-半胱氨酸为原料进一步深加工，生产市场需要的相关产品，扩大应用范围，开拓市场，可扩大 L-半胱氨酸的生产。

（1）羧甲基半胱氨酸的合成。S-羧甲基-L-半胱氨酸（S-Carboxymethy-L-Cysteine，简称 SCMC）是法国创造的一种祛痰药品，可用于急慢性支气管炎、肺气肿、肺结核等疾病引起的咳困难治疗，具有化痰、镇咳、低毒（小鼠口服 $LD_{50}=8400mg/kg$）等优点，故引起了广泛的重视。

（2）成对电解合成 L-磺基丙氨酸。在电合成 L-半胱氨酸时，在阴极电还原制备得到 L-半胱氨酸，在阳极也得到半胱氨酸的系列产品——L-磺基丙氨酸。

电极材料的选择：在电解反应中，电极不仅起电子媒质作用，而且对电解反应速度、反应途径及反应选择性均有很大的影响，对于水溶液中的阳极反应，应选用氧过电位高的阳极材料和氢过电位低的阴极材料，另外还需考虑电极的电导率、化学稳定性、价格、毒性等方面的因素。选用过石墨电极、PbO_2 电极和 RuIrTi 涂层钛电极。

电合成 L-半胱氨酸盐的反应原理，L-胱氨酸溶于盐酸中，生成 L-半胱氨酸的盐酸盐：

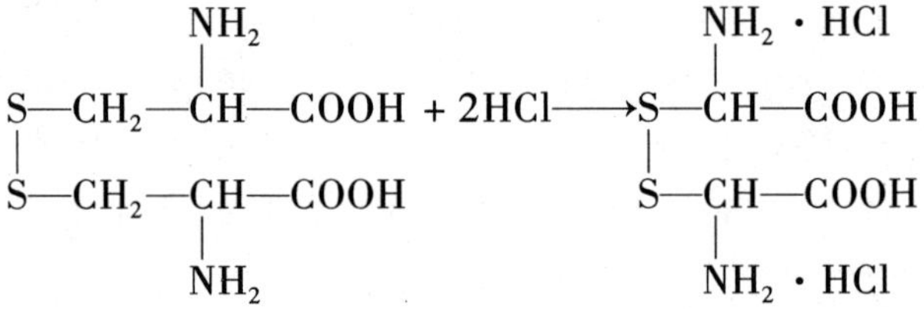

（4-7）

L-胱氨酸盐酸盐在阴极被还原，生成 L-半胱氨酸盐酸盐，电极反应如下：

阴极：铅合金电极，介质为 HCl 溶液

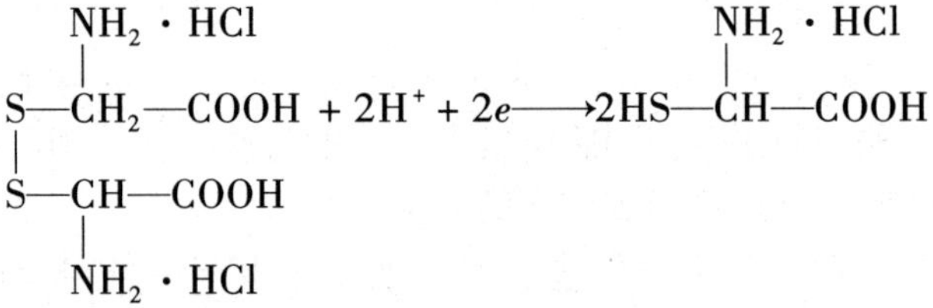

（4-8）

阳极：石墨电极，介质 H_2SO_4溶液

$$2H_2O \longrightarrow O_2 + 4H^+ + 4e \tag{4-9}$$

若阳极采用 DSA 电极，介质为 HCl 溶液时，其氧化反应为

$$2Cl^- \longrightarrow Cl_2 + 2e \tag{4-10}$$

阳极的 H^+ 离子，通过阳离子交换膜，进入阴极室，提供了反应所需要的 H^+。H^+ 在阴极发生还原反应

$$H^+ + e \longrightarrow H;\quad H + H \longrightarrow H_2 \tag{4-11}$$

阴极若产生氢气，将造成电流效率下降，生产中应避免析氢反应的发生。

本工艺采用的是阴、阳极电解液分别循环的板框式阳离子交换膜电解槽，并用周期性间歇操作电解方式进行，如图 4-7 所示。

生产 L-半胱氨酸盐酸盐的最佳工艺条件为：

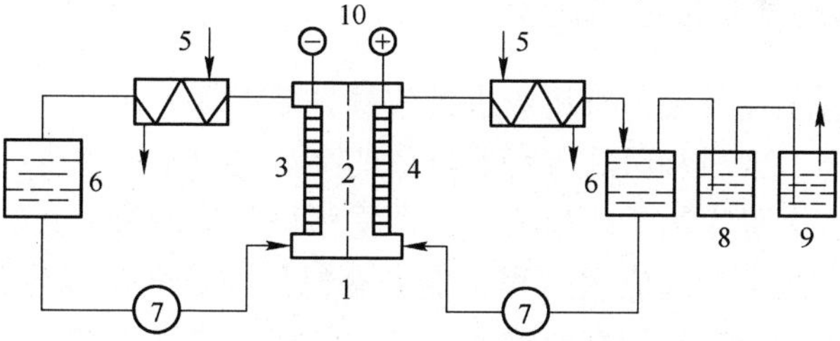

图4-7　成对电解合成L-半胱氨酸盐酸盐装置

1—电解槽；2—国产阳离子交换膜；3—铅合金阴极；4—网状DSA阳极；5—水加热器或水冷却器；6—电解液循环槽；7—磁力驱动泵；8—氯气吸收装置；9—再次吸收装置；10—直流电源

电极材料：阳极为石墨或DSA电极，阴极为铅合金电极；
电流密度：0.65～0.70A/dm^2；
阴极液盐酸体积浓度：8%～10%；
阴极液L-胱氨酸浓度：0.6～0.7mol/L；
电解液流速：0.59m/s；
阴极液中尿素加入量：1g/L；
电解温度：20～30℃；
通入电量：120%。
在上述最佳操作条件下，本工艺所达到的技术、经济指标：
槽电压小于3.1V；
电流效率大于80%；
产物产率大于96%；
单耗（以生产1t L-半胱氨酸盐酸盐计）：
电耗：1500kW·h；
L-胱氨酸（工业品）：800kg；
盐酸（36%）：2227kg；
活性炭：50kg；
乙醇：50kg。

4.4　电解法降解有机废水[1,19]

随着工业发展，有机废水排放量日益增加，尤其是化学、食品、农药、染料和医药等行业排放的高浓度废水，色度高，毒性大，含有大量生物难降解成分，严重污染江河湖海。有机物污染还源于它的生产或应用过程，例如有机氯类农药难以生化降解，长期使用会造成它们在土壤或水域中的残余浓度增加，并会通过生物链影响人类及其他动物的生存及健康。

染料、纺织、医药、化工等排放的工业废水成分复杂，有机物浓度高，而且常含有毒乃至生物难降解物质，传统的生物法在处理这类废水时显得无能为力。现今广泛使用的方法有混凝沉淀、吸附、萃取、化学氧化、离子交换等，但都需要消耗较多的化学药品和原材料，费用较高，操作复杂，并存在二次污染问题。

电解法处理水的新技术因具有无须添加化学药剂、设备体积小、占地不大、不产生二次污染等优点而备受关注，已被用于处理含烃、醇、醛、醚、酚及染料等有机污染物的废水。

用石墨、$Ti/SnO_2 \cdot Sb_2O_3$、$Ti/RuO_2 \cdot TiO_2$、Ti/PdO、$Ti/SnO_2 \cdot Sb_2O_3 \cdot XO$ 等作为阳极材料，纯钛板为阴极，$200A/m^2$，极间距5mm，槽电压为4.5～5.4V，对含有苯酚、甲醛、乙醇、丙酮、丙二酸、苯胺、苯、硝基苯、苯甲酸和甲基橙偶氮染料等10种具有代表性的有机物废水去除COD，结果如表4-2[20]所示。

表中COD去除率为电解前后废水中COD降低量与废水原COD量的百分比，η 为电解时间内氧化电流效率。

$$\eta = \frac{\Delta COD \cdot F \cdot V}{8 \cdot I \cdot \Delta t \cdot 100} \times 100\% \tag{4-12}$$

式中，ΔCOD 为COD的变化量，mg/L；F 为法拉第常数；V 为处理水的体积，L；Δt 为电解时间，h；I 为电流，A。

表 4-2 各种电极处理有机物废水的结果

阳极材料	$Ti/SnO_2 \cdot Sb_2O_3$		Ti/PdO		$Ti/RuO_2 \cdot TiO_2$		石 墨	
析氧电位 *E*/V	1.60		1.32		0.97		0.95	
处理结果	COD 去除率/%	η/%	COD 去除率/%	η/%	COD 去除率/%	η/%	COD 去除率/%	η/%
苯 酚	46.3	72	28.2	44	6.1	9	13.5	21
硝基苯	66.0	77	20.8	24	13.0	15	14.6	17
苯 胺	58.8	59	28.6	41	1.3		2	8.4
苯甲酸	66.9	83	37.5	46	5.0	6	7.1	9
丙二酸	69.3	17	36.5	9	1.0	1	3.6	1
甲 醛	44.8	34	19.9	15	1.6	1	3.0	1
丙 酮	30.6	22	9.5	7	1.7	1	1.9	1
乙 醇	35.1	45	40.2	51	2.2	3	7.7	10
苯	14.0	19	8.9	12	0.5	1	0.7	1
甲基橙	67.5	54	44.8	36	14.1	11	29.4	23

从表中数据可以看到，$Ti/SnO_2 \cdot Sb_2O_3$电极对各种有机物的COD去除率比较高，且析氧电位比较高。可以认为，去除COD主要靠阳极表面的氧化反应，直接在阳极表面上氧化降解有机物，阳极电位必须高于有机物的分解电位。通常有机物分解电位要高于水中析出氧气的电位，所以阳极上进行的是有机物氧化和析氧两个竞争反应，电极具有较高的析氧电位，就能提高有机物直接被氧化的几率。

SnSb涂层中添加铂族氧化物后，除了可以提高电极寿命外，还可以提高降解废水中有机物的效果。$Ti/SnO_2 \cdot Sb_2O_3 \cdot XO$电极处理有机物废水结果列于表4-3。

表 4-3 $Ti/SnO_2 \cdot Sb_2O_3 \cdot XO$ 电极处理有机物废水结果

有机物种类	电解时间/min	COD 去除率/%	脱色率/%
苯 酚	60	79.6	
苯 酚	120	98.9	
苯 胺	120	98.6	
甲 醇	120	99.3	
甲基橙	75	96.7	100

从表 4-3 可见，电解 2h 后，COD 去除率超过 98%，出水的 COD 低于 40mg/L，达到排放标准。

在阳极上进行着有机物氧化降解和水分解析氧两个主要的竞争反应，因此要求电极具有较高的析氧过电位。附载于钛基体的复合金属氧化物电极，例如：$Ti/SnO_2 \cdot Sb_2O_3$ 电极是一种有高析氧电位，催化性能优良，导电性良好，适用于处理有机工业污水的电极。

文献［21］作者介绍，通过阳极反应直接降解有机物，或通过阳极反应产生羟基自由基（·OH）、臭氧一类的氧化剂降解有机物，这种降解途径使有机物分解更加彻底，不易产生毒害中间产物，更符合环境保护要求。这种方法通常被称为有机物的电催化氧化过程。

$Ti/SnO_2 \cdot Sb_2O_5$ 电极的开发，给有机物电催化降解过程工业化带来了希望。

电催化氧化过程通过阳极反应降解有机物，主要竞争副反应是阳极氧气的析出，因而催化电极一个必要条件是要有较高的析氧过电位。在 1mol/L H_2SO_4 中，$1A/dm^2$ 时，$Ti/SnO_2 \cdot Sb_2O_5$、Ti/Pt、二氧化铅电极的析氧电位分别为 2.39V，1.75V，1.90V。

文献作者用 $Ti/SnO_2 \cdot Sb_2O_5$ 阳极进行各种有机物的降解实验，见表 4-4。结果表明，$Ti/SnO_2 \cdot Sb_2O_5$ 阳极氧化物降解有机物，其电流效率比 Ti/Pt 电极高得多。

各种有机物在 $Ti/SnO_2 \cdot Sb_2O_5$ 和 Ti/Pt 阳极上电催化氧化效

率如表4-4所示。

表4-4　各种有机物在$Ti/SnO_2 \cdot Sb_2O_5$和Ti/Pt阳极上电催化氧化效率

有机物名称	Ti/Pt	$Ti/SnO_2 \cdot Sb_2O_5$
乙　醇	0.02	0.49
丙　酮	0.02	0.21
酒石酸	0.27	0.34
丙二酸	0.01	0.21
顺丁烯二酸	0	0.15
苯甲酸	0.10	0.79
苯　酚	0.15	0.60
苯　胺		0.43
苯磺酸		0.28
硝基苯		0.80
硝基苯磺酸		0.46
4-氯酚		0.35

电解法处理有机废水的费用：去除1kgCOD，能耗约52kW·h，费用约44元。

4.5　阴极保护[1]

为适应我国海运事业的发展及近海石油开发的需要，我国的海上建设正以空前的规模迅速发展。采用钢管桩为基础的塔式引桥、钢桩码头、钢浮码头、海上平台等设施大量出现。由于钢中杂质及微电池的腐蚀作用，加上海洋复杂的自然环境，虽然选用耐蚀合金钢，并大大增加材料厚度涂制优良耐蚀油漆，但这些构筑物的腐蚀仍非常严重。

阴极保护法早在19世纪初期便已提出，但作为有效的保护技术应用到海洋钢铁构筑物上则是20世纪40年代才开始。在工业发达国家，20世纪70年代阴极保护已获得广泛应用。阴极保护法是对海洋中永久性钢构筑物进行有效保护方便而经济的措施。

阴极保护是有效控制腐蚀的方法，它可以消除原电池和电偶腐蚀，并限制局部腐蚀。目前已广泛用于地下电缆、输油、气管道、停车场、桥梁、海滨结构、钻井平台、舰船及化工工业、发电设备等许多防腐结构上。

在阴极保护中，阳极表面会发生很多氧化反应。这些反应在很大程度上取决于阳极材料组成和其使用环境。主要反应为：阳极材料的氧化、析氯和析氧反应。

（1）金属阳极的氧化：$M \longrightarrow M^+ + e^-$，在土壤和水中，不稳定的金属离子跟水反应生成氢氧化物和氢离子。对外加电流的阳极，在氯含量很低时，主要的阳极反应是放氧反应：

$$2H_2O \longrightarrow O_2 + 4H^+ + 4e^- \qquad (4\text{-}13)$$

（2）金属阳极的放氯反应：当有氯离子存在时，在阳极表面将主要发生放氯反应：

$$2Cl^- \longrightarrow Cl_2 + 2e^- \qquad (4\text{-}14)$$

生成的氯气又和水反应生成次氯酸和盐酸：

$$Cl_2 + H_2O \longrightarrow HClO + HCl \qquad (4\text{-}15)$$

从而导致阳极表面酸度升高。因此，作为外加电流的阴极保护用阳极材料，必须具有耐酸腐蚀和一定的抗氧化能力。

近年来，钛阳极在阴极保护中得到越来越多的应用[22]，作为外加电流辅助阳极，钛阳极具有电流密度高、耐酸、寿命长等突出特点，在淡水、土壤、海水和混凝土中都可采用，如表4-5所示。

表4-5 Denora公司推荐的LIDA MMO阳极技术条件

介 质	温度/℃	电流密度/$A\cdot m^{-2}$	设计寿命/a
海 水	25	600	20
淡海水	25	100~300	20~30
淡 水	5~70	100	20~30
土壤（带石油焦炭填料）	25	100	20~30

4.5.1 船舶保护用阳极

船舶阴极保护始于1823年，至今已有200年历史。早期主要采用牺牲阳极保护，20世纪50年代后，随着电子工业的发展，外加电流阴极保护技术取得了很大进展。船用辅助阳极过去主要使用铅银合金，在军用舰船上使用镀铂钛，直到近20年才开始采用钛阳极，阳极形状有长条形和圆盘形等。

在船舶外加电流保护中，钛阳极具有体积小、排流量大、使用寿命长、无污染等优点，目前已基本上取代了铅银合金阳极。

4.5.2 淡水和淡海水中的桥梁、码头保护用阳极

钢结构在淡水中也发生腐蚀，腐蚀速度与水中含氧量、硬度、氯化物浓度有关。淡水中腐蚀破坏形式以局部腐蚀为主，对钢结构使用寿命带来的危害不可忽视。由于淡水电阻率高，阴极保护只能采用外加电流法，下面以两个上海地区的阴极保护工程为例加以说明。

（1）上海长江大桥地处江河海口，水流速度急，江水电阻率在一年中变化范围很大，但大部分时间为淡水。考虑到设计要求辅助阳极使用年限为100年，辅助阳极必须是溶解速度非常小的材料，除了镀铂钛阳极外，只有钛阳极（IrO_2 涂层配方）能满足如此高的要求。根据计算，每根钢管桩上安装2支管状 IrO_2 阳极，在阳极外面采用塑料护套起到电流屏蔽的机械保护作用，每支阳极的输出电流为3A。

（2）上海石洞口华能电厂地处长江口，一年中几个月时间有海水倒灌，属淡海水介质，年平均电阻率为4000Ω · cm，该厂煤码头钢管桩阴极保护系统在1997年试装了钛阳极，根据几年来的测试，钛阳极运行正常，取得了较好的保护效果。

4.5.3 地下管网保护用深井阳极

从2001年起在中东地区有1300例地下管网外加电流阴极保

护项目，涉及供油、供气、供水各种管道。我国也有很多这方面实例，如 2005 年仪征化纤公司下属几个厂都实施了阴极保护。深井阳极阴极保护系统已经成为一种标准的工程方法，在该系统中，阳极布置在专门的从地表垂直向下延伸的钻孔中。它适用于地表土壤电阻率非常高的区域，而深处的地层电阻率相对低。在加上合适电压后，深井阳极发出的保护电流将沿被保护管网均匀分布，尤其在管网密集的区域采用深井阳极更合适。深井阳极结构外面是长套管，中间是一根一根的管状钛阳极，它们之间填充了透气性好的焦炭颗粒。深井阳极地床中高度密实的炭质填料保证了阳极表面排出最大的电流，适当安装的通气系统可使产生气阻的危险降至最小。

深井阳极的阳极体涂层是 IrO_2-Ta_2O_5 或者 IrO_2-SnO_2-Pd，而不是 RuO_2-TiO_2，当然，这种管状阳极在低电阻土壤中也可浅埋，但要采用填包料。

深井阳极地床由多支管状阳极组成。国内生产的管状阳极尺寸是 ϕ25mm × 500mm、ϕ25mm × 1000mm，每支发生电流分别为 6 ~ 8A和 12 ~ 16A；国外阳极地床规格有 20 ~ 25A 和 40 ~ 50A 两种，20A 和 40A 的阳极地床的理论设计寿命达到 85 年，若将额定电流提高到 25A 和 50A，则理论设计寿命为 68 年。

4.5.4　地下贮罐底板保护用阳极

贮罐底板采用网状阳极阴极保护系统是一种可靠的阴极保护方式，它具有其他系统不可替代的优点。美国在 1987 年设计与安装了第一套海湾沿岸炼油厂大型贮油罐（ϕ105m）带状阳极外加电流阴极保护系统，钛带宽 6.4mm，厚 0.64mm，纯度为 1 级钛，上面涂层为 IrO_2-Ta_2O_5，重量 17.8kg/1000m，电阻 0.138Ω/m。钛带之间间距为 1.5m，交叉点与导电片连接，钛连接片厚 1mm，宽 13mm，重量 59.6kg/1000m，电阻 0.049Ω/m。这样就构成一张阳极网，埋在贮罐底板下面的回填沙中。阳极网距罐底板 150 ~ 300mm，由于距离很近，不会产生杂散电流。网状阳极示意图参见图 4-8，钛带照片参见图 4-9。阳极设计寿命 40 年，电流密度 1.1μA/cm^2，保护电位设定阴极极化值最小为 100mV，该系统在 4mA/m^2 下极化 60 天后就能达到保护电位。

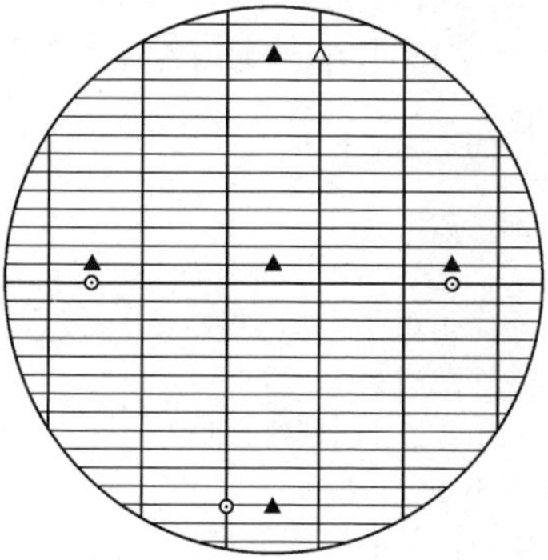

图 4-8　网状阳极示意图

图 4-9　钛带照片

我国近年来在广东惠州大亚湾地区、北京燕山石化、宁波镇海等地区对数十个 5~10 万 m^3 的大型贮油罐底板都采用了网状阳极阴极保护，取得了很好的效果。

4.5.5　钢筋混凝土构件保护用阳极

钢筋混凝土是最耐用、最被广泛使用的建筑材料，但是在有些环境下，许多钢筋混凝土结构因腐蚀而被提前破坏。

有关钢筋混凝土的腐蚀破坏机理已经比较清楚。钢筋混凝土构件暴露在潮湿环境中，氯离子穿透进入混凝土，降低了钢筋表面的 pH 值，导致高的腐蚀速度，腐蚀产物的体积约为钢体积的两倍，从而引起腐蚀部位混凝土体积膨胀，造成混凝土剥落。曾经采用玻璃纤维护套和回填砂浆的办法来减缓其腐蚀，但效果不理想。

对于暴露在大气中的混凝土构件，从保护高速公路桥面板到保护历史建筑物，防腐蚀走过了一段漫长的道路。1959 年，美国第一次将阴极保护用于加利福尼亚州混凝土桥面板保护。这

50 年来发展了新的阳极材料，导电涂层和安装方法。混凝土构件阴极保护系统最初采用的阳极是导电有机涂层或涂料，至今还广泛应用于停车场构件保护，而对于公路桥面板等混凝土构件最好采用扩张钛网阳极。带涂层钛网可直接固定在桥面板或立柱上，网格尺寸约 5cm × 5cm，阳极电流密度很小约 0.1A/m^2，涂层重量为 1g/m^2，使用寿命可达 25 年。

参 考 文 献

[1] 张招贤，等．钛电极学导论［M］．北京：冶金工业出版社，2008.

[2] 张招贤，等．应用电极学［M］．北京：冶金工业出版社，2005.

[3] 张招贤．钛电极工学［M］．第 2 版．北京：冶金工业出版社，2003.

[4] 张招贤．钛电极工学［M］．北京：冶金工业出版社，2000.

[5] 张招贤，等．广东节能．1991，(3)：28 ~ 31.

[6] 张招贤．广东有色金属．1991，(1)：21 ~ 24.

[7] 高桥正雄．ソーダと盐素．1985，36(6)：1 ~ 16.

[8] 陈延禧．电解工程．天津：天津科学技术出版社，1993.

[9] 日根文男．ソーダと盐素．1989，40(6)：14 ~ 23.

[10] 高桥正雄．ソーダと盐素．1988，39(9)：1 ~ 20.

[11] 张招贤，等．金川科技．1986，(4)：16 ~ 21.

[12] 张招贤，王新民．广东有色金属学报．1992，2(2)：108 ~ 112.

[13] 张招贤，黄斌，等．广东有色金属学报．1995，5(1)：66 ~ 70.

[14] 张招贤．广东有色金属学报．1997，7(2)：117 ~ 124.

[15] 张招贤，等．广东有色金属学报．1994，4(1)：49 ~ 53.

[16] 马淳安．有机电化学合成导论［M］．北京：科学出版社，2002.

[17] 顾登平，等．有机电合成［M］．石家庄：河北教育出版社，2000.

[18] P. Malpass，et al. J. Appl. Electrochem.．2001，31：1351 ~ 1357.

[19] 张招贤．电催化科学［M］．广州：广东科技出版社，2007.

[20] 吴星五，等．环境科学学报，2000，20，suppl：80 ~ 84.

[21] 陈繁忠，等．中国给水排水，1999，15(3)：24 ~ 26.

[22] 黄永昌．腐蚀与防护．2008，29(增刊)：32 ~ 40.

第二部分　一种新型高效节能电极材料

——钛电极的制造及应用

钛阳极是以金属钛作为基体，在其表面涂敷以铂族元素氧化物的一种电极材料，是荷兰人 Henri Bernard Beer（1909～1994）发明的[1～6]。

Beer 的突出贡献是，创立了热分解涂敷方法，将混有铂族元素盐类的溶液，涂敷在金属基体上，保持氧化性气氛，进行热分解，就能获得铂族金属氧化物涂层。涂敷法的成功，可以在不使用电镀法的情况下，使金属电极从钛镀铂电极开始，发展成为今天的钛基涂层电极。

Beer 另一个重大贡献是将氧化钛之类的非铂族金属氧化物与铂族金属氧化物混合，有代表性的组分为 $RuO_2 \cdot TiO_2$，其中 TiO_2 摩尔比为 0.7。涂层中非铂族金属氧化物占有重要分量，这是涂层钛电极发明的关键。

Beer 关于金属氧化物具有电催化活性的理论，对电化学学科产生极大的影响。

涂层钛电极，又称金属阳极，国内外一般称为 DSA（dimensionally stable anode），即尺寸形状稳定型阳极，又称 DSE（dimensionally stable electrode）、PMTA（precious metal-coated titanium anode）、OCTA（oxide coated titanium anode）、ATA（activated titanium anode）、NMCA（noble metal coated anode）、MMOA（mixed metal oxide anode）等，是 20 世纪 60 年代末发展起来的一种新型高效电极材料。

DSA 电极属于一种搪瓷-电催化-半导体（Ceramic-Electro-catalytic-Semi-Conductor，简称 CESC 涂层电极）。它以钛为基板，因为钛是一种所谓阀型金属，它在盐水中用作阴极时是导电的，用作阳极时立即不导电，“阀”的含义就在于此。钛具有单相载流体的性能，这是由于它的表面形成钝化膜，在盐水中不能作为阳极使用，如果涂上一层搪瓷-电催化-半导体涂层，它就成为耐腐蚀、导电性能良好的阳极。

搪瓷-电催化-半导体涂层以 TiO_2 为主体，TiO_2 是这种搪瓷的主要原料，这种涂层经煅烧后具有搪瓷的稳定牢固性，并紧紧粘附在钛网上，但 TiO_2 不导电，需另外涂上 RuO_2。

钌是一种铂族金属，它的外层电子结构是 $4s^7 5s^1$，具有从 1 价到 8 价的特性，而 RuO_2 有以下特点：

（1）具有催化性能，RuO_2 是氯在阳极放电反应的催化剂，氧化钌和氧化钛层之所以能降低产生氯气的析出电位，主要是由于钌具有电催化活性；

（2）既是半导体型，又具有金属导体性质，在许多过渡元素氧化物中，具有这种性质的氧化物仅有 RuO_2、IrO_2、OsO_2 和 TiO_2；

（3）虽然 RuO_2 的晶体坚牢性不够，但 Ru^{4+} 和 Ti^{4+} 离子半径几乎相同，所以 RuO_2 能和 TiO_2 生成固态溶液，形成牢固的稳定膜，在膜中 Ru^{4+} 取代了部分的 Ti^{4+}，使涂层成为半导体，过量的 RuO_2 又可作为催化剂。

搪瓷-电催化-半导体涂层中还需含有一定量的铱和氯。因为 RuO_2 电极虽对许多酸碱盐有优良的耐蚀性，但它在次氯酸钠溶液中很容易被腐蚀，而铱对次氯酸钠却有良好的耐蚀性，而且在低浓度的盐水中电解时有比钌更高得多的电流效率。例如在氯碱工业中，仅用钌，铂族金属消耗为 0.1g/t 氯，如果添加铱，则消耗接近零。另外 IrO_2 是半导体型又具有金属型导电的物质，Ir^{4+} 和 Ru^{4+} 属于同晶型，离子半径相近，故 IrO_2 可与 RuO_2 生成稳定的固液相涂层。所以铱的含量约在 20% 左右，搪瓷-电催化-半导体涂层中还含有微量氯约 3.5%，主要是由于它可显著改善涂层的导电性能。

第 5 章　钛阳极制造工艺

5.1　金属电极发展史[7~20]

电解过程是将电能直接转换成化学能，L. Galvani 于 1786 年发现了这种现象，至今已有 200 多年了。

食盐（NaCl）水溶液电解制取氯气和烧碱的工业是最大规模的水溶液电解工业。随着氯碱生产技术的发展，以及国民经济对氯碱需求量的扩大，其所使用的电极材料也在不断进步。盐水电解的发展过程正好是一部典型的电极材料发展史。

盐水电解开始在实验室进行时，最早使用过铂电极、天然炭素电极、天然石墨电极，还使用过磁性氧化铁电极、二氧化铅电极。

1896 年 E. G. Acheson 用电热结晶法成功地制得人造石墨，并用在盐水电解工业生产中，因而成为开发电解工业用电极材料的创始人。直至 1968 年钛基铂族氧化物电极的诞生，石墨电极时代宣告结束，历时 70 年之久。

盐水电解要求，阳极材料对氯的析出具有良好的电催化性能，耐久性好，并具有抑制氧析出的能力。盐水浓度高时，石墨电极能充分满足上述要求。可是在长时间生产中发现石墨阳极存在如下缺点：电阻大，因此电能消耗大；随着电化学反应过程的进行，石墨电极损耗量大，电极极距发生变化，造成电解生产不稳定；放氯反应的活性表面很难维持住。在无隔膜盐水电解中，由于有氧产生，石墨变成二氧化碳气体而显著消耗。电解制取次氯酸钠和氯酸钠时，为了提高食盐分解率，常常将盐水浓度降低，石墨电极使用耐久性便变差。

人类历史进入 20 世纪 60 年代后，石油化学工业快速发展，在各地建立起许多大型乙烯工厂，有机氯化物合成生产大幅度增加，这就要求氯碱产量要有一个较大的飞跃。

为了适应形势的要求，要提高水银法的生产效率，对石墨阳极就要来个较大的改进。提高生产效率，就是要提高电流密度，这样将电极板下面产生的氯气迅速排走便成了关键。为此，需要在石墨电极板上钻眼或开沟。但是，石墨材料不能随意进行机械加工，开孔率达不到要求；而且石墨电极随着电解进行而逐渐消耗，改变了原有最合理的形状。因此，急需要用金属电极材料代替非金属的石墨材料。

金属电极的研究有很长的历史。

美国 Olin 公司注意到铂族金属具有良好的耐氯腐蚀性、导电性，对于放氯反应能保持很好的活性表面。曾于 1935 年在 Castner 水银电槽研究使用铂阳极，但因价格昂贵，而没有工业化。

为了发挥铂的优良性能，以后一直开展降低铂电极价格的研究。1901 年，发表了制取氯酸钠用铅镀铂阳极专利。1909 年发表了石墨基镀铂阳极专利。1913 年 Stevens 发表了钨基或钽基镀铂以及镀铂族金属的专利。

20 世纪 40 ~ 50 年代金属钛生产有了突破性进展。1940 年 W. 克劳尔博士发明镁热还原法制取海绵钛，美国矿务局于 1948 年完成工业生产。1910 年美国电机公司技师 M. A. Hunter 发明钠热还原法制取海绵钛，英帝国化学公司于 1950 年建成年产 1500t 的钠法炼钛厂。之后，全世界钛产量不断增加，以 1981 年为例，海绵钛产量已达 12 万 t。用钛作为电极基体，使新型电极材料的出现露出曙光。钛被称为阀型金属，有稳定的氧化层保护，使阳极电流不能通过，所以在盐水电解条件下有良好的耐久性和形稳性。金属钛可随意进行机械加工，可制成多孔板、扩张网、百叶窗状等最佳形状。用钛作基体，与钨基体相比，价格便宜，加工方便，在电化学反应中更为稳定。1950 年英国 ICI（Imperial Chemical Industries）公司金属研究所的 J. Cotton 等和荷兰学者 H. B. Beer 几乎同时发明在钛基体上沉积铂或其他铂族金属薄膜的方法。为了把这个发明用于工业生产上，1957年Olin公司开始进行实验室研究，1960年和ICI公司共同在盐水电解的水银槽上进行工业化试验。通常，水银电槽中阳极和阴极间间隙为2～3mm，在$30m^2$以上的宽阔面积内维持住这么窄的间隙是很困难的。镀铂金属阳极会因瞬间短路而造成铂损耗，严重时钛基体也会损耗。Olin公司成功地开发了计算机调节控制极间间隙系统，一举解决了上述问题。新型金属电极材料就是从钛镀铂电极开始的。

电解技术的进步，电解槽向大型化发展，且要大幅度提高劳动生产率，石墨电极已不适应氯碱生产发展形势的要求。1959年有人提出了一种设想，以金属钛作为电极基体，发明析氯用新型金属阳极。

Maguneto Chemie和ICI开展涂层配方的研究，60年代初开发了氧化物涂层，1965年H. Beer在南非获得氧化钌涂层专利，并于1967年在比利时公布了钛基混合氧化钌涂层专利。同时，ICI的金属部门（后来成为帝国金属工业公司（IMI））也独立地开发了氧化物类型的涂层。60年代全世界食盐水电解工业每年耗电量约1500亿kW·h。随着石油化学产品氯乙烯、氟氯烃、氯溶剂生产能力的增加，以及用于造纸、纸浆工业的次氯酸盐生产能力的扩大，盐水电解设备数量明显增加。但是，石油危机而导致能源价格高涨，因此使用新型电极材料，降低能耗就变得十分迫切。1968年意大利De Nora公司首先将H. Beer的钌钛涂层研究成果实现了工业化。涂层钛阳极首先成功用在水银法生产上，水银法生产时不产生氧气，故H. Beer配方$RuO_2 \cdot TiO_2$涂层可以很好地使用。水银法生产有钠汞齐析出，对电极腐蚀严重，但$RuTiO_x$涂层显示良好耐久性。与镀铂电极相比，氧化钌电极不会产生钠汞齐，在水银槽中使用不存在调节极间间隙问题。

涂层钛电极在水银法生产显示的优越性，使它很快又应用在隔膜法、离子膜法生产上，现在已广泛应用在电化学和电冶金两大工业部门中。可以说，只要是水溶液电解领域都有可能研究和使用涂层钛电极，电极已进入钛电极时代。

1972 年底我国在上海、北京等地进行钛阳极电槽试验，并于 1974 年通过金属阳极的技术鉴定。至 1987 年上半年，全国已有 $30m^2$ 工业槽 1600 多台投入生产，生产能力达全国烧碱总产量的 1/3。

DSA 自 20 世纪 60 年代末问世后，至今已历时整整四十年。钛阳极最早用于氯碱生产中，经过各国工程技术人员的努力，现已广泛用于化工、环保、水电解、水处理、电冶金、电镀、金属箔生产、有机电合成、电渗析、阴极保护等行业中。在研究人员推动下，电极学、电极反应工程学、电极过程动力学、电催化科学等理论知识也被不断地创新和丰富。

5.2　涂层钛电极的优点[21]

经过多年工厂生产和研究发现，与传统的石墨电极、铅基合金电极相比较，钛电极的优点很多。

（1）阳极尺寸稳定，电解过程中电极间距离不变化，可保证电解操作在槽电压稳定情况下进行。

（2）工作电压低，因此电能消耗小，可节省电能消耗，直流电耗可降低 10% ~20%。钛阳极工作电压低的主要原因：1）活性涂层钛阳极对氯和氧的过电位均比较低，盐水电解生产氯碱时，钛阳极对氯过电位低，在 $1A/cm^2$ 时比石墨阳极低 140mV；2）可降低“气泡屏蔽效应”，金属阳极表面生成的气泡比较细小，且脱离迅速，这样电极间充气度大为降低，两极间电阻压降明显下降，如在 $10kA/m^2$ 下，金属阳极间电阻压降在 100mV 以下，气泡直径 1mm，而石墨阳极电阻压降大约为 700mV，气泡直径约为 3mm；3）降低了阳极结构的电阻；4）缩短了极间距离。

20 世纪 60 年代，全世界食盐电解工业年耗电量约 1500 亿 kW · h，使用金属阳极后，每年可节约电能约 3 亿 kW · h。

（3）钛阳极工作寿命长，隔膜法生产氯气工业中，金属阳极耐氯和碱的腐蚀，阳极寿命已达6年以上，而石墨阳极仅为8个月。

（4）可克服石墨阳极和铅阳极溶解问题，避免对电解液和阴极产物的污染，因而可提高金属产品纯度。

（5）可提高电流密度。隔膜法生产氯碱中，石墨阳极的工作电流密度为$8A/dm^2$，钛阳极可成倍地增加，达$17A/dm^2$，这样在电解厂房、电解槽相同的条件下，产量可增加1倍，提高了单槽生产能力，有效地提高了劳动生产效率。在高工作电流密度下进行电解时，使用钛阳极比较适宜。

（6）氯碱生产中，使用钛阳极后，产品质量高，氯气纯度高，不含CO_2，碱浓度高，可节省加热用蒸汽，节省能源消耗。

（7）耐腐蚀性强，可在许多腐蚀性强，有特殊要求的电解介质中工作。

（8）可避免铅阳极变形后的短路问题，因而可提高电流效率。

（9）钛阳极重量轻，可减轻劳动强度。

（10）形状制作容易，可高精度化。

（11）基体金属钛可多次反复使用。

（12）金属阳极的出现，使得氯碱工业中近期涌现出的最新离子膜电解技术得以设计和实现工业化。

（13）由于采用了金属阳极，氯酸盐电解槽的高温、高电流密度操作成为可能。金属阳极的采用，使电解槽构造得以改善，降低了电能消耗，加快了次氯酸盐生成氯酸盐的化学反应，从而提高了生产性能。

（14）采用了DSA，水银法及隔膜法食盐电解槽的设计概念和操作条件得以改进，能耗得以降低。DSA低的过电位特性，电极间表面及电极的气泡容易排除，是金属阳极电解槽槽电压降低的重要原因。

由于钛阳极具有很多优点，它的开发使氯碱工业取得很大经济效益，因此很快便在世界各地推广使用。氯碱生产能力，全世界约 4100 万 t/a，采用钛阳极不小于 70%，钛阳极被誉为氯碱工业一项重大技术革命。随后，钛阳极在许多电解工业中也得到广泛的推广应用。

5.3　涂层钛电极制造工艺过程[22,23]

金属阳极由金属基体和表面活性涂层组成，金属基体起骨架和导电作用，阳极参加电化学反应的是活性涂层。

金属阳极制备工序包括基体的预处理、配制涂液、涂敷涂层、热分解氧化等。

5.3.1　基体金属的选用

对基体金属的要求是具有耐电化学腐蚀性，有一定的机械强度，便于加工制造，表面容易形成钝化膜而本身导电性能良好。

电极基体可以采用任何导电材料，如铁、镍、铅、铜等金属及其合金，也有采用含铬、镁的高硅铁，但最好采用阀型金属或称成膜金属。

阀型金属，在盐水电解用作阴极时是导电的，但作为阳极时不导电，具有单向载流的性质。阀型金属有钛、钽、铌、锆、钨、铝，或者是上述金属中两种或两种以上金属的合金。

电极基体通常使用钛，特殊情况下使用钽和铌。

钛、钽、铌在阳极极化时，会产生坚固的钝化膜，在有氯离子存在时，钛局部会产生激烈腐蚀。

图 5-1 所示的是在食盐溶液中的 3 种金属的阳极极化特性[24]。当外加电压在 10V 以下时，3 种金属的反应几乎相同，但是在 10V 以上时，可看到钛的电流密度上升，这是钛产生了局部腐蚀的结果。而钽、铌即使在外加电压为 10V 以上的极化中，也显示了较强的耐腐蚀性。

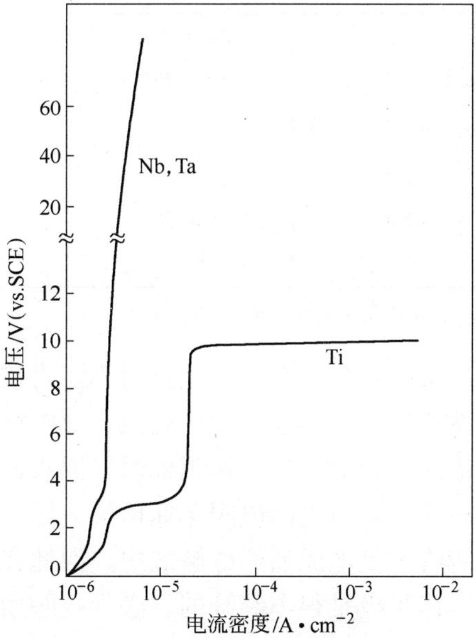

图5-1 Ti、Ta及Nb的阳极极化特性

(3% NaCl，25℃)

和钽、铌相比较，钛的优点是便宜，密度小，故单位体积相对价格约是钽的1/20，铌的1/10。但是钛的电阻率是钽和铌的3~4倍，是铜的25倍，用作电极结构材料是一个缺点。

阳极基体金属的钝化特性用破坏电位（E_c）和保护电位（E_p）表示。

E_c为钝化膜破损的临界阳极极化电位，E_p为已破损的钝化膜受到修复的临界阳极电位，E_c和E_p越正，钝化膜相对越稳定。

表5-1列出在5% NaCl，30℃时，Ti、Nb、Ta的E_c值和E_p值[25]，Ti的E_c和E_p显著地低于Nb和Ta的，说明抗局部腐蚀性比较差。

表 5-1　基体金属性能

基体金属	电阻率 /μΩ · cm(20℃)	破坏电位 E_c /V(vs. SCE)	保护电位 E_p /V(vs. SCE)
钛	42.0	12	6
铌	14.8	>120	>120
钽	12.4	>120	>120
(铜)	1.7		

注：破坏电位、保护电位测定条件：30℃，5% NaCl。

钛表面有一层钝化膜，在盐水电解时不能直接用作阳极。在钛表面涂敷活性涂层后，才能成为耐腐蚀、导电性好的阳极。

同样，其他阀型金属直接用作阳极时，因表面生成坚固的氧化物薄层，使阻止电流通过的电阻迅速增加，导致如不加大外加电压，就不可能将大量电流通到电解液中，因此在电解工艺中直接使用阀型金属作阳极是很不经济的，必须在阀型金属电极基体上涂敷导电的电催化活性涂层。

5.3.2　阳极几何结构形状的合理设计

设计原则是，基体和活性涂层能牢固地结合，容易加工成形，能增加电极的表面积。

使用的钛材型号为 TA_1、TA_2。基体可使用板状、管状、棒状、网状和粉末钛板。板状基体可以钻孔、铣槽、刻成穗状、喷砂。喷砂处理工艺条件为：砂质为石英砂，粒径为 3 ~ 5mm，风压为 2 ~ 4kg/cm^2，流量 5m^3/min，喷嘴采用硬质合金。喷砂操作时，喷嘴中心线与钛板平面呈 30° ~ 45°角。

粉末钛板可用纯钛粉，也可用氮化钛粉。有文献报道，把开孔率为 30% ~ 40% 的多孔钛板，在含有 Pt、Pd、Ru 或 Ir 溶液中浸渍后，进行热分解，制得涂敷贵金属合金的多孔钛阳极。

有色金属电解生产试验中，钛阳极结构形式的设计，以钛板框做骨架，两面焊接钛网这种结构形式为好。盐水电解用钛阳极，是把钛网滚焊在钛铜复合棒或钛棒上。

5.3.3　阳极基体的焊接加工

钛板用氩气保护的氩弧焊接法焊接，钛网与钛板的焊接采用点焊法。焊接处的黑色氧化物层可用氢氟酸、硝酸的混合溶液清洗掉，清洗液的配方为：$\varphi(HF):\varphi(HNO_3):\varphi(H_2O)=1:4:5$。

钛基体定型：钛基体在高于热氧化温度 20℃ 的温度下，用夹具夹住后退火 30min，以保证基体在涂敷涂层的热分解过程中不变形。

除氧化层：用钢丝砂轮将基体表面氧化物层打磨掉。

5.3.4　去油污

钛电极基体在加工过程中沾染了油污，附着有防锈油、切削油等，因此在酸蚀刻工序进行之前必须把油污除掉。

钛基体上沾上的油污，可用下述方法去掉：（1）用热洗衣粉溶液清洗；（2）用金属清洗剂清洗；（3）用化学试剂，如丙酮等清洗；（4）在丙酮和四氯化碳（1∶1，质量比）的混合液中进行超声波清洗；（5）电解除油法，在 10% NaOH 溶液中，钛板作为阴极进行电解除油。

5.3.5　酸蚀刻

酸处理目的是为了增强基体与金属氧化物涂层的结合力，从而改善导电性，延长电极使用寿命。经过酸蚀刻的基体，使钛基体表面形成凹凸不平的麻面层，具有较大的表面积，使电极的真实面积增大，降低了真实电流密度，改善了电极的电化学性能。同时，能除去钛基体表面的氧化膜。

钛基体经酸蚀刻后表面呈现一定的麻面状态，过浅或过深，都会给涂层质量带来影响。过浅，涂制时不易附着涂液，涂层结合不牢；过深，凸起的部分突出涂层表面，从涂层的 X 射线衍射图看到 Ti 峰比较高，一般情况下这样的电极使用寿命比较短。

酸处理，可在20% H_2SO_4，95℃以上，处理2～3h；也可在30% HCl，90℃以上，处理2～3h；或者在10% $H_2C_2O_4$，微沸情况下处理2～3h。

不同条件下酸处理的钛基体涂敷RuTi涂层，电化学性能基本相同，0.5mol/L H_2SO_4，1A/cm^{2}下钝化时间均在2000min以上。

硫酸处理时，钛腐蚀量650g/m^2；盐酸处理时，钛腐蚀量600g/m^2；而草酸处理时，草酸用量1.3kg/m^2，钛腐蚀量1.4～1.8g/m^2。草酸处理的缺点是，草酸价格较贵，用量较大，在工业化生产中应用是不很经济的。盐酸处理的缺点是，挥发的盐酸量较大，有大量酸雾产生，劳动条件较差。另外，盐酸处理时，当钛基体从废酸中取出后，在非TiH_2部位的钛很快在空气中氧化，生成部分氧化物。因此，钛基体取出后，要立即置于甲醇溶剂中浸泡。而用草酸处理时，钛基体表面结构稳定，在空气中放置数日，其表面结构不变，因此不需要考虑特殊的存放条件。

下面叙述草酸处理钛基体的过程。

酸处理过程，实际上可看作是微电池的腐蚀。当钛基体浸入热酸溶液时，其表面的钛氧化物薄弱部位一旦被破坏而暴露出纯钛后，就产生了阳极过程：

$$Ti \longrightarrow Ti^{3+} + 3e \tag{5-1}$$

和阴极过程：

$$H^+ + e \longrightarrow H \tag{5-2}$$

由于产生了阳极过程，溶液由无色变成棕黄色。阴极过程导致在钛基体与溶液交界面上产生大量气泡。

把钛条（已除油及磨光）浸入80℃，10%草酸水溶液中用鲁金毛细管立即测定其表面电位由+0.02V（瞬间），连续向负方向上升至-0.50V，时间间隔仅1～2min，此时明显地看到气泡上升，同时在钛条与溶液交界面上有棕黄色产物向无色透明的溶液中扩散，随之溶液呈黄色，且随时间由浅变深，在溶液中生成了可溶性棕黄色的草酸钛。这是阳极过程的产物。

钛基体经酸处理后进行 X 射线衍射分析，如图 5-2 所示，分析结果同样说明基体处理后的表面组成主要是氢化钛。

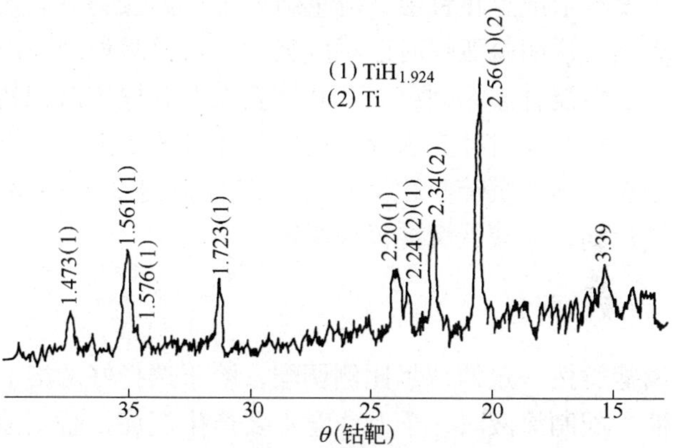

图 5-2　酸处理后钛基体表面 X 射线衍射图

钛基体经酸蚀刻后，表面呈犬牙状，凹凸不平，如图 5-3 所示，这个凹凸不平的麻面能增强涂层与钛基体间的结合力，同时也增加基体的真实表面积。文献［26］报道，电极表面应尽量粗糙化，这样和平滑电极相比较，电极涂层消耗速度可降到 1/10，无疑对提高阳极工作寿命很有好处。

图 5-3　酸处理后钛基体的电镜扫描照片（×1000）

酸处理完毕，要用大量水冲洗钛基体表面残存的草酸及草酸钛。待干燥后，处理好的钛基体应呈深灰色。

酸蚀刻后对钛电极基体进行检查，如钛基体表面仍有金属光亮，说明没有形成氢化钛层，应重新处理；如钛基体焊接缝处仍有蓝色斑点，说明氩弧焊时已深度氧化，可再酸处理一次，或用氢氟酸、硝酸混合液涂刷；如钛基体表面上有棕色沉积物，说明处理过程中没有及时补充水分，或钛基体堆放量太大，草酸钛浓度太大，在基体上沉淀析出，可把钛基体放进 2% ~4% 草酸溶液中加热片刻，草酸钛沉淀很快脱落。

5.3.6　涂液的配制

金属盐类按一定的摩尔比例调配，溶于选择好的溶剂中，即成为涂液。配制涂液时，千万注意不要产生沉淀，否则涂敷涂液时出现不均匀现象，会影响阳极工作寿命。

金属盐类的选择。铂族元素中，钌、铑氯化物溶于正丁醇，故常用氯化物；钌盐类一般选用 β-$RuCl_3$；铑用 $RhCl_3 \cdot 4H_2O$ 或 $(NH_4)_3RhCl_6 \cdot 12H_2O$；但铱、铂和钯的氯化物不溶于正丁醇，因此铱要用氯铱酸（$H_2IrCl_6 \cdot nH_2O$）或氯铱酸铵［$(NH_3)_2IrCl_6$］，铂用氯铂酸。

非铂族元素中，锰化合物可用硝酸锰、氯化锰、硫酸锰、磷酸锰、草酸锰、甲酸锰、*n*-酪酸锰等无机或有机锰化合物；钴化合物可用氯化钴、硝酸钴；锡化合物可用四氯化锡或氧烷基锡。氧烷基锡制取方法：6 份四氯化锡和 44 份异丙醇混合，在 70℃ 下加热 1h 即可。

钛选用钛酸四丁酯又称丁氧基钛［$Ti(OC_4H_9)_4$］、三氯化钛盐酸溶液、四氯化钛均可以。

溶剂的选择。对溶剂的要求：能溶解涂层中各种盐类、有适当的挥发性、不侵蚀钛基体、不和涂层中各组分发生化学反应。溶剂可用水、乙醇、异丙醇、正丁醇、甲苯、甲醚、乙醚、甲酰胺、乙酰胺、薰衣草油、正戊醇、松节油等。

5.3.7　涂敷涂层

涂敷涂液，把涂液涂敷在钛基体表面上，通常使用刷涂法，也可采用静电喷涂法，滚涂法等。

烘干，每涂敷一次在红外灯，或远红外灯下烘烤，烘干温度一般在100～200℃，让溶剂逐渐挥发。烘干工序是为了把溶剂全部挥发掉，如果挥发不彻底，带入热氧化工序时，会影响涂层结合力和电极电化学性能。

热氧化，在加热炉中在指定温度下煅烧10～15min。

热氧化温度过高，一方面使涂层中含氯量降至很低，涂层导电性能恶化；另一方面，使氧化物结晶变大，晶粒过大会使涂层结合力下降，使其电化学性能恶化。

热氧化温度过低，氧化不完全，结合力差，得不到所需要的电催化性能。

氧化温度影响涂层结构、成分和性能，一般在400℃以上，可得到金红石型结构的 RuO_2 和 TiO_2 固溶体。

涂层是铂族金属氧化物时，如 RuO_2，加热的气氛必须是氧化性质的，还原气氛不合适。

注意：每次煅烧出炉后，必须强制冷却至室温后，才可进行下一次的涂液涂敷，否则涂层不容易均匀。

基体表面涂层是多次涂敷而成，表面涂层的第一层比较多孔，接着涂敷涂层时加热处理的氧能穿过多孔性第一层，与下层的金属盐类反应。这样，所生成的氧化物层的孔隙度，随着涂敷次数增加而减小。

涂敷、烘干、热氧化的操作反复进行，直至涂液涂完为止。

热氧化后对钛阳极成品进行检查：用滤纸擦拭，滤纸上没有明显的黑色，说明涂层与基体结合牢固。用滤纸擦拭，发现有明显黑色，说明涂层严重脱落。原因：热处理温度偏低；每次涂液涂得太厚；煅烧出炉后，钛阳极没有冷却至室温，又进行涂液涂敷。如钛阳极体发蓝色，可能是热氧化温度过高造成。

参考文献

[1] 张招贤，等. 钛电极学导论 [M]. 北京：冶金工业出版社，2008.
[2] 张招贤. 电催化科学 [M]. 广州：广东科技出版社，2007.
[3] 张招贤，等. 应用电极学 [M]. 北京：冶金工业出版社，2005.
[4] 张招贤. 钛电极工学 [M]. 北京：冶金工业出版社，2000.
[5] 张招贤. 钛电极工学 [M]. 第2版. 北京：冶金工业出版社，2003.
[6] 顾登平，等. 有机电合成 [M]. 石家庄：河北教育出版社，2000.
[7] 高桥正雄. ソーダと盐素. 1986，37(10)：1～12.
[8] 高桥正雄. 触媒. 1987，29(7)：568～573.
[9] A. Peter，et al. ソーダと盐素. 1974，25(3)：11～16.
[10] 张招贤，王新民. 广东节能. 1991，(3)：28～31.
[11] 高桥正雄. ソーダと盐素. 1988，39(9)：1～20.
[12] 神谷信行. 電氣化學およひ工業物理化學，2004，72(3)：183～186.
[13] 中松秀司. 電氣化學およひ工業物理化學，2004，72(3)：187～190.
[14] 高须芳雄. 電氣化學およひ工業物理化學，2004，72(3)：190～194.
[15] 川 信弘. 電氣化學およひ工業物理化學，2004，72(4)：271～278.
[16] 岛宗孝之. 電氣化學およひ工業物理化學，2004，72(4)：279～282.
[17] 张招贤. 钛阳极40年 [C]. 隔膜法电解经济运行高级研讨会论文专辑. 泰山：2006.
[18] 张招贤. 钛阳极的40年 [C]. 第10届全国有机电化学与工业学术会议. 长春：2006.
[19] 张招贤. 氯碱工业，2007，(1)：14～19.
[20] 张招贤. 电镀与涂饰. 2007，26(1)：50～52.
[21] 张招贤，等. 广东节能，1991，(3)：28～31.
[22] 李金洋. 国外稀有金属，1977，(3)：1～11.
[23] 田村英雄，等. 特许昭61-25789.
[24] 松泽繁光. 表面技术，1991，42(8)：24～28.
[25] 日根文男. ソーダと盐素，1981，32(10)：24.
[26] 高桥正雄. 電氣化學およひ工業物理化學，1983，51(1)：193～194.

第 6 章　钛电极在化工领域的应用

6.1　氯碱工业[1]

钛阳极的诞生极大地推进了食盐电解生产的发展，被誉为是氯碱工业一大技术革命。DSA 的发明是 20 世纪电化学工业最重大的发明之一，是对电化学领域划时代的贡献。

阳极直接、经常与化学性质极活泼的湿氯气、新生态氧、盐酸及次氯酸等接触，因此对阳极材料要求包括：具有较强的耐化学腐蚀性、氯过电位低、导电性能良好、机械强度高，易于加工、价格便宜。

氯碱生产发展过程中，曾试用过铂、磁性氧化铁、炭、人造石墨等。炭的强度不高，导电率小，不耐腐蚀；磁性氧化铁具有较高的耐化学腐蚀性，但导电性差，质脆不易加工，对氯的过电位高，不宜做电极；铂是最合理想的电极，但价格太贵，不宜用于工业生产；人造石墨电阻大，电能消耗大，易损耗。

金属阳极是 20 世纪 60 年代后期出现的一种新型高效电极材料，和石墨阳极比较，金属阳极具有许多优点，因此在氯碱工业上应用发展很快。氯碱工业最早使用钛阳极，且是使用数量最大的行业。

意大利 De Nora 公司和美国 Diamond Shamrock 公司于 1968 年成功地将 Beer 发明应用于氯碱生产中。在日本，由三井物产、三井造船、意大利 De Nora 公司出资于 1969 年 6 月成立了日本耐用（ペルメレック、Permelec）电极公司。

食盐电解用阳极开发了钛基铂族金属氧化物电极，析氯催化活性高，而且能使用 15 年以上。钛阳极对析氯反应具有良好的电催化活性、机械稳定性及化学稳定性，因而当今在氯碱工业中是不可取代的电极材料[2]。表 6-1 列出各种阳极材料的特性。

表 6-1 阳极材料特性

序 号	项 目	石墨	Pt	铁氧体	DSA
1	导电性（对比）	1	100	1/25	20
2	化学耐久性	中等	良好	良好	优秀
3	机械强度	中等	良好	良好	优秀
4	析氯过电位	低	高	高	非常低
5	机械加工	容易	困难	不能	容易
6	对电解工艺及产品的副作用	敏感	接近零	中等	零
7	成本（与石墨比较）		非常昂贵	昂贵	昂贵

钛作为电极基体材料，最大优点是表 6-1 第 2 项、第 5 项，即化学耐久性好，机械加工性能好。优秀的机械加工性能对电解槽设计极为重要。

在上海桃浦化工厂涂层阳极小槽试验基础上，1973 年上海天原化工厂诞生了我国第一台金属阳极电解槽。

到 1988 年底，全国有 30 多家工厂 2800 多台金属阳极电解槽投入使用，规模为年产烧碱 140 万 t。氯碱工业用钛电极，在日本有 10 万 m^2 以上，全世界有 100 万 m^2 以上[3]。我国烧碱总生产能力为 730×10^4t（1998 年），而美国等几个工业发达国家为 3000×10^4t，基本都使用钛阳极电解槽。

6.2 氯酸盐生产[4~11]

氯酸钠主要用于制造其他氯酸盐（如氯酸钾、氯酸铵等），以及次氯酸钠和二氧化氯，这些产品广泛用于造纸工业的纸浆漂白、印染工业的纤维漂白、水处理、铀矿处理、火箭燃料、农药除草剂、医药工业，也是制造火柴、鞭炮和烟花不可缺少的原料。

1802 年 Hisinger 和 Berzelius，1847 年 Kolbe 已用电解法制得氯酸盐。1851 年 Watt 发表电解法制取氯酸盐的专利。1886 年大型直流电源设备出现后，瑞士、法国、瑞典、美国开始氯酸盐的工业化生产。

制取氯酸盐采用无隔膜电解槽，原料为饱和氯化钠溶液。

氯酸离子具有电化学稳定性，只在铂阳极表面才被氧化，但是，当向电解液中添加微量的氟化物时，就会在电镀二氧化铅表面发生氧化反应而生成过氯酸盐。

食盐水电解制取氯酸盐，过去使用石墨、磁性氧化铁、二氧化铅等阳极材料，现在使用 Pt-Ir 合金包覆电极和 RuO_2 系涂层钛阳极（DSA）。

表 6-2 表示两类阳极材料的氯酸盐电解槽的工作参数。

表 6-2　两种阳极材料的氯酸盐电解槽的工作特性

阳极	槽压/V	电流密度/$A \cdot m^{-2}$	电流效率/%	温度/℃	pH 值	电解液组成/$g \cdot L^{-1}$			1t$NaClO_3$的直流电耗/kW · h	1t$NaClO_3$的阳极损耗/kg
						NaCl	$NaClO_3$	$Na_2Cr_2O_7$		
石墨	2.9 ~ 3.8	300 ~ 600	82 ~ 87	40 ~ 45	6 ~ 7	310(入) ~100(出)	0(入) ~ 500(出)	1(入) ~6(出)	5000 ~ 7000	7 ~ 18
DSA	2.9 ~ 3.3	1500 ~ 4000	92 ~ 95	60 ~ 90	6 ~ 6.5	310(入) ~50(出)	0(入) ~ 650(出)	1(入) ~6(出)	4600 ~ 5400	$(0.1 \sim 0.5) \times 10^{-3}$

提高温度，可使生成 ClO_3^- 的化学反应速度增大，电流效率提高。但是，温度提高将加剧电解液对电极材料及设备的腐蚀，因此电解温度的选择受制于材料的耐蚀性。在使用石墨阳极时，一般只能在 35 ~ 40℃下电解，而采用 DSA 时却可以在 80℃下电解。

提高电流密度可使生产强度提高，减少设备投资，但却使槽压升高，增大能耗。电流密度取决于电极材料的催化活性和稳定性。采用石墨阳极，电流密度一般只能在 600A/m^2 以下，采用 DSA 后，电流密度可达到 2000 ~ 3000A/m^2。

减小极距有利于降低槽压和能耗。极间距的选择受电极材料性能的影响，采用耐蚀稳定的 DSA 时，极间距可为 2 ~ 5mm，但对于石墨阳极，却因腐蚀严重，无法保持恒定的小间隙电解。

由于电解液腐蚀性强，而且电解温度高，选择活性高且稳定耐蚀的阳极材料至关重要，20 世纪 70 年代以前主要采用石墨电极，电流密度和槽温均较低，而且电极寿命短，维修频繁，极距大，槽压和能耗高。后来采用 PbO_2 阳极虽然寿命较长，性能有所改善，但槽压仍较高，电耗较大。现在则已广泛使用 RuTi 金属阳极（DSA 电极），为了改进电极性能，延长电极寿命，除 Ru、Ti 二组分之外，还添加 Pt、Ir 等组分，取得良好的效果。

氯酸盐石墨阳极电解槽，电流效率为 82% ~87%。采用 DSA 后，电流密度增大 3 ~4 倍，电流效率提高到约 95%。采用了高温操作，直流电耗明显降低。

铂以及复合铂阳极也可以使用，但腐蚀速度很大。铂阳极表面被 ClO_3^- 部分覆盖，抑制了氧的发生，结果阳极电位向正方向移动，加速了阳极氧化和损坏。

氯酸盐电解，阴极通常使用碳钢，极化时会生成氢化物而发生脆化，盐水中硬度高，往往呈水垢沉积在阴极上。但美国 Diamond Shamrock 公司的电解槽（DS 槽）使用钛材作阴极，氢化物呈薄片状逐渐剥离，所以不用进行除水垢操作。

文献［12］作者在电解法生产氯酸盐中，研究了钌锡锑氧化物涂层，这种涂层电极具有较低析氯电位、较高析氧电位、较高电流效率。

用电子显微镜对钌锡锑氧化物涂层进行观察，与常规钌钛涂层比，裂缝数目较少，且互不连贯，表面有雪花状的固体晶粒。在制备钌锡锑氧化物涂层时，用烷氧基锡锑回流液代替钛盐作稳定剂，由于锡盐黏度较钛盐小，使得涂液在基体表面易于分散，故表面裂缝较小。X 射线衍射分析表明，钌锡锑氧化物涂层中，涂层成分钌和锡之间能很好地形成固溶体，它们和钛基体之间也形成固溶体，使涂层和钛基体之间结合力增强。此外，二氧化锡是两性氧化物，具有一定的耐酸性。因此，在 40% H_2SO_4、$2A/cm^2$、40℃ 下进行快速寿命试验时，RuTi 电极寿命只有

3. 5h，而 RuSnSb 电极寿命为 5. 5h，延长了 57%。

钌锡锑涂层析氯电位为 1. 088V，析氧电位为 1. 347V，电流效率为 91. 8%，而钌钛涂层析氯电位为 1. 128V，析氧电位为 1. 284V，电流效率为 83. 5%。可见，钌锡锑涂层各项指标均优于钌钛涂层。钌锡锑涂层由于锡盐易挥发，所以在涂层表面的活性中心较多。另一方面，由于含锡涂液黏度较小，使得活性成分易于分散，这样涂层表面的晶粒粒径较小，实际表面积大。锑的加入也提高了涂层的导电性，降低了电子的逸出功。

电解法生产氯酸钠的电流效率与阳极析氧副反应有关。析氧反应进行的程度主要由电极的氧氯电位差决定，氧氯电位差越大，副反应进行的程度就越小，涂层的催化选择性就好。用锡盐全部或部分代替钛盐作稳定剂，由于 SnO_2 是反磁性物质，对氧的产生有抑制作用。

钌锡锑涂层制作成本低，各项指标均较好，文献［12］作者认为可在电解法制取氯酸盐生产中使用。

文献［13］作者在电解法生产氯酸钠中研究了铱钽、铱钽锡涂层，并和钌钛、二氧化铅涂层进行比较。电解饱和氯化钠溶液制氯酸钠电流效率见表 6-3。在 3 种金属阳极中，铱钽、铱钽锡阳极的电流效率要高于钌钛阳极，这是因为铱钽、铱钽锡阳极的析氧过电位比钌钛阳极高，用铱钽、铱钽锡作阳极，阳极附近得到的氯气中含氧较少；虽然二氧化铅阳极的析氧过电位较 3 种金属阳极高，但它的析氯电位同样也远高于金属阳极，用二氧化铅作阳极，阳极表面也产生较多的氧气，导致电流效率不高。

表 6-3　电解饱和氯化钠溶液制氯酸钠的电流效率

电极种类	钌　钛	铱　钽	铱钽锡	二氧化铅
电流效率/%	78. 8	87. 6	85. 3	80. 3

6. 3　次氯酸盐生产[1,5～7,14]

大批量高浓度的次氯酸钠是以化学法进行生产，即将氯气通入苛性钠溶液中，可得到浓度达 170 ~ 220g/L 的 NaClO 溶液。但在水处理、环境保护、卫生防疫等方面也有采用电解法制造次氯酸钠。

采用无隔膜电解，通过均相次级化学反应生成次氯酸钠，NaCl 电解液浓度低，仅为 3% ~ 5%。电极过程为，阳极反应析出的氯气溶于电解液后生成 HCl 和 HClO，由于电解槽无隔膜，阴极析 H_2 后生成 OH^-，将与离解平衡产生的 H^+ 结合，使平衡向右移动，生成 H_2O 分子和 NaClO。

制取次氯酸钠并非工厂化的大规模生产，而是以一种小型的"现场发生器"随时随地为用户制造少量低浓度的次氯酸钠溶液。这种次氯酸钠发生器结构简单、成本低廉、使用及维护方便，免除了运输储存氯气的危险及麻烦，因而获得广泛应用。

次氯酸钠发生器按其工作方式可分为间歇式工作反应器和连续式反应器两类;按反应器的结构又可分为板式电极反应器和管式电极反应器两类,前者电极两面都可利用,后者电极只能用一面。

近些年来，我国生产次氯酸钠发生器的厂家在不断涌现，为了使产品规范化，国家制定了《次氯酸钠发生器》（GB 12176—1990），于 1990 年由国家技术监督局发布。

次氯酸钠发生器按质量等级分为优质品（A）、一级品（B）、合格品（C）。

次氯酸钠发生器的技术经济指标及质量分等如表 6-4[15] 所示。

表 6-4　技术经济指标及质量分等

技术经济指标	质量等级		
	A	B	C
电解槽电流效率/%	≥72	≥65	≥60
直流电耗/$kW \cdot h \cdot kg^{-1}$	≤4.5	≤5.0	≤6.5
交流电耗/$kW \cdot h \cdot kg^{-1}$	≤6.0	≤7.0	≤10
盐耗/$kg \cdot kg^{-1}$	≤4.0	≤4.5	≤6.5
阳极寿命强化试验失效时间/h	≥20	≥15	≥10

6.3.1　制取次氯酸钠工艺

次氯酸钠电解温度应维持在 40℃ 以下，温度过高，NaClO 会分解，降低 Cl_2 的溶解度，使电流效率降低。

电解液的 pH = 7，溶液酸化将加剧生成 ClO_3^- 的副反应，降低 Cl_2 在溶液中的溶解度，不利于 NaClO 生成；溶液呈碱性，阳极 O_2 将增加，降低析 Cl_2 的电流效率。

电极距离选用 3 ~ 10mm，极距减小可使槽电压和电耗降低。

电流密度，使用涂层钛电极时为 13 ~ 20A/dm^2，次氯酸钠发生器电耗一般约为 3.7 ~ 7kW · h/kg。

次氯酸钠发生器使用的盐水浓度一般为 3% ~ 5%（大约为 30 ~ 50g/L），次氯酸钠产物浓度为 6 ~ 10g/L，盐耗一般为 4 ~ 7kg/kg。

6.3.2　次氯酸钠发生器用电极材料

电极形状有板式电极和管式电极。

阴极材料多采用不锈钢（1Cr18Ni9Ti）、纯钛或钛合金。不锈钢由于处于阴极极化状态，工作时能稳定耐蚀，但电解液具有强腐蚀性，因此在停电后，应立即取出或放出电解液后清洗，以免发生化学腐蚀。对于析 H_2 反应，铁基合金一般具有中等过电位，但耐蚀性不及钛材。钛、钛合金较耐蚀，但制取 NaClO 时电流效率较低，槽电压较高。

在国外，次氯酸钠发生器多用铂、铱钌合金及钛镀铂阳极，价格昂贵，故难以推广使用。

阳极材料过去曾使用石墨和二氧化铅，目前主要使用涂层钛电极。电解法生产次氯酸钠用涂层钛阳极，优秀的涂层配方为 RuIrTiSnMn 和 RuIrTiSnCo[16] 五元混合氧化物。

海水及稀薄盐水电解用阳极材料，可使用 Ti/RuIrTiSnCo 五元混合氧化物阳极。此种电极在海水电解中，寿命为 3 年左右；在稀薄盐水电解中，寿命约为 5 年。

电解制取次氯酸钠时，石墨阳极寿命短，只有1个多月；另外，脱落的石墨颗粒堵塞通道和盐水进口，造成发生器无法工作。石墨阳极电解槽体积大，电耗高，电极寿命短。

钛镀铂电极用于次氯酸钠电解槽时，过电位较高，寿命较短。IrO_2 涂层阳极耐久性优越，过电位比钛镀铂电极低0.2V，且析氯电流效率较高。

次氯酸盐电解槽用涂层阳极有时受到以 $Mg(OH)_2$ 为主要成分的沉淀的影响。当阳极暴露于沉淀中时，钛基体就会发生堆积腐蚀，但如在钛基体上镀上铂中间层，就可以防止这一现象的发生。

用于卫生消毒的次氯酸钠发生器所生产的次氯酸钠溶液中重金属离子铬、铅的含量应符合《生活饮水卫生标准》(GB 5749—2006)的水质标准和卫生要求的有关规定，因此用于卫生消毒的次氯酸钠发生器不得采用石墨电极和二氧化铅镀层电极。

6.3.3　次氯酸钠发生器的应用

次氯酸钠发生器根据使用用途分为卫生消毒用和环境保护用两大类。卫生消毒类指用于饮水消毒、卫生器具及餐具消毒、蔬菜、水果、食品消毒等与人体健康直接有关的次氯酸钠发生器。环境保护类指用于工业废水处理、医院污水处理以及其他一切使用次氯酸钠溶液的工业部门等与人体健康无直接关系的次氯酸钠发生器。

文献［17］作者研制了次氯酸钠发生器，并把它用于城市污水处理中。

城市生活污水中COD值非常高，如果不经过氧化处理，直接排放，必将引起环境污染。采用次氯酸钠处理污水，通过次氯酸钠与污水中的氨、氨基酸一类物质反应，分解出氮，生成氯胺化合物，既消除了氨氮和COD，又具有消毒、杀菌作用，从而达到处理城市污水的目的。

将浓度为30～40g/L氯化钠溶液经循环泵、过滤器、换热器后，注入电解槽中，电解产生次氯酸钠，循环预定时间后，在产品槽中收集产品，用产品泵将次氯酸钠产品液注入要处理的污水中，工艺流程参见图6-1。

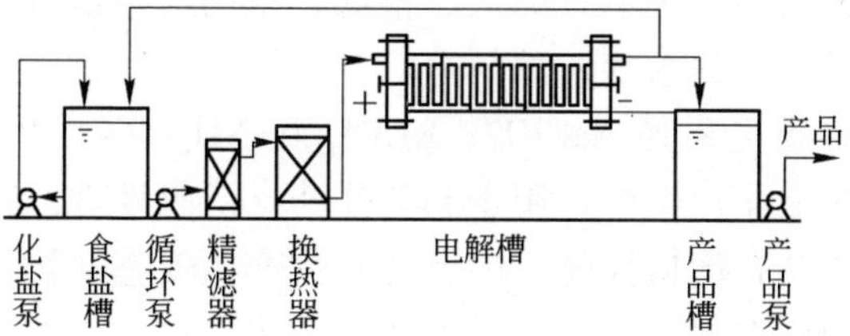

图6-1　生产工艺流程图

电解槽操作电压为160V左右（总电压）、电极间电压为4V左右、电极间电流负荷为2A、电流密度为1400A/m^2、电流效率为65%～70%、氯化钠溶液浓度为30g/L、完成液含氯量（有效氯）为1.5g/(L·h)、盐的转化率为30%，次氯酸钠发生器1kg氯的盐耗为1.6kg、1kg氯的电耗为3.5kW·h、1kg氯的冷却水耗为0.15m^3，处理1t污水的成本为0.02～0.04元。

阳极的特点，选择以钛为基体，表面涂钌、锡等氧化物涂层电极板为电极，阳极析氧电位较高，耐压，可在较高电流密度下运行；同时，对次氯酸钠有较高的耐腐蚀性能，使用寿命超过2年。

用双性钛涂钌等氧化物涂层电极、圆筒形法兰封头、密闭式电解槽工艺电解氯化钠溶液生产次氯酸钠，可以制出高品质的次氯酸钠，适用于城市污水处理和医院污水处理。

6.4　高氯酸盐生产[1]

高氯酸钠是一种重要的化工原料，它除用来生产高氯酸钾、高氯酸镁、高氯酸肼等外，更重要的是生产航天火箭发射药品，如高氯酸铵、高氯酸铝。高氯酸铵作为火箭燃料具有优良性能，即燃烧后仅产生气态产物。据报道，法国“阿丽亚娜-5”型火箭自身重量达 730 多 t，而主发动机的推力只有 120t，它的两边有两个助推器，每个助推器装有 237t 高氯酸铵和高氯酸铝混合燃料，它的推力高达 1200t。高氯酸盐主要用于宇宙飞船、火箭、导弹燃料、民间喜庆节日焰火、鞭炮、军用红绿信号弹、照明发光剂、干燥剂、脱水剂、试剂等。

高氯酸盐主要是 $NaClO_4$、$KClO_4$ 和 NH_4ClO_4。19 世纪末高氯酸盐已能工业化生产，用于制造炸药。后来发现，高氯酸铵作为火箭燃料具有优良性能，即燃烧后仅产生气态产物，因此高氯酸盐生产受到重视。

高氯酸钠工业生产主要是采用无隔膜电解法。可以直接电解食盐水溶液制取，但电流效率太低，能耗太高，没能在工业中应用。19 世纪末开始，高氯酸钠是以氯酸钠为原料，电解时通过阳极氧化而获得。

选择析 O_2 过电位高且稳定耐蚀的阳极材料，是电解制取高氯酸盐的重要条件。铂电极或钛基镀铂电极可满足以上条件，是最理想的阳极材料，但铂价格昂贵，且消耗量大。通常采用价格较低的 PbO_2 阳极，但电流效率较低。

涂层钛阳极中可选择析氧过电位高的配方，如 Ir 系涂层。

阴极材料一般采用碳钢或镍。

电解法制取 $NaClO_4$ 的工艺条件：电流密度为 15 ~ 50A/dm^2，槽压为 5 ~ 6.5V，电流效率，铂电极时为 90% ~ 97%，PbO_2 阳极时为 85%。电解温度为 35 ~ 50℃，电解液 pH 值 6 ~ 7，入口电解液含 $NaClO_3$ 为 400 ~ 700g/L，出口电解液含 $NaClO_4$ 为 800 ~ 1100g/L。

6.5 过硫酸盐电解[1]

电解法制取过硫酸盐反应是化学工业上一个重要反应。

食品行业、医药工业需要的高纯过氧化氢，其原料就是用电解法制取的过硫酸盐。

电解法制取过二硫酸铵，原料为硫酸和硫酸铵，在 50 ~

$100A/dm^2$ 高电流密度下，发生下列阳极氧化反应：

$$2HSO_4^- \longrightarrow S_2O_8^{2-} + 2H^+ + 2e \qquad (6\text{-}1)$$

$$2SO_4^{2-} \longrightarrow S_2O_8^{2-} + 2e \qquad (6\text{-}2)$$

阴极反应：

$$2H^+ + 2e \longrightarrow H_2 \qquad (6\text{-}3)$$

总的电解反应：

$$(NH_4)_2SO_4 + H_2SO_4 \longrightarrow (NH_4)_2S_2O_8 + H_2 \qquad (6\text{-}4)$$

所得到的过二硫酸铵，进行水解反应，即得到过氧化氢：

$$(NH_4)_2S_2O_8 + 2H_2O \xrightarrow{\text{水解}} (NH_4)_2SO_4 + H_2SO_4 + H_2O_2 \qquad (6\text{-}5)$$

反应在水溶液中进行，在阳极可能发生析 O_2 的副反应：

$$2H_2O \longrightarrow O_2\uparrow + 4H^+ + 4e \qquad (6\text{-}6)$$

反应（6-6）的发生，将使电流效率降低。为了提高电流效率，应选用析氧过电位高的阳极材料，目前主要使用铂阳极。但铂价格昂贵，使生产成本增加，每吨 27.5% 的 H_2O_2 约消耗 2 ~ 3g 铂，也可选用钛镀铂电极或二氧化铅阳极。如使用金属阳极，必须在电极表面涂敷氧化物涂层。对于 Ti/RuO_2 电极或 Ti/IrO_2 电极，电解液中添加 NH_4F 能显著提高生成过硫酸盐的电流效率。阴极采用铅、石墨。

文献［18］作者试验用多孔陶瓷隔膜电解槽，电解制取过二硫酸铵，采用钛镀铂及铂阳极，阳极电流密度 70 ~ $120A/dm^2$，电流效率得以提高，从老生产工艺的 50% ~ 60%，提高到目前的 70%；能耗得以降低，为每 1kg $(NH_4)_2S_2O_8$ 能耗 1.8 ~ 2.2kW · h，为现行工艺的 50%。试验通过加入少量的去极化剂，如脲、F^-、Cl^-、SCN^- 等即可抑制反应（6-6）的发生。去极化剂的加入，改变了电极的表面状态，强烈地抑制氧气的析出，而对 $S_2O_8^{2-}$ 的生成却影响不大。如加入 0.3 ~ 1.0g/L NH_4SCN，可提高电效 8% ~ 10%。试验中发现，长时间电解运转后，钛镀铂阳极镀层会局部起泡，甚至脱落，电解试验效果逐渐变差。

上海桃浦化工厂采用板框式电解槽，槽电压为3.7V，电流效率78%；天津东方化工厂采用管式隔膜电解槽，槽电压4.3V，电流效率74%。

6.6 重铬酸制备[1]

蒽醌是一种重要的化工原料，目前生产蒽醌的主要方法有V_2O_5催化法和苯酐合成法。V_2O_5催化氧化法对原料的纯度要求较高，温度控制严格，而且能耗大，经济效益低，容易造成环境污染，故已趋于淘汰；苯酐合成法工艺流程复杂，成本较高，未能在工业上得到广泛推广。自20世纪80年代初开始探索采用间接电化学氧化蒽制备蒽醌的研究。在以$K_2Cr_2O_7$为媒质间接电化学氧化蒽制蒽醌的过程中，得到蒽醌的同时，$Cr_2O_7^{2-}$被还原为Cr^{3+}，Cr^{3+}若不能有效地循环使用，则既会造成环境污染，也将导致成本的提高。应用合适的氧化技术，使Cr^{3+}氧化生成$Cr_2O_7^{2-}$，以实现重铬酸钾的循环使用，不仅可提高过程的经济性，而且也使有机化学合成绿色化[19~23]。

有机电化学合成作为绿色化学合成技术的重要组成部分日益受到人们的重视。在以$Cr_2O_7^{2-}/Cr^{3+}$为媒介的间接电化学合成中，通过控制一定的反应条件，重铬酸盐可选择性氧化大多数有机物，在得到目标产物的同时，$Cr_2O_7^{2-}$被还原为Cr^{3+}。有效地将Cr^{3+}电化学氧化成$Cr_2O_7^{2-}$，实现$Cr_2O_7^{2-}$循环使用，要求Cr^{3+}电化学氧化过程要有较高的电流密度和电流效率，而电极材料是影响过程技术指标的关键因素，因此提高和改善电极材料的性能是提高过程技术经济性的一个重要研究课题。

作为电催化材料要求具有表面积大、导电性好、催化活性高、使用寿命长等特点，在Cr^{3+}电化学氧化过程中，由于硫酸介质的强腐蚀性，使得金属阳极的使用寿命很短，腐蚀严重。PbO_2电极在硫酸介质中作阳极具有良好的导电性，但在Cr^{3+}电化学氧化过程中直接以PbO_2作阳极，存在电极腐蚀严重、易脱落等问题，电催化性能也有待提高。采用钛作基体、在钛基体和 PbO_2 活性层之间加制中间层的方法可以改善 PbO_2 电极性能。以钛为基体，PbO_2 作活性层，在钛基体和 PbO_2 活性层之间加制了 $SnO_2+Sb_2O_3$ 中间层，用聚合前驱体溶液通过热分解法制备了 $Ti/SnO_2\cdot Sb_2O_3/PbO_2$ 电极，研究了该电极在 Cr^{3+} 硫酸溶液电化学氧化过程中的电化学性能。

6.6.1　电极的制备

（1）$Ti/SnO_2\cdot Sb_2O_3/PbO_2$ 电极的制备。在60℃下，先将乙二醇与柠檬酸反应制得乙二醇柠檬酸酯的醇溶液，然后在该溶液中加入摩尔比为 9∶1 的 $SnCl_4\cdot 5H_2O$ 和 $SbCl_3$，将该溶液涂敷在预处理过的钛基体上，先放入 130℃ 烘箱中反应 10min，然后转入 500℃ 的马弗炉中热分解 10min，反复 10 次，最后一次延至 1h，即制得中间层。在中间层上继续涂敷加有少量正丁醇的饱和 $Pb(NO_3)_2$ 水溶液，放入 80℃ 烘箱中反应 10min，后转入 475 ~ 500℃ 的马弗炉中热分解 10min，反复 10 次，最后一次延至 1h，即制得 PbO_2 活性层。

（2）PbO_2 电极的制备。先将 Pb 电极用纱布、水砂纸精细打磨到光亮，再用丙酮除油清洗，置于 1.5mol/L H_2SO_4 溶液中，恒压 3.0V 条件下电解 1.5h，使 Pb 电极表面生成 PbO_2。

6.6.2　Cr^{3+} 电化学氧化生成 $Cr_2O_7^{2-}$ 的机理

以二氧化铅为阳极的 Cr^{3+} 电化学氧化生成 $Cr_2O_7^{2-}$ 的机理为

$$H_2O \longrightarrow OH + H^+ + e \tag{6-7}$$

$$OH + H_2O \longrightarrow O + H_3O^+ + e \tag{6-8}$$

$$O \xrightarrow[r_1, k_1]{+Cr^{3+}} \cdots Cr_2O_7^{2-} \tag{6-9}$$

$$O \xrightarrow[r_2, k_2]{+O} O_2 \tag{6-10}$$

在反应（6-9）中，O 与 Cr^{3+} 的反应是 Cr^{3+} 氧化生成 $Cr_2O_7^{2-}$ 过程的控制步骤，现对（6-9），（6-10）两个平衡反应进行模拟。Cr^{3+} 氧化的反应速率为 $r_1 = k_1[O][Cr^{3+}]$，O_2 的生成速率为 $r_2 = k_2[O][O]$，总反应速率为 $r = r_1 + r_2$，Cr^{3+} 电化学氧化过程的电流效率为 $\eta = r_1/(r_1 + r_2)$，平衡反应的瞬时选择性为 $\beta = r_1/r_2$，由此得 $1/\eta = 1 + 1/\beta$。从该式可以看出，反应选择性的大小决定了电流效率的高低。因此，在该反应过程中，如何提高平衡反应的瞬时选择性就成为提高 Cr^{3+} 电化学氧化过程电流效率的关键。

又因为

$$\beta = \frac{r_1}{r_2} = \frac{k_1[O][Cr^{3+}]}{k_2[O][O]} = \frac{A_1}{A_2}\exp\left(-\frac{E_{Cr} - E_O}{RT}\right)\frac{[Cr^{3+}]}{[O]} \tag{6-11}$$

式中，A_1，E_{Cr} 分别为反应（6-9）中的指前因子和活化能；A_2，E_O 分别为反应（6-10）中的指前因子和活化能。一般来说，两自由基反应活化能极小，可近似为0，因此式（6-11）就变为

$$\beta = \frac{A_1}{A_2}\exp\left(-\frac{E_{Cr}}{RT}\right)\frac{[Cr^{3+}]}{[O]} \tag{6-12}$$

由式（6-12）可以看出，提高反应温度和 Cr^{3+} 浓度有利于提高平衡反应的瞬时选择性，降低操作电流密度能够降低［O］，也使平衡反应的瞬时选择性提高。

6.6.3 超声对 Cr^{3+} 电化学氧化过程时电流效率的影响

以多层复合电极 $Ti/SnO_2 \cdot Sb_2O_3/PbO_2$ 为阳极，在 25℃，H_2SO_4 浓度为 1.5mol/L，Cr^{3+} 浓度为 0.040mol/L 溶液中，并使用频率为 20kHz、功率为 500W 的超声波，对 Cr^{3+} 进行电化学氧化。可以看出，相同的反应条件下，在电解过程中引入超声，Cr^{3+} 电化学氧化过程的瞬时电流效率明显提高。

超声波具有空化效应，其产生的强烈冲击波和速率达 400km/h 的微射流会在电极与溶液界面之间以及液相主体内产生

强烈的机械搅拌作用，从而强化界面间的化学反应过程和传递过程。在Cr^{3+}电化学氧化过程中，活性中间体与Cr^{3+}的反应和放氧反应是一对竞争反应，要提高过程的电流效率，必须强化Cr^{3+}向电极表面的传递，因此在电解体系中引入超声后，由于超声波的空化作用，使液体与固体界面处产生了高速的微射流和冲击波，通过超声空化射流形成了对溶液的强烈搅拌作用，强化了电解液的宏观流动，减小了电极表面的扩散层厚度，强化了Cr^{3+}向电极表面的传质，从而提高了Cr^{3+}氧化生成$Cr_2O_7^{2-}$过程的电流效率。

另外，在Cr^{3+}电化学氧化制备$Cr_2O_7^{2-}$过程中，电流效率随着Cr^{3+}浓度、反应温度的提高而增大，随着操作电流密度、电解液中硫酸浓度的增大而下降。重铬酸钾间接电化学氧化蒽制蒽醌过程中还原生成的Cr^{3+}硫酸溶液经活性炭预处理或者在超声波作用下电解，可以提高Cr^{3+}电化学氧化制备$Cr_2O_7^{2-}$过程的电流效率。

6.7 电解法制备过氧化氢[1,24,25]

H_2O_2是用途广泛的主要的氧化剂、漂白剂、消毒剂。过氧化氢的3%水溶液为医用消毒剂，可以采用电解法生产，其中又分为过硫酸铵法、过硫酸钾法和过硫酸法。其中以过硫酸铵法具有电流效率高、工艺流程短、电耗低等特点，是目前电解法中的主要方法。

另一种生产H_2O_2的方法是自动氧化法，其中又可分为蒽醌法和异丙醇法。蒽醌法技术较成熟，应用较广；而异丙醇法只有少数国家采用。

蒽醌法与电解法相比，具有电能消耗低，不用贵重金属铂，蒸汽和水的消耗也低，适宜大规模生产。电解法因设备简单，原料易得，投资较少，并在技术上不断有所突破，也是一种有前途的生产H_2O_2的方法。

6.7.1　电解法制过氧化氢的基本原理

生成过硫酸盐的机理是 SO_4^{2-} 在电极上进行阳极氧化，其电极反应为

$$2HSO_4^- \longrightarrow 2HSO_4 + 2e \tag{6-13}$$

$$2HSO_4^- \longrightarrow 2SO_4^{2-} + H^+ + 2e \tag{6-14}$$

$$2SO_4^{2-} \longrightarrow S_2O_8^{2-} \tag{6-15}$$

$$2HSO_4 \longrightarrow S_2O_8^{2-} + 2H^+ \tag{6-16}$$

总反应为

$$2HSO_4^- \longrightarrow S_2O_8^{2-} + 2H^+ + 2e,\ \varphi^{\ominus} = 2.123V \tag{6-17}$$

$$2SO_4^{2-} \longrightarrow S_2O_8^{2-} + 2e,\ \varphi^{\ominus} = 2.010V \tag{6-18}$$

SO_4^{2-} 和 HSO_4^- 两种离子均可以通过上述各步反应产生 $S_2O_8^{2-}$，但反应速率不同。在生成过硫酸盐最适宜浓度的条件下，SO_4^{2-} 放电速度比 HSO_4^- 放电速度大得多。在酸性溶液下，析氧的标准电极电位为1.23V，加上析氧过电位，其数值仍然和生成过硫酸盐的电位接近，故析氧反应是和生成过硫酸盐反应相竞争的副反应。阳极材料必须能耐 H_2SO_4 腐蚀，工业中大多采用Pt为阳极。当阳极电位升高后，Pt电极表面的覆盖氧逐步为吸附态的 SO_4^{2-} 所取代，从而生成 $S_2O_8^{2-}$，阻止了析氧反应。在工业上采用很大的阳极电流密度（约5～10kA/m^2），一方面可节省Pt材料，另外可提高析氧过电位，保持电解低温（15～25℃），也可阻碍氧的析出。

6.7.2　生产过氧化氢的生产工艺

由电解槽阳极室流出的 $(NH_4)_2S_2O_8$ 含量达到180～240g/L，并收集于阳极液储槽，供水解蒸馏用，在减压下，$(NH_4)_2S_2O_8$ 液进入薄膜水解蒸馏器，进行水解蒸馏，反应如下：

$$(NH_4)_2S_2O_8 + 2H_2O \longrightarrow 2NH_4HSO_4 + H_2O_2 \tag{6-19}$$

蒸出的气体，经分离塔除去酸雾，然后进入精馏塔，于塔底

收集过氧化氢，控制产品浓度为 $w=27.5\%$。

6.8　二氯化氯的制取[1,9~11]

自 1908 年美国新泽西州首次采用液氯消毒饮水以来，至今已有 100 多年的历史。然而，液氯消毒带来的问题也逐渐显露出来，加氯后的饮水中会产生致癌畸变的三卤甲烷类物质，其中氯仿出现的频率最大，含量也最高。ClO_2 主要通过氧化反应生成少数挥发和不挥发的有机化合物，通常在消毒的饮水中生成物是 P-苯醛和简单的有机酸，同时还生成少量的有机卤化合物（TOX），一般来说用 ClO_2 消毒所产生的 TOX 仅为采用 Cl_2 消毒时的 11%～25%。

二氧化氯（ClO_2）是一种橙黄色、带有臭味、浓度高时易发生爆炸的气体。二氧化氯在气体中安全比例为 5%～15%（体积比）。

二氧化氯是一种优良的漂白剂，能彻底除去色素和杂质而又不损伤纤维，因此广泛地应用于纸浆和纤维漂白。工厂原用氯气漂白，漂白过程中产生二噁英（Dioxin），严重影响人类身体健康。世界上越来越多工厂用二氧化氯取代氯气漂白，二氧化氯能将纸浆和纤维的白度由 75°提高到 95°。

二氧化氯气体能与有臭味的化合物迅速发生氧化反应，达到除臭目的。

二氧化氯可杀死微生物，而不与脂肪酸反应，毫不损害蔬菜和水果的纤维组织。

二氧化氯可作为杀菌剂、除臭剂和防腐剂用于水处理中。

制取二氧化氯的化学过程主要是将五价的氯酸盐的高价氧化物反应生成四价态的二氧化氯。

首先将氯酸钠酸化，所加的酸是硫酸或盐酸：

$$NaClO_3 \xrightarrow{H^+} HClO_3 + Na^+ \tag{6-20}$$

然后用次氯酸、二氧化硫或甲醇作还原剂：

$$HClO_3 \xrightarrow{\text{还原}} ClO_2 \tag{6-21}$$

工业生产二氧化氯的化学方法有硫酸法、盐酸法、混合酸（硫酸、盐酸）法、甲醇法、二氧化硫法和氯酸钠隔膜电解法。

近些年来，制造使用电解盐水法制备二氧化氯的发生器发展很快。二氧化氯发生器能产生 ClO_2、Cl_2、HOCl、O_3、H_2O_2、$H_2O_3^+$ 等多种强氧化剂，具有广谱型杀菌能力，能杀灭枯草芽孢杆菌、绿脓杆菌、霍乱病菌、伤寒病菌、痢疾杆病菌、沙门氏菌、菌团菌和大肠杆菌等。发生器产生的产物的杀菌能力为次氯酸钠溶液的 2 倍。发生器产物还能有效地去除水中的色、味及藻类、氧化重金属离子。

二氧化氯发生器可用于农村、城镇、工厂、矿山和野战部队的小型给水消毒，铁路沿线各站场的给水处理。用于餐厅和宾馆的餐具消毒，游泳池水消毒，医院污水处理，工业冷却循环水的处理，印染废水的脱色处理，电镀含氰废水处理等。

二氧化氯发生器电解槽示意图如图 6-2 所示。

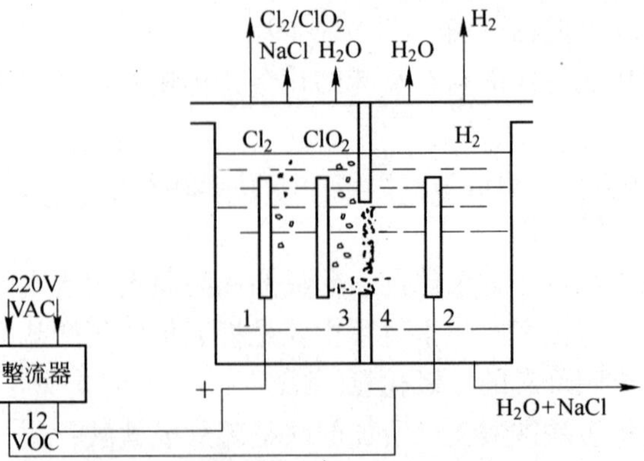

图 6-2　二氧化氯发生器电解槽示意图

1—阳极；2—阴极；3—双性电极；4—隔膜

6.9　有机电合成[1,26,27]

用电解法对有机化合物进行氧化还原反应，制取新有机物的过程称为有机电合成，也称有机电化学。有机电合成是高速发展的有机合成新技术之一。

近 10 年来，我国有机电化学合成领域也得到了较大的发展，有 10 多个产品实现了工业化，研究的品种也日趋增多，我国有机电化学合成科学和技术与世界的差距正在逐步缩小。目前国内外把医药、农药、香料、食品添加剂、植物促进剂及特殊的染料中间体等一些产量小、附加值高的精细化学品作为有机电合成研究开发的主要目标。例如，L-半胱氨基酸盐水合物是组成蛋白质 20 多种氨基酸中唯一具有巯基的氨基酸，目前已在医药、食品添加剂和化妆品中得到广泛应用。陈敏元教授研究的由胱氨酸电合成 L-半胱氨酸的工艺已投入工业化生产[28]。

下面介绍有机电合成使用涂层钛阳极（DSA）的实例。

6.9.1　烯烃电氧化环合反应

烯烃电氧化环合反应较典型及具有实用价值的例子，是环氧丙烷和六氟环氧丙烷的电合成。

6.9.1.1　环氧丙烷电合成

在 20 世纪 60 年代，环氧丙烷（PO）电合成工艺就得到了详细的研究，并已放大到中试水平，该反应采用非分隔式电解槽，Ti/RuO_2 作阳极，钢为阴极，其反应式为

阳极反应

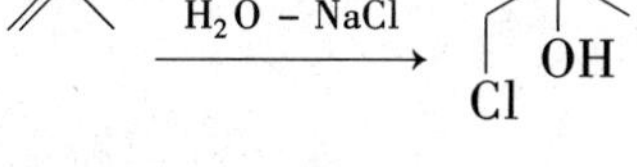

（6-22）

阴极反应

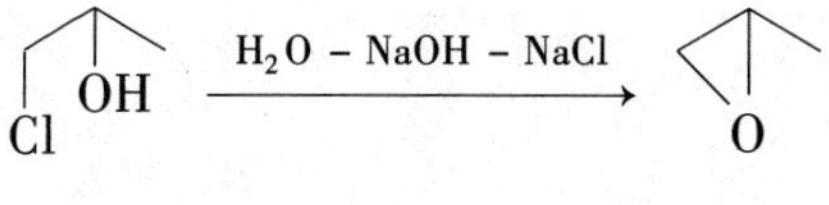

（6-23）

首先在阳极上发生烯烃的氧化反应生成中间产物，然后经阴极还原生成环氧丙烷，其电流效率达 85% ~90%。由于该工艺存在副产物较多，后处理工序复杂等问题，至今尚未实现工业化生产。而传统的氯乙醇化学合成法尽管已实现了工业化生产，但在合成过程中不可避免地要生成大量的 $CaCl_2$ 副产物。因此，寻找一条合适的电化学合成工艺路线具有非常重要的意义。

6.9.1.2　六氯环氧丙烷电环化反应

六氯环氧丙烷电环化反应采用分隔式电解槽，以 PbO_2/钢为阳极，钢为阴极，Nafion 阳离子交换膜作隔膜，为便于连续化生产，电解槽设计成管状反应器，其电氧化反应式为

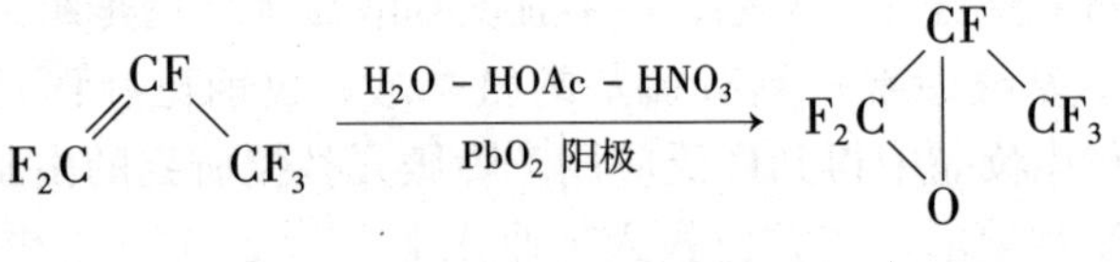

(6-24)

该反应的转化率为 65% ~75%，电流效率达 65%，选择性为 90%。生成的产物可以以气体的形式分离，电解液循环相当方便，离子膜和电极的使用寿命在一年左右。该工艺已由 Hoechst 公司实现了工业化生产。

6.9.2　芳香族化合物

芳香族化合物在环上阳极卤化反应的选择性要比化学法高。例如，甲苯经阳极氯化生成的氯甲苯 *p/o*（对位/邻位）比要比化学法高 2.2 倍左右。若用环糊精修饰过的石墨作阳极，并以 NaCl 或 HCl-H_2O 等水溶液作电解液，则可使氯甲苯的 *p/o* 比提高到 4 倍以上，与化学法相比，具有较强的竞争力。甲苯阳极氯化的反应式如下

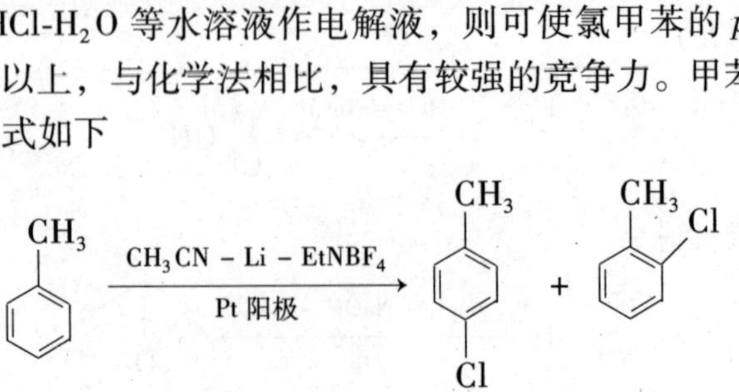

(6-25)

该反应甲苯的转化率约 50%，对、邻氯甲苯的总选择性达 99%。

目前，日本的一些公司对该类卤化反应进行了较多的研究，但规模较小，主要以实验室合成某些中间体为主，其中典型的一些例子如下：

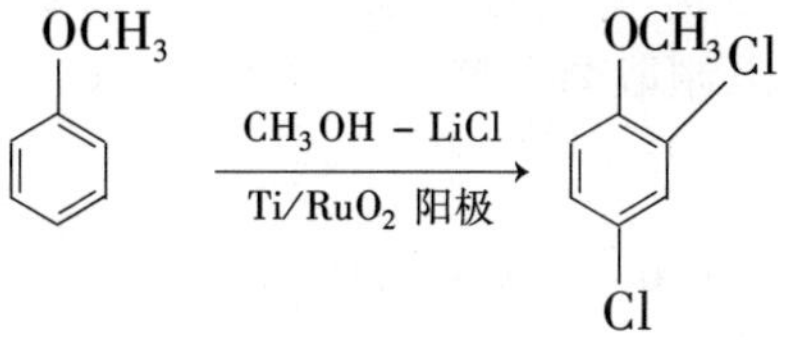

(6-26)

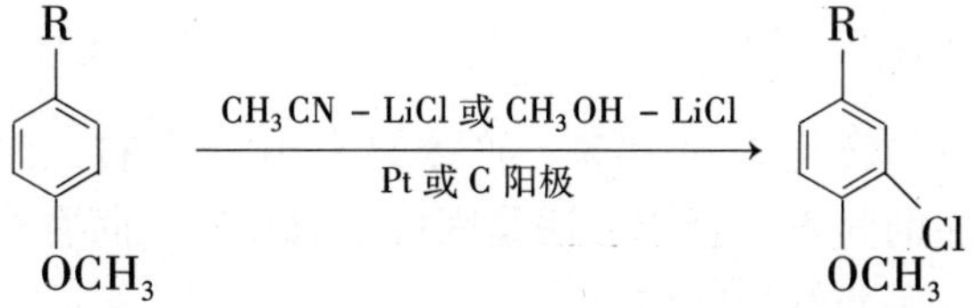

(6-27)

式中，R 为烷基或烷氧基，生成的产物为药物中间体。

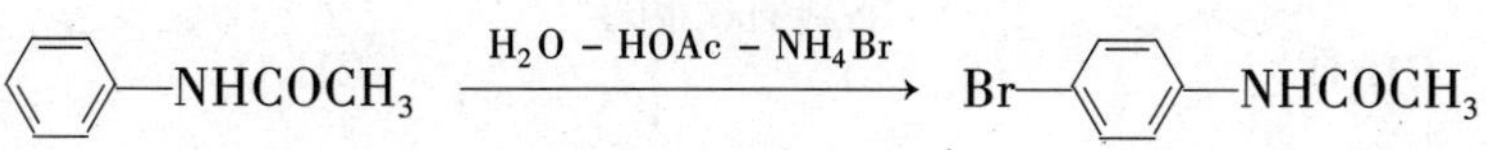

(6-28)

该反应的产物可用作药物中间体。

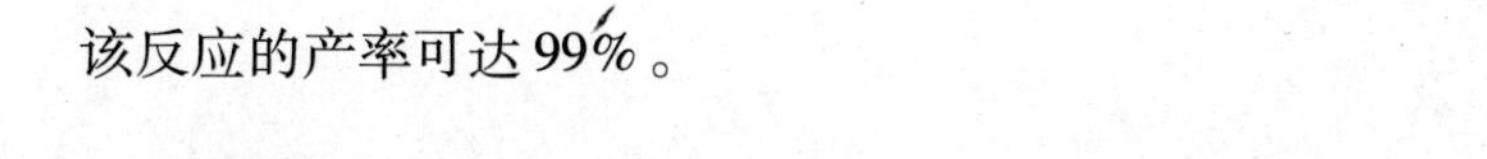

(6-29)

该反应的产率可达 99%。

6.9.3 芳香醛工业化生产

苯环上的甲基经阳极氧化后可以生成醛基。BASF 公司根据这一方法已开发出一条芳香醛的工业化生产工艺路线，其反应

式为

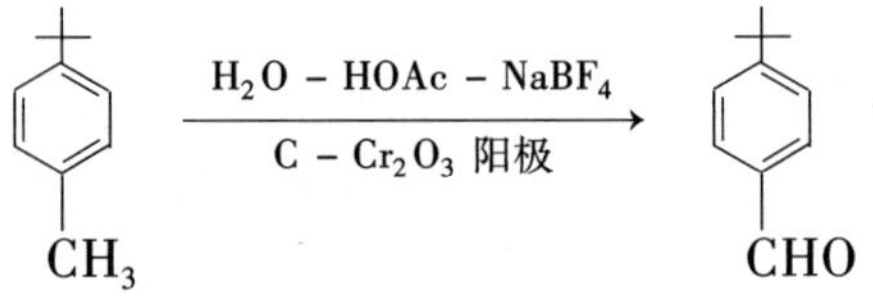

(6-30)

该反应产率达 87%，电流效率为 67%。若采用对甲氧基甲苯为原料，则可以制取茴香醛

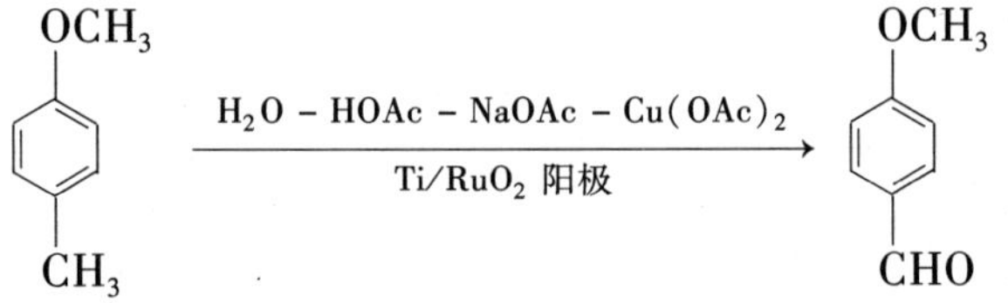

(6-31)

该反应的转化率为 18%，产率只有 10% 左右。因此，近年来最受关注的茴香醛合成方法是间接电氧化法。茴香醛主要用于合成香料、医药等中间体。

除甲苯类化合物以外，上述方法也可以将乙苯类化合物氧化成相应的酮。另外，还有一些化合物侧链阳极氧化反应具有较高的开发应用价值，如

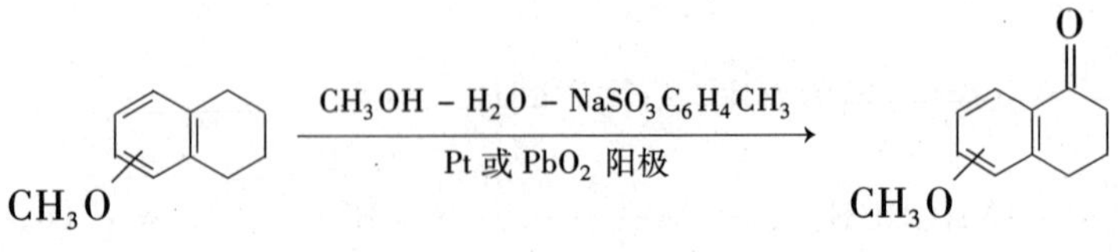

(6-32)

以及

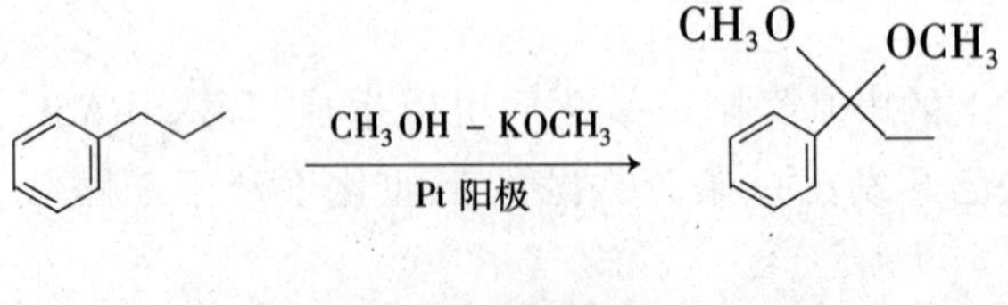

(6-33)

这两个反应都可以合成相应的酮类芳香族化合物，其中第一个反应收率达 92%。

6.9.4　葡萄糖酸钙和山梨糖醇的成对电合成

葡萄糖酸钙和山梨糖醇在葡萄糖工业生产中占有重要地位，并广泛应用于食品、医疗和轻工等行业。以往葡萄糖酸盐的生产方法包括发酵法、催化氧化法和电解氧化法三种，而山梨糖醇则单独用催化加氢法或电解还原法合成。虽然这两类产品所用的原料都是葡萄糖，但需用两种不同的生产装置及工艺才能进行生产，故设备投资大、成本高、能耗大，尤其是电化学法生产这两类产品时，每次电解只能在阳极或阴极上合成一种产品，而另一个电极则生成氧气或氢气，白白浪费电能。若使用成对电合成法在同一电解槽内同时合成葡萄糖酸盐和山梨糖醇，则解决了这个问题。

电解实验可以在 H 型阴离子膜电解槽或无隔膜电解槽中进行，阴、阳极分别为石墨和 DSA 电极。在隔膜电解槽中，阴极液为含二丁基-N-羟基胺 16mmol/L、Na_2WO_4 2mmol/L 和 Na_2HPO_4 0.2mmol/L 的 60cm^3 水溶液，阳极液为含 Na_2HPO_4 0.2mmol/L、二丁基-N-羟基胺 32mmol/L 和 NaBr 0.5mol/L 的 30cm^3 水溶液。在无隔膜电解槽中，电解液为含二丁基-N-羟基胺 25mmol/L、Na_2WO_4 2mmol/L、NaBr 0.05mmol/L、Na_2HPO_4 0.05mmol/L 和 80cm^3水溶液。

30℃下，通电量 2F/mol，在两种电解槽中成对电解合成硝酮的电流效率均可达到 180%。

葡萄糖酸钙和山梨糖醇的成对电合成，转动阴极为锌汞齐化电极，石墨板为固定阳极。电化学反应式如下

阳极反应

$$2Br^- \longrightarrow Br_2 + 2e \tag{6-34}$$

$$Br_2 + H_2O \longrightarrow HOBr + H^+ + Br^- \tag{6-35}$$

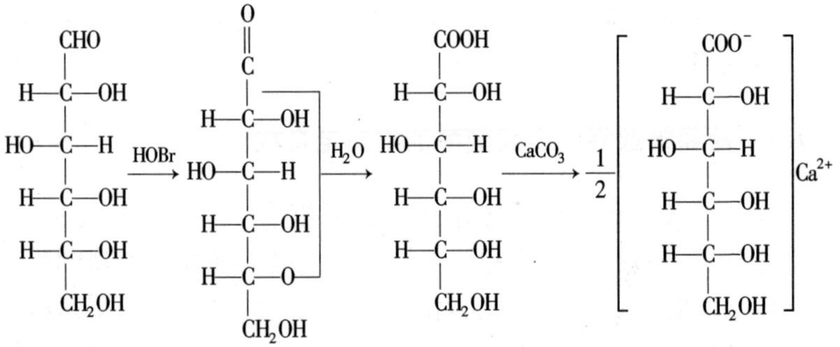

葡萄糖 葡萄糖-δ-内酯 葡萄糖酸 葡萄糖酸钙

(6-36)

阴极反应

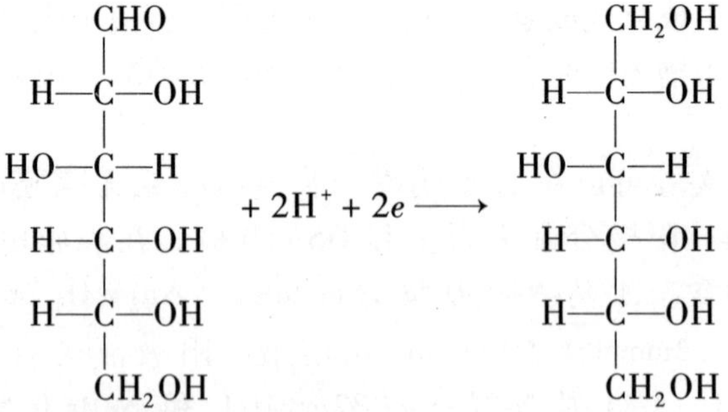

(6-37)

葡萄糖 山梨糖醇

控制如下条件进行电解：电解液组成为1.6mol/L 葡萄糖 + 0.2mol/L NaBr + 22g$CaCO_3$ + 400mL H_2O，温度60℃，pH值为6～7，阴极转速400r/min，阴极电位 -1.95V（vs. SCE），电流密度300A/m^2。结果表明在该条件下，成对电合成葡萄糖酸钙和山梨糖醇的总电流效率为103.8%，总收率为73.8%，葡萄糖的转化率为93.5%。

6.9.5 N-苯基硫脲的间接电氧化

以卤素 Cl_2/Cl^- 电解媒质制备N-苯基硫脲。N-苯基硫脲的浓度为32mmol/L；电解温度为30℃；用0.5mol/L H_2SO_4介质，DSA作阳极，电流密度为$2mA/cm^2$，Cl_2/Cl^-为电解媒质，其电流效率为最佳，可达66%。

6.9.6　间接电氧化合成L-磺基丙氨酸

电解过程中氢溴酸作为支持电解质。间接电氧化法制备L-磺基丙氨酸，该反应发生在阳极区，故阳极材料的选择尤为重要。由于选定氢溴酸作支持电解质及氧化媒质，故应选择有利于Br^-氧化成单质的电极。实验结果表明，Ti/RuTiIr涂层电极有利于Br^-氧化成溴单质。

6.9.7　成对电解合成甘露醇、山梨醇和葡萄糖酸盐

成对电解合成技术是指在阴极或阳极发生的电化学反应，有利于最终产物（一种或两种）的生成，即在阴阳极同时得到各自产物或阴阳极同时得到一种有用的产物。已成功地成对合成了葡萄糖酸和丁二酸、乙醛酸、半胱氨酸和L-磺基丙氨酸等，其中乙醛酸的有机成对电合成以及丁二酸和乙醛酸成对电合成已实现了工业化。

采用阴阳极分别循环的压滤式板框隔膜电解槽。阳极采用耐腐蚀性很强的形稳阳极（DSA），阴极采用催化活性很高的雷尼镍，隔膜采用酸性阳离子交换膜。阴极液组分为葡萄糖和支持电解质Na_2SO_4。阳极液组分为葡萄糖和NaBr溶液。

6.9.8　成对合成1,2-二醇类化合物

环氧化合物、1,2-二醇化合物、邻卤代醇是重要的有机化合物。电氧化方法已应用于环氧化物的合成。马来酸、富马酸发生电化学反应，阳极生成邻溴代醇，阴极生成环氧化物，水解得到酒石酸。采用H-型高氟化离子交换树脂隔膜电解槽和带电磁搅拌的U-型无隔膜电解槽，阴极为石墨，阳极为DSA。阴极以VO(acac)$_2$作媒质间接电氧化四碳不饱和酸成环氧化物，阴极以

Br_2/Br^-为媒质间接电氧化四碳不饱和酸成邻溴代醇，然后把阴极间接电氧化体系与阳极间接电氧化体系组成一个系统，就可实现1，2-二醇类化合物的成对电合成。

6.9.9　电解合成含氮有机物

电化学法如使用I_2/I^-或Br_2/Br^-氧化还原媒质作阳极使用时，则WO^{2-}/WO_4^{2-}为阴极氧化还原媒质氧化N-羟二胺。

Br_2/Br^-是一种较好的阳极所用的媒质。Br_2/Br^-媒质的氧化能力较强。采用金属阳极（DSA）作阳极，Br_2/Br^-作氧化媒质；其电流效率均能达到90%以上。

6.9.10　葡萄糖的间接电解氧化

用无隔膜电解槽研究葡萄糖氧化制取系列葡萄糖酸盐，采用过电位小的金属网状DSA作阳极，用恒电流电解，制备了一系列葡萄糖酸盐（钠盐、钾盐、钙盐、镁盐），得出的最佳工艺条件为：糖的起始浓度为23.5%，电流密度为$100A/m^2$，温度为40℃，介质NaBr浓度为2.0%，产物收率80%以上。

6.9.11　电化学法合成乙醛酸

阳极为铱钽涂层电极，HF101交换膜，$350A/dm^2$，电解液为草酸饱和溶液，20℃，电解8h，产率达96.13%。

6.9.12　电化学氧化甲醛[29]

压滤槽中用$Ti/Ru_{0.3}Ti_{0.7}O_2$阳极，在0.5mol/L H_2SO_4中电解，析出氧的同时对含有甲醛的甲醇溶液用静电氧化法进行处理。反应产物是HCOOH、CO_2和CO_3^{2-}。HCOOH氧化生成CO_3^{2-}，接着在溶液中分解成CO_2。甲醛和甲醇电氧化也会生成CO_2。甲醛氧化时，就是通过在电极表面上，生成更高价氧化物Ru(Ⅵ)和Ru(Ⅶ)来完成。

参考文献

[1] 张招贤，等．钛电极学导论［M］．北京：冶金工业出版社，2008.

[2] V. Pamic, et al. Electrochimica Acta, 2000, 46: 415 ~ 421.

[3] 高桥正雄．ソーダと盐素，1988，39(9)：1 ~ 20.

[4] 日根文男．ソーダと盐素，1989，40(6)：14 ~ 23.

[5] 张招贤．稀有金属快报．2004，23(4)：1 ~ 7.

[6] 张招贤．钛工业进展．2004，21(2)：41 ~ 44.

[7] 张招贤．金属学报．1999，35(增刊1)：5697 ~ 5699.

[8] 张招贤．金属学报．2002，38(增刊)：5596 ~ 5599.

[9] 张招贤．钛电极工学［M］．北京：冶金工业出版社，2000.

[10] 张招贤．钛电极工学［M］．第2版．北京：冶金工业出版社，2003.

[11] 张招贤，赵国鹏，胡耀红．应用电极学［M］．北京；冶金工业出版社，2005.

[12] 宋建梅，等．氯碱工业．2000，(6)：3 ~ 6.

[13] 童效平，等．无机盐工业．2000，32(1)：14 ~ 15.

[14] Ann Cornell, et al. J of the Electrochem Soc, 2003, 150(1): 6 ~ 12.

[15] GB 12176—90 次氯酸钠发生器．

[16] 鞠鹤，等．稀有金属材料与工程．1992，21(1)：52 ~ 56.

[17] 于万波，等．环境污染治理技术与设备．2003，4(3)：90 ~ 91.

[18] 赵世忠，等．无机盐工业．1992，(1)：6 ~ 9.

[19] 王雅琼，等．应用声学．2005，24(1)：48 ~ 52.

[20] 王雅琼，等．高校化学工程学报．2005，16(6)：824 ~ 828.

[21] 王雅琼，等．过程工程学报．2003，3(2)：125 ~ 129.

[22] 陈昌平，等．扬州大学学报（自然科学版）．2002，5(4)：32 ~ 36.

[23] 陈昌平，等．化学工业与工程．2002，19(6)：411 ~ 416.

[24] 邝生鲁．应用电化学［M］．武汉：华中理工大学出版社，1994.

[25] 杨辉，等．应用电化学［M］．北京：科学出版社，2001.

[26] 马淳安．有机电化学合成导论［M］．北京：科学出版社，2002.

[27] 顾登平，等．有机电合成［M］．石家庄：河北教育出版社，2000.

[28] 陈玉华．表面技术，1998，27(6)：1 ~ 4.

[29] Malpass P., et al. J. Appl. Electrochemi, 2001, 31: 1351 ~ 1357.

第7章 钛电极在电冶金领域的应用

7.1 氯化物溶液电解提取金属

请阅读第4章内容。

7.2 硫酸盐溶液电解提取金属[1,2]

硫酸盐溶液电积金属一般使用铅银阳极，但在电解生产过程中，铅银阳极会溶解，既消耗了阳极材料，又影响阳极工作寿命，而且溶解在溶液中的铅会在阴极上析出，使金属中铅杂质含量增高，降低了产品质量。我国东北某厂为此原因多年来很难获得纯度高的1级锌，可见采用铅阳极已成为一个严重问题。

硫酸盐溶液电积金属时，阳极上主要产生氧气，反应如下：

$$2OH^- = H_2O + \frac{1}{2}O_2\uparrow + 2e \qquad (7\text{-}1)$$

活性涂层最重要的特性是对氧的电催化活性高，导电性能好，对氧的耐久性好，阳极工作寿命长。

钌钛涂层钛阳极钝化主要同阳极上析出的氧有关。文献［3］作者曾在广东大宝山铜厂进行硫酸铜溶液电积铜试验，H. Beer配方钛阳极电解运转1000h，阳极便钝化，试验没有成功。

文献［4］作者给出一系列涂层钛阳极与Pb阳极在硫酸介质中强化寿命的比较，如表7-1所示。强化寿命试验条件：$1A/cm^2$，H_2SO_4为1.81mol/L，35℃。

表 7-1　钛基 DSA 阳极和 Pb 阳极在硫酸介质中的寿命比较

电极名称	寿命/h	电极名称	寿命/h
Ti/Sn-Sb/Sn-Mn-Ru	0.67	Ti/Sn-Sb-Ru/Sn-Sb-Mn	5
Ti/Sn-Sb/Sn-Mn	2	Pb	15
Ti/Ti-Co/Cr-Mn	1.9		

从表中可以看出，钛基 DSA 阳极强化寿命明显低于 Pb 阳极的强化寿命，这是影响 DSA 进入有色金属电解提出领域的原因之一。

日根文男指出[5]，析氧阳极的开发比析氯阳极的开发要困难得多。他在 20 世纪 80 年代初时认为，在硫酸盐水溶液电解中，优秀的不溶性阳极材料至今还未出现。

Mozota 等[6]研究发现氧原子不会化学吸附在铱电极表面上，吸附和解吸过程是可逆的。

文献［7］作者找到适用于硫酸镍溶液不溶性阳极电积的涂层钛阳极，新涂层配方是以 Ir 为主要成分的三元或四元组分。在硫酸镍溶液电积镍时，铅银阳极的交换电流密度值为 $17.9\times10^{-7}A/cm^2$，RuTi 涂层电极为 $3.85\times10^{-5}A/cm^2$，而新涂层钛电极为 $23.44\times10^{-5}A/cm^2$。交换电流密度值越大，则所需过电位越小，反应速度越高，说明电极电催化活性越高。可见，新涂层钛电极电催化活性高于 RuTi 涂层电极，交换电流密度值比铅银阳极的高两个数量级，故电催化活性大大优于铅银阳极。

新涂层钛阳极导电性能好，与铅银阳极相比，槽电压可降低 0.5V，每生产 1t 镍节约电能 485.72kW · h，即节电 17.54%。

RuO_2 涂层活性阳极对析氧反应有良好的催化活性，但在酸性介质中，其使用寿命较低。有机聚合物具有增加电极使用寿命的作用，而其中聚丙烯腈（PAN）热解后还具有一定的导电性，从而还可提高电极导电率及进一步提高其电化学活性。文献［8］作者研制出了钛基 RuO_2-PAN 活性阳极，并考察了其在锌电积条件下的电化学行为。

7.2.1　Ti/RuO_2-PAN 电极的制备

将含有聚丙烯腈及 $RuCl_3$ 的涂液均匀刷涂到钛电极基体上，在200℃左右的温度下，空气中烧结，几分钟后取出冷却，然后再刷涂烧结。此过程重复进行几次，然后依次在 300℃，400℃左右对电极进行热处理。钌用量约为 3g/m^2。

7.2.2　Ti/RuO_2-PAN 电极电化学行为

钛基 RuO_2-PAN 电极，在锌电积条件（H_2SO_4 150g/L，35℃，i = 500A/m^2）下，析氧过电位为 0.206V，在 i = 20kA/m^2 的快速寿命实验中，使用寿命 τ = 127min。

钛基 RuO_2-PAN 电极及 Pb-Ag 为 1% 阳极在锌电积介质中的极化曲线如图 7-1 所示。

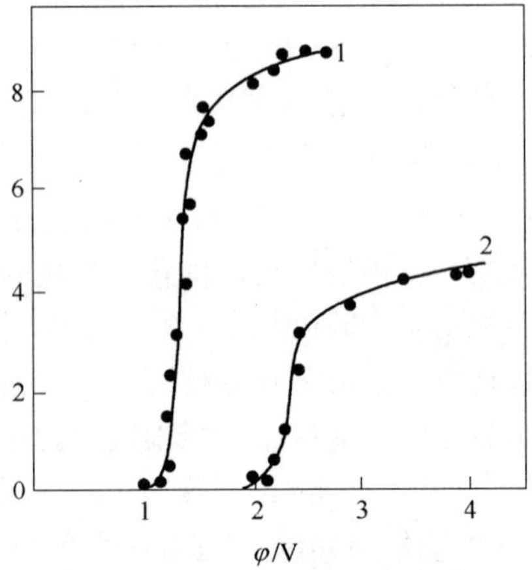

图 7-1　RuO_2-PAN 电极和 Pb-Ag 为 1% 阳极极化曲线

1—RuO_2-PAN 电极；2—Pb-Ag 为 1% 阳极

线性回归后求得钛基 RuO_2-PAN 电极与 Pb-Ag 为 1% 阳极的动力学参数 a，b，i_0 值，如表 7-2 所示。

表7-2 电极动力学参数

电 极	a	b	i_0/A·cm^{-2}	τ
钛基RuO_2-PAN	0.286	0.0677	5.96×10^{-5}	0.99
Pb-Ag为1%阳极	1.469	0.181	7.65×10^{-9}	0.99

最好的电催化剂应表现出高的交换电流密度 i_0 和低的塔菲尔斜率 b 值。从表7-2可以看出，钛基 RuO_2-PAN 电极比 Pb-Ag 为1%阳极的 i_0 值高4个数量级，而 b 值低了近3倍。可见其电化学活性大有提高。

在溶液中进行的大部分工业电解过程（电解水、金属电积等）都伴随着阳极析氧反应。在通常使用的阳极材料上，阳极析氧过电位都很高（如锌电积，在铅基阳极上，500A/m^2 的电流密度下，析氧过电位接近1V），从而使槽压升高而造成大量能源浪费。例如锌电积中，如能降低槽压0.1V，即可节能2.86%。

从使用寿命来看，聚丙烯腈对电极寿命的提高能力是很强的，一般的 RuO_2 类电极，在如锌电积这样的高酸度介质中寿命是相当短的。本文的钛基 RuO_2-PAN 电极在 H_2SO_4 150g/L 这样苛刻的溶液中，电流密度 i = 20kA/m^2 时，使用寿命达到了127min。

文献［9］作者对锌电积上使用DSA进行了研究。

目前锌电积常用的阳极为铅银阳极（Pb-Ag二元合金或多元合金），因其在使用过程中的机械磨损及电化学腐蚀导致析出锌被铅污染，成为影响电锌质量主要杂质铅的来源。日本专利介绍用含Ti 1%～10%的钛锰合金作阳极。由于钛基DSA阳极的性能特点，将其用于锌电积来避免析出锌的铅污染，同时使氧的析出电位降低，已成为近期研究的热点。

与铅银阳极相比，钛电极主要优点在于形状尺寸非常稳定，可消除阳极铅对产品的污染，降低析氧过电位。该不溶阳极耐腐蚀性强，机械强度和加工性能好，可在温度小于80℃、浓度为10%～25%的硫酸和硫酸盐电解液中使用，即使表面活性涂层在使用中因钝化击穿而破损脱落，再涂上一层活性涂层又能继续使用。此阳极还适于高电流密度（4.5 ~ 6.0kA/m^2）和窄极间距（约 5mm 左右）的电积条件。

以西昌锌业公司电锌生产现场的循环液作电解液，Al 板为阴极，进行了不同阳极的电积锌对比试验。采用的 Pb-Ag 阳极板和 DSA 阳极板厚度分别为 8mm 和 4mm，异极中心距分别为 31mm 和 29mm。主要技术条件为：电解液成分：Zn 49 ~ 56g/L、H_2SO_4 145 ~ 155g/L、电流密度 518.8A/m^2、温度 39 ~ 41℃。试验结果如表 7-3 所示。

表 7-3　电积锌对比试验

序号	阳极种类	电积时间 /h	平均槽电压 /V	直流电耗 /kW · h · t^{-1}	析出锌含 Pb /%
1	Pb-Ag	5	2.99	2648.48	0.0043
2	DSA	5	2.91	2598.10	0.0014
3	Pb-Ag	5.67	3.09	2693.71	—
4	DSA	6	2.92	2610.15	—
5	Pb-Ag	3	3.08	2651.00	—
6	DSA	3	2.91	2571.16	—
7	Pb-Ag	3	3.08	2701.65	—
8	DSA	3	2.89	2542.60	—
9	Pb-Ag	3	3.11	2673.40	—
10	DSA	2.17	2.88	2506.64	—
11	Pb-Ag	3	3.09	2670.70	—
12	DSA	3	2.90	2620.70	—

试验结果表明，使用 DSA 阳极较 Pb-Ag 阳极平均槽电压下降约 0.17V，平均析出 1t 锌直流电耗下降约 98.27kW · h，在不添加 $SrCO_3$ 的条件下，析出锌含 Pb 由 0.0043% 降为 0.0014%（因生产上的电解液已有 Pb^{2+} 污染，否则析出锌含 Pb 还应低于此值），达到了 Zn99.995 的标准要求。使用同一电解液时，DSA

阳极较 Pb-Ag 阳极的析出锌上多次出现针状透孔烧板，究其原因可能为该 DSA 阳极样品的涂层还含有其他有害金属（如 Ge 等）所致。

DSA 阳极在锌电积上应用，能克服 Pb-Ag 阳极固有的缺陷。其主要表现有：

（1）无须添加 $SrCO_3$ 并简化添加作业，对日常电积条件的控制较为宽松，极易稳定实现含 Zn 为 99.995% 品级比率达到 100%，有利于电锌销售和扩大其应用范围（比如可用于生产更环保的无汞锌粉等）；

（2）可显著降低析出锌直流电耗，从而节约电能；

（3）极板尺寸稳定，无变形弯曲引起的短路发生，故可取消阳极两边的聚氯乙烯塑料条；还可将电解槽内极板的同极中心距由 62mm 缩减至 58mm，因此提高电解槽的产量约 6.9%；

（4）省略阳极平整工序，极板（厚 4mm）重量仅为 Pb-Ag 阳极板（厚 6mm）的 26.4%，方便其搬运和处理更换；

（5）产出阳极泥的成分几乎完全为 MnO_2，故其阳极泥的 MnO_2 含量可由原来的 60% ~70% 提高到 90% 以上，而且阳极泥的产出量减少有利于清槽；

（6）Pb-Ag 阳极用于锌电积只适于 H_2SO_4-$ZnSO_4$ 体系，通常要求电解液含氯量不超过 100mg/L，而钛基 DSA 阳极不仅适于硫酸盐体系，同时也适于氯盐体系（如 Zn(Ⅱ)-NH_3-NH_4Cl-H_2O 体系）电积锌，这是其有别于 Pb-Ag 阳极的较大优势之一，并为直接浸出处理高含氯锌物料（如含氯锌灰、氧化锌和锌浮渣等）制取电锌新工艺的应用创造了条件。

DSA 阳极既可克服 Pb-Ag 阳极易弯曲变形和重量大的缺点，节能降耗，提高电锌和阳极泥的质量，又能简化改善电积的日常生产操作和管理，在锌的硫酸盐和氯盐体系中均适用，特别有利于锌氨配合氯盐体系电积锌新工艺进入工业化生产，加之整个电锌的潜在市场巨大，显示出了 DSA 阳极的较好应用前景。当然，目前 Pb-Ag 阳极基本能满足锌电积现有生产要求，每析出 1t 锌的 Pb-Ag 阳极消耗费用仅约为 150 元，而同规格的 DSA 阳极则价格较贵，连同涂层寿命短，导致不经济以及涂层的某些成分对锌电积的不良影响等因素，即使考虑其节能降耗和提高产品质量带来的综合效益仍还不足以补偿，致使 DSA 阳极在锌电积上的工业应用暂时受到限制。

使用过程中阳极寿命还受到钛基钝化、电积条件（电解液温度、电流密度等）以及电解液的杂质含量（如 F^-、Cl^-、有机物等）的影响。应避免在阳极涂层中采用能引起锌烧板的金属（如 Ge、Sn、Sb 等）。

阳极样品的供应者称其寿命可达 3 年以上，但其真实性有待验证。

7.3　氯化物硫酸盐混合溶液电解提取金属

详细内容阅读第 4 章。

7.4　氨络合物体系电积镍[10]

氨性体系中金属电沉积的基础研究涉及重金属铜、锌、镍、钴及贵金属金、银等。由于氨浸法能选择性地浸出铜、锌、镍、钴等有价金属，而氨几乎不与铁钙铝硅等常见杂质发生作用，浸出液纯净，产品纯度高，浸出剂可循环使用，尤其是对贵金属金、银而言，可使用环境友好的浸出剂而避免使用剧毒的氰化物。与常规电积技术相比，氨络合物体系电积金属具有一些独特的优点：（1）含氨电解液体系，可利用体系本身的 NH_3-NH_4Cl 缓冲液而且无需隔膜分开阴阳极；（2）单位体积电解液中镍沉积量大，从而减少溶液循环量，降低生产成本；（3）电流效率较高，电解液电阻小，槽压低，能量利用率高，比传统镍电解节约 30% 的电能。

7.4.1　电解液

氯盐电解质采用蒸馏水和分析纯氯化镍，用氯化铵作支持电解质，电解质成分为：Ni 60g/L，NH_3 4mol/L，NH_4Cl 4mol/L。电解液配好后贮存于密闭容器中以防氨蒸发。

电积过程采用不锈钢作阴极，涂钌钛阳极作阳极。

7.4.2　阳极固体产物

阳极固体产物为 $Ni(OH)_2$，这可能是在氯盐镍氨络合物体系电沉积过程中阳极产物高价镍化合物被还原了。

高价镍固体产物的形成过程可能类似于碱性溶液中镍的电解，在镍氨络合物电解液中存在 $Ni(OH)_{2(aq)}$，其在电极过程中可能发生氧化，碱性体系电解法制备黑镍的研究已用同位素示踪原子证明，$Ni(OH)_2$ 发生氧化反应按式（7-2）进行。

$$Ni(OH)_2 + OH \longrightarrow NiOOH + H_2O + e \qquad (7\text{-}2)$$

7.4.3　阳极气体产物

电积过程中涂钌钛阳极上气体产物主要是氮气，并含有少量的氧气。从热力学分析，在碱性水溶液中，析氧反应比析氯反应更易进行，由于动力学因素，即电化学极化和过电位，涂钌钛阳极上主要是析氯反应，在反应初期会有少量 O_2 析出。氮气的产生可能由于涂钌钛阳极上析出的氯将电解液中的氨氧化而产生的，具体反应为

$$Cl_2 + H_2O \longrightarrow HOCl + H^+ + Cl^- \qquad (7\text{-}3)$$

$$HOCl + NH_3 \longrightarrow NH_2Cl + H_2O \qquad (7\text{-}4)$$

$$HOCl + NH_4^+ \longrightarrow NH_2Cl + H_2O + H^+ \qquad (7\text{-}5)$$

$$HOCl_2 + NH_2Cl \longrightarrow NHCl_2 + H_2O \qquad (7\text{-}6)$$

$$NHCl_2 + H_2O \longrightarrow NOH + 2H^+ + 2Cl^- \qquad (7\text{-}7)$$

$$NHCl_2 + NOH \longrightarrow N_2 + HOCl + H^+ + Cl^- \qquad (7\text{-}8)$$

理论分析及试验研究证明，在碱性条件下有利于式（7-3）、

式（7-5）、式（7-7）和式（7-8）反应的进行，而且氨以非离子 NH_3 的形式存在，反应（7-4）更容易进行。

7.5 电催化浸出硫化锌精矿新工艺[11]

常规湿法炼锌一般是将锌精矿经沸腾炉先焙烧成氧化锌焙砂，再以稀酸浸出，浸出液经除杂净化后电解生产电锌。上述焙烧过程所产生的烟气严重污染大气，影响生态环境。

全湿法炼锌工艺具有生产质量稳定、原料综合利用程度高及节能无污染等优点。

图 7-2 是处理硫化锌精矿新工艺，经多次试验均表明可取得较好的相关技术指标。

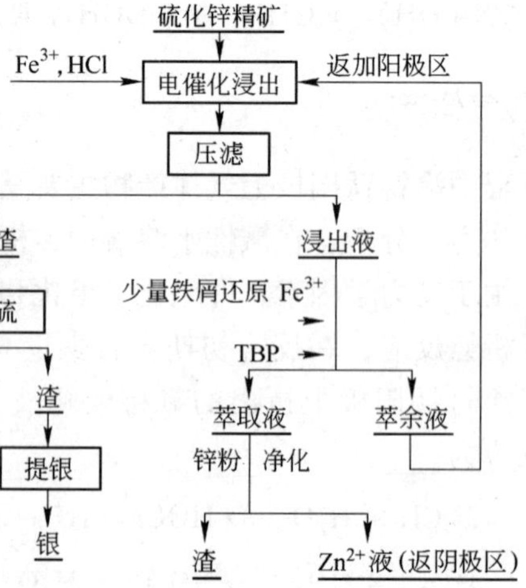

图 7-2 硫化锌精矿浸出工艺流程

所用锌精矿主要化学成分：Zn 50.36%、Cu 0.95%、S 36.29%、Pb 1.65%、Fe 9.41%、As 0.39%、Cd 0.19%，Ag 515g/t。矿物 X-ray 能谱分析表明，矿料可能为一系列金属硫化物所组成的多相体系，锌主要以硫化锌固相形式存在，少量以铁闪锌矿形式存在。所用矿料粒度为 -0.07mm 占 93.5% 以上。

浸出槽中装有石墨电极作为阴、阳极。将精矿料分批加入恒定温度下的浸出槽内,恒速机械搅拌,经一定时间浸出后,抽滤分离浸出液,以 EDTA 法测定浸出液锌离子浓度,计算其锌浸出率。

硫化锌精矿在浸出液中实际的主反应可能如下:

$$ZnS + 2HCl \longequal ZnCl_2 + H_2S \tag{7-9}$$

$$H_2S \longequal 2H^+ + S^{2-} \tag{7-10}$$

$$2Fe^{3+} + S^{2-} \longequal 2Fe^{2+} + S^0 \tag{7-11}$$

当 Fe^{2+} 存在时,Fe^{2+} 不断在阳极氧化为 Fe^{3+},一部分电流用于 Fe^{2+} 氧化消耗,可使阳极电流效率增大,电极电位和电解槽电压下降,从而降低电耗。加入 $CaCl_2$ 能增大浸出液中氯离子浓度,并促进其与一些金属离子形成 $MeCl_n$ 系列络合物,同时也能增加溶液中 H^+ 的活性和溶液的导电性能。

在该反应体系中,由于铁离子的存在,槽电压有所降低,吨矿浸出所耗电量在 150～180kW·h 左右;并且在浸出全过程中不会产生大量的有毒异味气体;Fe^{3+} 可在阳极电流的作用下获得再生,锌精矿的浸出与 Fe^{3+} 的再生可实现同槽完成;在优化条件下锌浸出率可达 95% 以上,矿料中 90% 以上的硫能以单质硫形式析出并回收。

7.6　电解银催化剂的生产[12]

甲醛、乙醛是重要的化工原料,甲醛生产原采用浮石银催化剂,乙醛生产原采用银丝网和浮石银的混合催化剂。20 世纪 70 年代,上海某大学成功地研制了电解银催化剂。

和浮石银催化剂相比,电解银催化剂具有寿命长、活性高、用量少、再生容易、银回收率高等优点。电解银催化剂的使用,使甲醛生产实现了高效低耗,反应产出率由 72%～74% 提高到 81%～86%,原料甲醇的平均单耗从 0.530～0.540t/t 降低至 0.456～0.485t/t,相当于每 t 甲醛产品可节约原料甲醇 50～60kg。电解银还是乙醛生产的高效催化剂,可大幅度减少催化剂用量，以年产万吨醋酸工厂计，每年可减少银消耗 100kg。

电解银催化剂的生产原使用铂电极，一家甲醛工厂约使用 0.5kg 铂。目前已使用涂层钛电极代替铂电极。

生产电解银催化剂使用的电解液由硝酸和硝酸银的水溶液组成。电解过程进行时，装在阳极框中的粗银板变成银离子进入溶液，阳极发生氧化反应

$$Ag(s) \longrightarrow Ag^+ (l) + e \tag{7-12}$$

溶解在溶液中的 Ag^+ 离子在银阴极板上析出，阴极发生还原反应

$$Ag^+ (l) + e \longrightarrow Ag (s) \tag{7-13}$$

银的标准电极电位值是 +0.8V，而钛是 -1.63V，各种金属电极电位值的正负，表示这种金属在溶液中变成离子的倾向大小。电位负的金属易成为离子进入溶液。因此在银电解用纯钛板作电极时，钛先于银变成离子进入溶液，很快就被腐蚀掉。

钛板上涂敷 RuO_2 涂层，RuO_2 氧化反应的标准电位值为 +1.387V，涂层钛电极由于有涂层保护，因此能与铂电极一样，在银电解中起导电作用，本身不被腐蚀。

国内已有广州溶剂厂等近百家甲醛、乙醛生产工厂使用涂层钛电极生产电解银催化剂。

7.7 人造金刚石生产中回收镍、钴、锰

7.7.1 人造金刚石生产概述[13~15]

金刚石为目前地球上最硬的物质，与其他硬质材料的硬度对比，金刚石的努氏硬度大约是石英的 8.5 倍，刚玉的 4.4 倍，碳化钨的 3.7 倍，因此金刚石常用来制造地质石油勘探用的钻头及金属加工刀具。

1953 年世界合成了第一颗人造金刚石，我国也于 1968 年成功人工合成金刚石。20 世纪 80 年代后期以来，随着沿海地区和外贸部门在装饰用石材、石油钻探等方面的迅速发展，对合成金

刚石-金属工具的需求量猛增，其中仅金刚石钻头、金刚石锯片和金刚石修正笔三项每年就消耗金刚石 2000 多万克拉，并以年增长 37% 的速度迅猛发展，现已有 200 多个厂家拥有千多台金刚石压机进行高温高压合成金刚石，主要集中在河南、安徽、北京、湖南、广西等地。目前，全国年产人造金刚石 15 亿克拉（1 克拉 = 0.2g），主要厂家有：河南黄河旋风公司年产 8 亿克拉、安徽电力公司超硬材料公司年产 2 亿克拉。

人造金刚石生产工艺流程如图 7-3 所示。

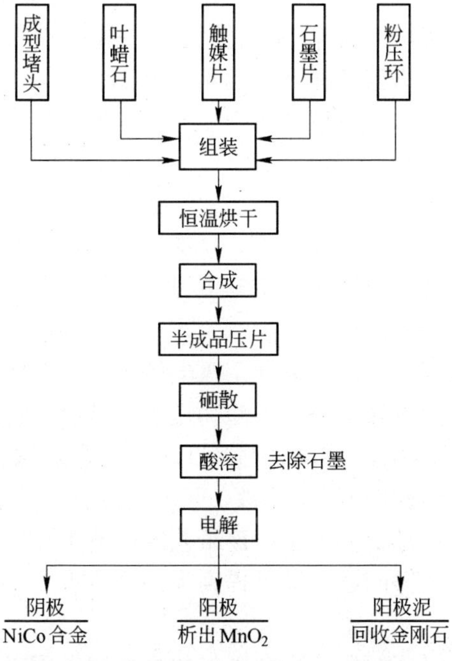

图 7-3　人造金刚石生产工艺流程

人造金刚石生产主要由合成—提纯—分选三大工序构成。合成是石墨在触媒的作用下，经高温高压（1300 ~ 1500℃，5 万 ~ 6 万个大气压）的作用转换成金刚石。提纯是将金刚石与触媒片、石墨分开，触媒是一种含 Ni 70%、Mn 25%、Co 5% 的金属薄片，在高温高压下与石墨、金刚石熔在一起。合成片用硫酸和硝酸的混合酸去除石墨后，装在钛篮筐内，组装在电解槽中作为阳极，阴极为 Ni 板。通电后 Mn 呈 MnO_2 沉积在钛篮筐上，Ni、Co 呈离子状态溶解在电解液中，沉积在阴极上，阴极为镍钴合金（含 Ni 92%，含 Co 8%）。每隔 24h 把钛篮筐从电解槽中提出来，筐中物全倒出来，在水中筛分，小渣子连同阳极泥进入金刚石分选回收工序，大片子同新片子重新装进钛篮筐中，放进电解槽中电解。

人造金刚石生产工序存在许多问题：如电流效率低（约 50% ~60%）；MnO_2 覆盖在钛篮筐上，导电性变差，每隔 24h 提出来清理，放进硫酸硝酸混合酸槽中浸泡，除掉 MnO_2，操作麻烦，劳动强度大；有色金属 Ni、Co 回收率低，约 75%；镍钴未分离，同时沉积在阴极上。

按目前年产 15 亿克拉人造金刚石计算，每年耗触媒约 4000t，其中含 Ni 为 2800t，Co 为 200t。现在回收率只有 75%，因此回收镍钴有价金属大有文章可做。

要根本解决人造金刚石生产工艺存在的问题，需用不溶性阳极电积工艺取代现在的可溶性阳极电解工艺。金刚石合成片用硫酸、硝酸混合酸溶液溶解，不溶物送去分选金刚石，清液经净化除铁得镍钴锰的硝酸溶液，然后 P204 萃取除锰，硫酸钴液经 P507 萃取，分别得 $CoSO_4$ 溶液，$NiSO_4$ 溶液，再进行不溶性阳极电积，可获得钴板、镍板。该工艺既可解决环境污染、工序繁琐、劳动强度大等问题，又可提高镍钴回收率、镍钴分离、降低生产成本。

不溶性阳极可使用铂族金属氧化物涂层钛阳极。

7.7.2　从人造金刚石触媒酸洗废液中回收镍、钴、锰[16]

我国合成人造金刚石主要以 $Ni_{70}Mn_{25}Co_5$ 合金为触媒，金刚石合成后，必须通过酸洗除去触媒。产出的触媒酸洗液中含有大量的镍、钴、锰，具有回收利用价值。我国人造金刚石的年产量已超过 20 亿克拉，由此推算，触媒的消耗量为 2500t/a 以上，触媒酸洗废液中可回收的镍、钴、锰金属总量分别达到 1750t，125t 和 625t。由于触媒中锰的含量很高，而锰的性质与镍和钴的非常相似，所以这种酸洗废液的处理难点就在于锰的分离。现有的锰分离方法有氨水法、空气氨水法、氧化法、溶剂萃取法和碳酸盐氨浸法等。前 4 种方法都难以实现锰和钴的有效分离，其中氨水法和空气氨水法过滤分离较难；氧化法反应时间长，镍的回收率低；溶剂萃取法因锰含量过高而难以实现。至于碳酸盐氨浸法，由于碳酸镍和碳酸钴的溶度积都非常小（K_{sp}分别为 6.6×10^{-9} 和 1.4×10^{-13}），随着浸出的进行，溶液中碳酸根离子浓度不断增大，浸出难以继续。若要保证镍、钴和锰的浸出率，浸出剂氨水的浓度则需高达 4～5mol/L，同时浸出反应时间长达数十小时。在碳酸盐氨浸法基础上，提出了能十分有效地分离回收钴和锰而且简单易行、反应时间大大缩短的新方法，氨水可重复利用，经济效益可观。

分离锰、钴、镍的工艺流程，如图 7-4 所示。

纯碱-氨水混合溶液沉淀分离锰的最佳条件：纯碱浓度

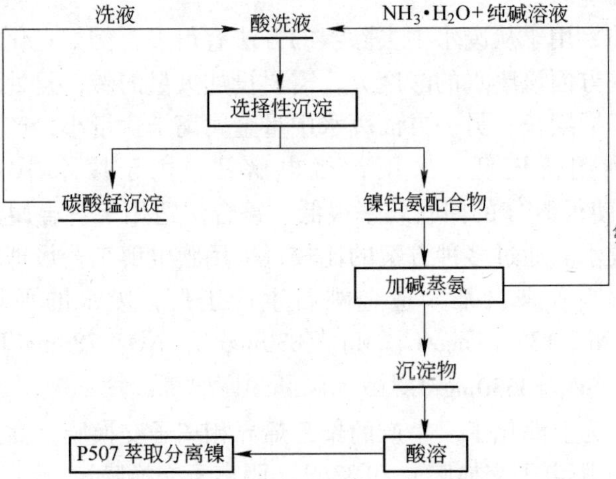

图 7-4　从酸洗废液中分离锰、钴、镍的工艺流程

0. 1mol/L，pH≈10，氨浓度为 2. 5mol/L。在此条件下，用碳酸铵-氨水混合溶液对人造金刚石触媒酸洗废液进行沉淀锰的分离试验，结果如表 7-4 所示。可见，锰的沉淀较为完全。

表 7-4　触媒酸洗废液沉淀锰的分离试验结果

金属离子	溶液初始 $\rho_B/g\cdot L^{-1}$	溶液分离后 $\rho_B/g\cdot L^{-1}$
Ni^{2+}	30. 8	30. 5
Co^{2+}	3. 8	3. 58
Mn^{2+}	11. 0	0. 0885

在该工艺条件下，镍的回收率为 99% 以上，钴的回收率为 95% 左右，锰以碳酸锰形式回收。

本工艺所得硝酸（硫酸）镍、钴的混合溶液可以作为中间产品，也可以进一步萃取分离提纯。

7. 7. 3　膜电解法回收人造金刚石废水中的镍[17]

我国有相当数量的中小型人造金刚石厂采用酸溶解的方法进行生产，同时排放大量含镍的废酸液。这样，既浪费了资源，又污染了环境。

目前，用于从废水中去除镍的方法有很多，例如：化学沉淀法等。一方面该废水的酸度大，需要投加大量的碱，且处理水量小，运行周期长；另一方面废水中重金属离子含量小，产生的混合沉渣利用价值低。采用常规电解法，由于废水中大量的 $[H^+]$，使得 Ni^{2+} 的回收效率很低。螯合法适用于重金属离子含量低的废水。通过多种方案的比较，采用膜电解工艺最理想。

电解废水来自某人造金刚石生产工厂，废水的平均水质 pH = 1，Ni^{2+} 1395. 1mg/L，Mn^{2+} 830mg/L，NO_3^- 783mg/L，Cl^- 72mg/L，SO_4^{2-} 3630mg/L。

用膜为上海化工厂生产的聚乙烯异相离子交换膜，商品牌号为 3361（阳离子交换膜）和 3362（阴离子交换膜）。

用石墨板作阳极，用镍板作阴极。

膜电解法有双膜三室电解法、单膜二室电解法。对上述方法进行比较，其中单膜二室装置中，单阳膜装置的综合性能较佳，下面予以介绍。

单膜二室电解法实验装置如图7-5所示。

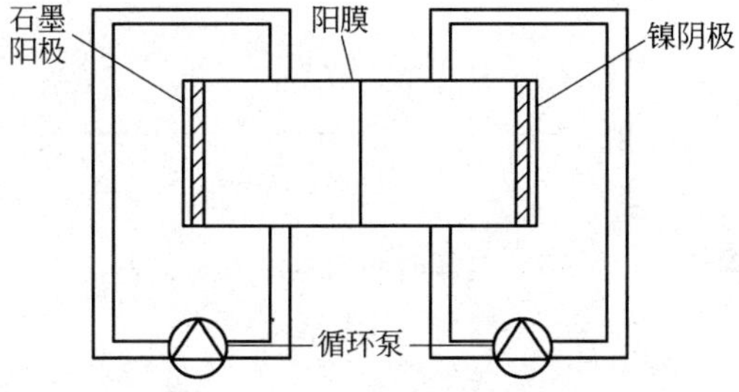

图7-5 单膜二室电解器

在室温下，采用单阳膜，电解电流120mA，开始电解电压5V，阳极液0.5M的NaOH溶液120mL，阴极液200mL废水，pH值调至4。

实验原理见图7-6，该装置通电以后，阳极室的Na^+通过阳膜进入阴极室，阴极室反应为：$Ni^{2+} + 2e \longrightarrow Ni$，$2H^+ + 2e \longrightarrow H_2\uparrow$。阳极室电极反应为：$4OH^- - 4e \longrightarrow O_2\uparrow + 4H^+$。

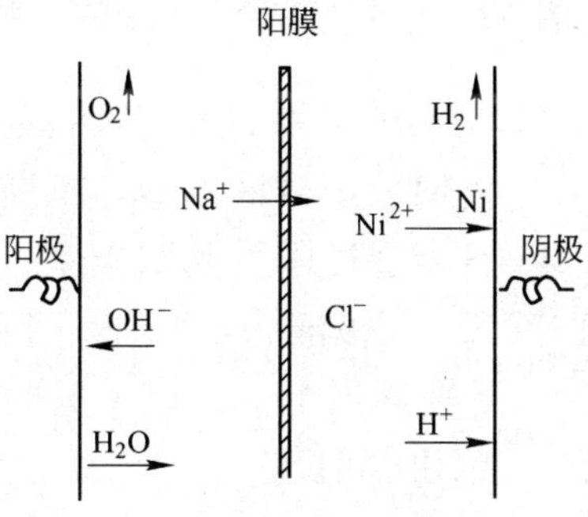

图7-6 单阳膜电解工艺原理

实验结果见图7-7、图7-8。

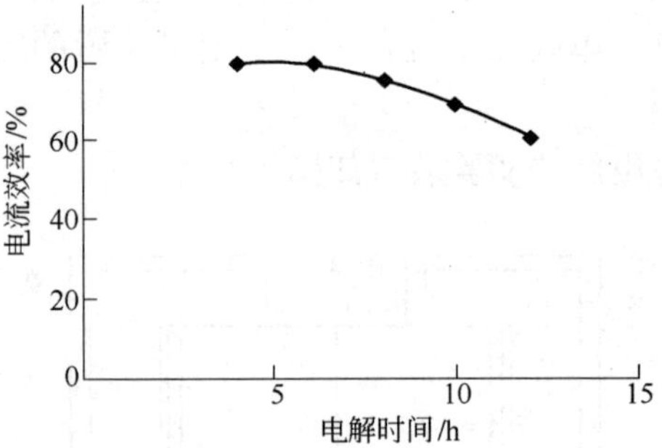

图 7-7　电解时间与电流效率关系

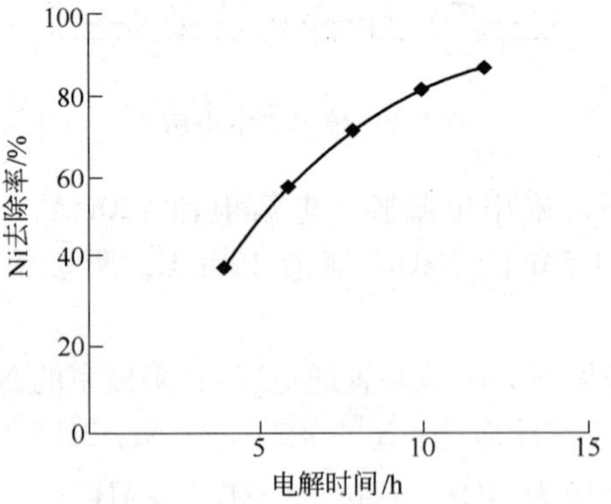

图 7-8　电解时间与 Ni 去除率关系

由图 7-7、图 7-8 的实验结果表明，该装置对 Ni^{2+} 的去除率也在 80% 以上。在电解时，阳极液的 Na^+ 不断通过阳膜到阴极室，阴极室内的 Cl^- 不能透过阳膜到阳极室，这样，阳极室内 OH^- 失去电子放出氧气，阳极液 pH 值不断下降；阴极室内 Ni^{2+} 浓度不断降低，Na^+ 浓度逐渐上升，该装置的特点是不产生氯气，阳膜不被氧化，使用时间长。

7.7.4　人造金刚石生产废水的回收处理[18]

人造金刚石企业排出的生产废水中酸度大，并含有大量的

Ni^{2+}、Mn^{2+}离子。采用常规的氢氧化物化学沉淀法不能达到排放标准，并且还存在着以下的问题：（1）金属镍和锰的氢氧化物沉淀多为胶体小颗粒，含水率非常高，难以从处理后的水中分离；（2）形成的沉淀物将会产生二次污染；（3）水质变化带来的氢氧化物准确投加困难；（4）酸度大，药剂投加量大，处理成本高；（5）高价值的金属无法回收。我国大量的金刚石生产企业的生产废水至今仍未得到有效的处理。

采用电解方法，在处理废水的同时，还可回收废水中的金属镍。

某人造金刚石厂产生废水主要污染物及国家排放标准对比如表7-5所示。

表7-5　废水水质及国家排放标准

项　目	pH值	Ni^{2+} /mg·L^{-1}	Mn^{2+} /mg·L^{-1}	SS /mg·L^{-1}	Cl^- /mg·L^{-1}	SO_4^{2-} /mg·L^{-1}
废水变化范围	0.6~2.2	480~1732	160~840	1500~4800	700~1700	1600~4700
废水平均值	1.31	1400	620	3200	1200	3100
国家排放标准	6~9	<1.0	<2.0	<70		

人造金刚石生产的废水处理工艺流程见图7-9所示，将离子

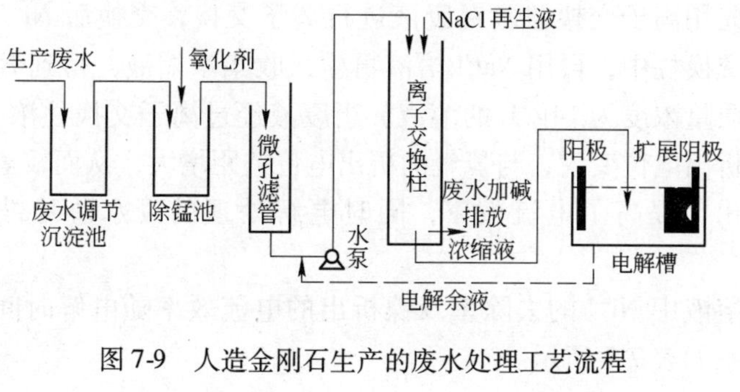

图7-9　人造金刚石生产的废水处理工艺流程

交换柱交换后的出水加入 NaOH，调节 pH 值后排放。经过处理后人造金刚石生产其废水的主要污染物指标如表 7-6 所示。由表可知，处理后废水已达到国家排放标准。

表 7-6　处理后水质与国家排放标准

项　目	pH 值	Ni^{2+}	Mn^{2+}	SS	Cl^-	SO_4^{2-}
处理后平均值	6.72	0.18	0.68	15	65	180
国家排放标准	6~9	<1.0	<2.0	<70	<250	<250

注：除 pH 值外，其他单位均为 mg/L。

在强酸性溶液中若直接回收金属镍是十分困难的，必须对电解废水进行适宜的预处理，以改变阴极还原反应的实际电位，使阴极反应以镍的还原反应为主反应。为防止锰和镍同时附着在电极上会使回收的金属价值降低，并且影响镍在阴极上的富集，在预处理过程中，采用氧化法对 Mn^{2+} 进行去除。

电解法回收废液中的镍时，初始的电流效率较高，但随着时间的延长，Ni^{2+} 浓度的降低，电流效率也随之降低，同时伴随着氢气在阴极上析出，且氢气析出逐渐加剧，这是由于 Ni^{2+} 浓度的降低使镍的析出电位降低所致，所以必须提高 Ni^{2+} 的浓度以维持镍的析出电位，通过离子交换法可以达到金属离子浓缩的作用。先用离子交换树脂对废液进行离子交换，交换后 Ni^{2+} 被吸附在交换柱中，再用 NaCl 溶液再生，收集浓缩液，得到 Ni^{2+} 的平均质量浓度为 14g/L 的溶液。当废液经过离子交换柱浓缩后，镍的析出电位变大，与氢气的析出电位差距增大，从而较氢气更易析出，提高了电流效率，同时电解处理的废水总量缩减为 1/10。

溶液中 Ni^{2+} 的去除率及镍析出的电流效率随电解时间的变化关系如表 7-7 所示。

表 7-7　电流效率随电解时间的变化关系

电解时间 /h	Ni^{2+} 的质量浓度/$g \cdot L^{-1}$	Ni^{2+} 的去除率/%	电流效率 /%	说　明
0	14.00	0	0	$I=250mA$ $U=4.0V$ 电流效率指 2h 内镍析出的电流效率平均值 溶液体积 $V=0.4L$
2	12.64	9.7	99.5	
4	11.28	19.4	99.5	
6	9.92	29.1	99.5	
8	8.56	38.9	99.5	
10	7.20	48.6	99.5	
12	5.84	58.3	99.5	
14	4.48	68.0	99.5	
16	3.12	77.7	99.5	
18	1.80	87.1	96.5	
20	0.51	96.4	94.3	
22	0.10	99.3	30.0	
24	0.05	99.6	3.7	

可以看到废液经离子交换树脂浓缩后氢气的析出大大减少，电流效率显著提高。所以在电解过程中，当浓缩后的废液电解 12h 后，便将余液重新返回离子交换柱再次浓缩，如此循环，使电解保持较高的电流效率，并且解决了电解时间、镍的去除率及电流效率之间的矛盾。

7.8　电溶解法回收废残 WC-Co 硬质合金[13,19,20]

目前，全世界硬质合金的年产量已达 30000t，我国作为世界上五个主要生产国家之一，年产量已达到 5000 多 t 的规模。全国有 200 多个厂家，拥有千多台金刚石压机进行合成金刚石片。以每台金刚石压机年消耗硬质合金顶锤 300 ~ 400kg 计算，每年的废残硬质合金顶锤达 300 ~ 400t，再加上废残硬质合金模具、钴头等进行再生处理，则每年可回收废残硬质合金 1500t。

回收废残硬质合金工艺主要有硝石熔融法、锌熔法、磷酸浸出法、硫酸分离法、高温氧化法和电溶解法等。硝石法应用较早，但生产中会产生大量氮氧化物污染环境；锌熔法比较成熟，但只适合处理含钴低的原料。

电溶解法是以废硬质合金为阳极，在酸性介质中控制阳极电位，使钴选择性地从废合金中溶出，而碳化钨则沉积于阳极泥中。电溶解法工艺简单、投资省、成本低、效率高，且劳动强度不大、污染也少。碳化钨产品纯净，可直接返回硬质合金生产。

回收废残硬质合金的工艺流程如图 7-10 所示。

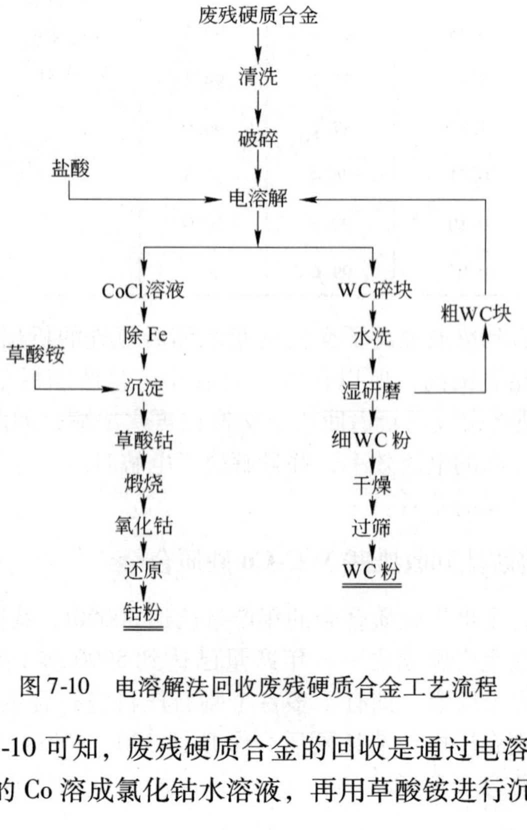

图 7-10　电溶解法回收废残硬质合金工艺流程

由图 7-10 可知，废残硬质合金的回收是通过电溶解将 WC-Co 合金中的 Co 溶成氯化钴水溶液，再用草酸铵进行沉淀生成草酸钴，将其煅烧制成氧化钴粉，经还原得钴粉。而失去粘结金属钴的 WC 则以粉状形态粘附在合金块上，通过球磨粉碎使它剥离成 WC 粉。如此反复循环处理，即可将整体废残 WC-Co 合金再生成 WC 粉和 Co 粉。

WC-Co 合金的电溶解装置如图 7-11 所示。

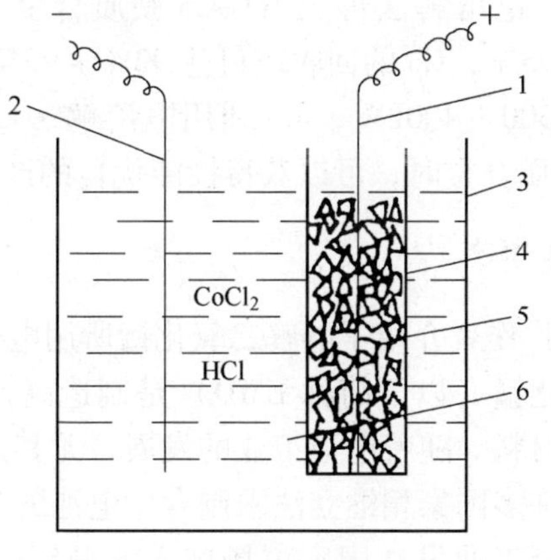

图 7-11　WC-Co 合金电溶解装置示意图

1—不溶性阳极；2—阴极；3—电解槽；4—料盒；5—WC-Co 合金；6—（$HCl + CoCl_2$）电解液

广东韶关某厂采用电溶解法回收钨钴时，不溶性阳极使用涂层钛电极。

下面介绍电溶解 WC-Co 合金的基本过程。钴可溶于盐酸，生成氯化钴溶液，其反应为：

$$Co + 2HCl = CoCl_2 + H_2\uparrow \tag{7-14}$$

适当控制电解时的槽电压使其达不到析出 Cl_2 的标准还原电极电位（$\varphi^{\ominus} = +1.3595V$），并且考虑到 Cl^- 在阳极上放电还需要有一定的过电位，所以，都将电溶解时的槽电压控制在 1.5 ~ 2V 之间，此时，由于阳极材料（涂层钛电极）本身不发生反应，只有 WC-Co 合金中的 Co 不断溶解。

氢的析出电位比钴的析出电位正，所以，在阴极上首先析出的是氢，而钴以 $CoCl_2$ 形态存留在电解液中，因此，只要适当控制电解工艺条件，钴可以不在阴极上析出或极少量析出。

最佳电解条件：HCl 为 1.2mol/L，阳极电流密度 $400A/m^2$，60℃，电流效率为 81%。

实践表明，电溶解法再生 WC-Co 硬质合金时，WC 的回收率可达 95% ~96%，Co 的回收率可达 92% ~95%，处理 1t 废合金的电耗量为 300 ~400kW · h。利用电溶解法回收的 WC 粉和 Co 粉再制成硬质合金时，可以获得性能优良的产品。

7.9　二氧化锰生产[21]

文献［22］作者介绍了电解二氧化锰所用电极材料。

电解二氧化锰（以下简称 EMD）是制造高性能锌锰、碱锰干电池的正极材料。随着电池工业的发展，尤其是近年来环保的需求，世界上许多国家相继立法限制含汞电池的生产和销售，目前美、日、英等工业发达国家市场准入的碱锰电池已要求无汞化。高性能干电池对 EMD 的品质要求更高，所含杂质量要求更严格。EMD 质量和电解所用阳极材料密切相关。

目前世界 EMD 生产中，采用的阳极材料主要有石墨、纯钛、钛合金和钛基涂层材料等。

7.9.1　石墨阳极

石墨阳极易腐蚀，机械强度差，使用寿命短，碳中所含铁污染产品，降低了 EMD 的纯度，因此石墨阳极正逐渐被钛系列阳极替代。

7.9.2　纯钛阳极

现代 EMD 生产已采用钛阳极，这是因为钛在许多腐蚀性介质中具有优异的耐腐蚀性能，钛的密度小，低温韧性好。钛阳极具有以下优点：(1) 稳定的尺寸；(2) 耐腐蚀，即使在高温条件下也能够耐腐蚀；（3）力学性能好，可加工成各种形状；（4）使用寿命长；（5）产品（EMD）质量高。

纯钛阳极最突出的缺点是易钝化，尤其在高电流密度、高酸和低温的条件下，表面钝化膜 TiO_x 中 x 的值由于氧气通过吸附-扩散过程向钛极板内部的传输而不断增大，同时钝化膜厚度增加，造成导电性严重下降，槽压升高，电解沉积物不仅有脱落现象，而且包含结构组分，而这种结构组分用于电池体系将严重影响电池的放电性能。

国内外专家做了大量有关钛阳极抗钝化性能的研究。

A 优化电解条件

在长期的生产实践中，人们总结出减轻钝化的电解条件为采用较高的电解温度（高于90℃）、采用适当的电解液酸度、电解液中保持一定浓度的二价锰离子、保持较低的电流密度。

B 采用新的电解工艺

目前采用的新型电解工艺有悬浮电解法和悬浊液法。悬浮电解法的基本特征是在电解液中加入悬浮颗粒，用作悬浮的粒子有发烟硫酸处理过的乙炔黑、化学二氧化锰、电解二氧化锰等多种物质。

由于悬浮颗粒的存在，降低了有效电流密度，反应过电位相应降低，槽压随之下降，能量消耗减少。悬浊液法是近年来研究和开发的新技术，它的实质是向电解液中加入少量有机或无机添加剂，以调节电极反应机制，达到缓解或抑制钝化的目的。

7.9.3 钛合金阳极

钛合金阳极在一定程度上克服了纯钛阳极易钝化的缺点，因此国内外许多EMD生产厂家选用了钛合金阳极。钛合金阳极有二元合金和多元合金两类。二元合金有Ti-Mn 0.01%～20%（质量分数）、Ti-Ni5%（质量分数）。三元Ti-Fe-Cu合金阳极中铁铜的含量直接影响阳极的腐蚀电位，一般铁含量为0.25%～1.5%

（质量分数），铜含量0.1%～0.5%（质量分数）。此组成的合金阳极耐腐蚀性好，产品EMD的质量也有所提高。作为多元合金材料，其工艺制备过程复杂，条件不易控制，在合金生产中一旦产生偏析，将直接影响阳极的各项指标，最终导致电解产品的质量下降。

7.9.4　涂层钛阳极

7.9.4.1　铂族金属氧化物涂层

用于EMD生产的有Ti/RuO_2、Ti/Pt等DSA型阳极。DSA制备γ-MnO_2时电解温度可降至50～55℃，比传统工艺降低了能耗，节约了能源。由于涂层的存在，电解液不易直接腐蚀基体金属，所以DSA使用寿命很长。尽管DSA拥有诸多优点，但其成本太高。

7.9.4.2　二氧化锰涂层

Ti/MnO_2涂层阳极的加工工艺。对钛板做适当的处理，使其外露表面增加10%～75%，然后在40～180g/L的NaOH溶液中电解清洗30min～1h，温度保持在25～30℃，最后通过热分解$Mn(NO_3)_2$溶液，在钛板上可得完整涂层。二氧化锰作为涂层的钛基阳极的性能有了很大的改善，这是因为：（1）覆盖了金属的赤裸表面，并使表面变粗糙；（2）提供了一个更有利于EMD沉积的稳定低电位；（3）提供了二氧化锰晶核，促进沉积物的进一步长大，同时减小了应力；（4）提高了电极的导电能力；（5）减小了Ti/MnO_2界面的接触电位。

7.9.4.3　钛锰合金涂层

以钛为基的Ti-Mn合金涂层阳极克服了纯Ti-Mn合金阳极易脆断的致命缺点，综合了纯钛阳极强度高及纯Ti-Mn合金允许高电流密度的优点，节能效果好，槽压比钛合金阳极低0.3V以上，电流效率可达96%以上，而且耐腐蚀易操作，不需要活化处理，单槽产量高。

1987年，北京某研究总院研制出了一种新型的钛基钛锰合金阳极，通过钛基成形-表面处理-喷涂金属钛锰混合粉-预烧处理-高温合金化反应（1300℃）等过程制得表面积大、电化学活性高的复合阳极。此生产工艺与前两种工艺相比操作简单方便，适用于大规模工业生产。且阳极表面粗糙，合金化均匀。表7-8列出了扫描电镜对1.5mm的工业钛基钛锰合金涂层阳极断面的分析结果。

表7-8　Ti-Mn电极SEM分析

表面锰含量 $w/\%$	12～14	扩散层厚度/μm	150～200
钛锰合金层厚度/μm	100～140		

7.9.5　钛系列阳极在EMD生产中各项指标对比

7.9.5.1　阳极的抗钝化性能

纯钛在30g/L H_2SO_4 +88g/L $MnSO_4$ 溶液中、80A/m^2 电流密度下即产生钝化，而钛锰合金涂层阳极在200A/m^2 下也不会钝化。

7.9.5.2　电流效率

电流效率是EMD生产的一项重要的经济指标。它与阳极材料的种类有密切关系。石墨阳极的电流效率为90%，纯钛阳极的电流效率可达92%，而钛锰涂层阳极电流效率高达96%～98%。由于电流效率的提高和槽压的降低，电解生产实现了高产低耗。

7.9.5.3　EMD质量

表7-9列出的是钛、钛合金、钛锰涂层阳极生产的EMD的化学组成。由此看出，钛锰涂层阳极生产的产品中二氧化锰的含量提高到92.75%（质量分数），铁含量降为0.017%（质量分数），热重和差热分析结果表明，钛锰涂层阳极生产的EMD有很多结晶水，而EMD的放电性能和表面的吸附水及结晶水有十分密切的关系，结晶水越多，活性越大，放电性能也越强。

表 7-9　EMD 化学组成

编号	$w(MnO_2)$ /%	pH 值	$w(H_2O)$ /%	$w(SO_4^{2-})$ /%	$w(Fe)$ /%	$w(Co)$ /%	$w(Ni)$ /%	$w(Cu)$ /%	$w(Pb)$ /%
纯钛	92.01	6.2	2.52	0.98	0.019	0.065	0.024	0.019	0.042
钛合金	92.41	6.1	2.47	1.01	0.018	0.068	0.021	0.012	0.036
钛锰涂层	92.75	6.5	2.54	0.97	0.017	0.067	0.019	0.008	0.039

表 7-10 列出了三种电极的二氧化锰试样在不同 pH 值溶液中的电极电位。钛锰涂层阳极的二氧化锰的电极电位最高。资料表明电极电位高的二氧化锰具有较好的电化学活性。

表 7-10　不同 pH 值所对应 MnO_2 的电极电位数值

编　号	电极电位/V				
	pH = 4	pH = 5	pH = 6	pH = 7	pH = 8
纯　钛	0.6997	0.6317	0.5701	0.5112	0.4468
钛合金	0.7021	0.6358	0.5730	0.5127	0.4486
钛基涂层	0.7074	0.6392	0.5734	0.5126	0.4489

二氧化锰生产主要原料为碳酸锰矿，其化学反应方程式为：

$$MnCO_3 + H_2SO_4 \xlongequal{} MnSO_4 + H_2O + CO_2\uparrow \qquad (7\text{-}15)$$

阳极：$$Mn^{2+} + 2H_2O \xlongequal{} MnO_2\downarrow + 4H^+ + 2e \qquad (7\text{-}16)$$

阴极：$$2H^+ + 2e \xlongequal{} H_2\uparrow \qquad (7\text{-}17)$$

总反应：

$$MnSO_4 + 2H_2O \xlongequal{} MnO_2\downarrow + H_2SO_4 + H_2\uparrow \qquad (7\text{-}18)$$

传统生产 γ-MnO_2 工艺，均以石墨作阳极，电解温度为 93℃，生产 1t γ-MnO_2 需用煤 5.628t。

电解液组成：$MnSO_4$ 0.79mol/L，H_2SO_4 0.51mol/L。阳极为钌钛涂层钛阳极，阴极为石墨，电解温度 90℃，电流密度 74A/m^2，槽电压 3V。当电解温度大于 50℃时，产品为 γ-MnO_2，产率高达 91%，所生成的二氧化锰为块状，呈钢灰色或黑色。

7.10 废旧电池回收处理

我国是镉镍电池的生产和使用大国，每年产生的废旧镉镍电池大约有1.2亿只。废旧电池回收成为人类关注的问题。许多收集起来的废旧电池进行深埋处理，问题没有从根本上得到解决。早年日本流行的“骨痛病”就是长期食用“镉米”和饮用含镉水引起的。锂离子电池、镍镉电池、镍氢电池是一种新型电源，含有大量的钴镍镉等有用金属（每千克废电池中含 Ni 116 ~ 556g，Cd 11 ~ 173g）。若不实行废旧电池有效回收，既污染环境，还造成大量资源浪费。

文献［23 ~ 27］作者使用酸溶浸出-萃取分离，得到镍、镉、钴各自的硫酸溶液。深圳某工业废物处理站用不溶性阳极电积法，分别制得金属镍、镉、钴，达到回收目的。不溶性阳极使用本书作者提供的IrRuPdTi、IrRuTi、IrTa涂层钛阳极。

7.11 印刷线路板含铜蚀刻废液的回用处理

印刷线路板（PCB），又称印制电路板，是各类电子产品中不可缺少的重要部件。印刷线路板是电子元件工业中最大的行业，它广泛应用于大型计算机、办公和个人电脑、家用电器、娱乐电器及其辅助性产品等各种电子设备中。近些年里，世界印刷线路板平均增长率达8.7%，我国的增长率也高达14.4%[28]。

印刷线路板按结构可分为单面印制板、双面印制板、多层印制板和挠性线路板等。日本生产的作为高度特殊应用（富士通公司的巨型计算机）的PCB已多达58层[29]。

香港线路板业为高新电子技术和家电业提供线路板，在香港制造业中举足轻重。香港线路板业每天生产约2600万 m^2 线路板，总值约10亿美元。2003 ~ 2005年间，线路板每年产量递增16.3%。线路板生产中，每年约消耗700万升铜蚀刻液及产生大量废液。处理废液需动用约2400万元，另铜蚀刻液费用要900万元。

我国铜的资源保有储量近6000万t，其中工业储量约为

3000 万 t，虽然资源总量占世界第四位，但按人均计算只有 0.5t 铜，为资源贫国。

目前我国生产电铜产量约为 150 万 t，国内消耗电铜在 300 万 t 以上，自给率不足 50%。需要大量进口铜，近年国际铜价飞涨，目前铜价达到将近 7 万元/t 人民币，进口铜的花费在 500 亿人民币以上，给财政造成很大的压力，因此我们必须加速二次资源的利用。

近年来我国电子工业的发展迅速,印刷电路板的生产逐渐在我国形成了规模产业,大小电路板生产厂有 3500 多家,年产量达到 2 亿 m^2。印刷电路板蚀刻过程产生大量的含铜蚀刻废液,平均日产刻蚀废液在 6000t 以上,按 120g/L 计,每日从刻蚀废液中回收铜 600t,全国每年从电路板刻蚀过程可回收铜 20 万 t,相当于 10 多个万吨铜厂的总产量,按目前的铜价计总价值将近 100 亿人民币以上。

7.11.1　印刷线路板生产工艺

印刷线路板类型主要分为单面板、双面板和多层板。其生产的主要工艺过程如下：

（1）单面板，产前准备（底片、工卡、制造说明等）→下料→化学清洗或刷板→丝网印刷→蚀板→退膜→印阻焊和字符→外形加工→成品。

（2）双面板，产前准备（底片、工卡、制造说明等）→下料→钻孔→磨板→化学沉铜→光成像（贴膜、曝光、显影）→图形电镀铜→镀 Pb-Sn 合金（或镀纯锡）→脱膜碱性蚀刻→退铅锡→印阻焊→热风整平→印字符→外形加工→成品。

（3）多层板，多层板的制造分内层板和外层板。内层板的生产流程如下：产前准备（底片、工卡、制造说明等）→下料→磨板→光成像（贴膜、曝光、显影）→酸性蚀刻→退膜→氧化处理。

外层板的做法如同双面板。

将准备好的半固化片、外层铜箔和已氧化处理的内层板按顺序排好，按下述工序制成成品：

叠层→压板→钻孔→去环氧沾污和化学沉铜→外层光成像→图形镀铜和铅锡→退膜蚀刻→退铅锡→丝印阻焊→热风整平→外形加工→成品。

7.11.2　PCB 蚀刻液

PCB 蚀刻液主要有碱性的（NH_3-NH_4Cl）、酸性的（HCl-H_2O_2）以及传统的（HCl-$FeCl_3$）蚀刻液。电路板经蚀刻后，蚀刻液中含有大量的铜，这些铜具有很高的回收价值。目前，国内有 10 多家回收处理蚀刻废液的企业，常用的处理流程如图 7-12（以含铜蚀刻废液为例）所示。

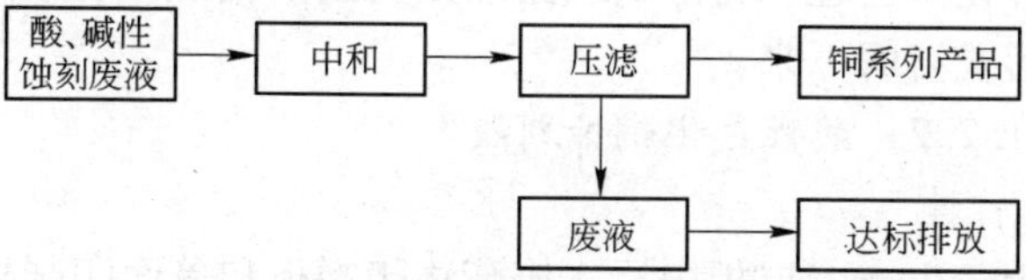

图 7-12　蚀刻废液回收处理流程图

该工艺流程是一种单向非闭合的，只实现了废物的回收，即只对 PCB 企业的蚀刻废液进行破坏性处理来提炼有价值的金属，废液部分进入废水处理系统，处理后达标排放。回收 Cu 后的母液中，还存在着少量的 Cu^{2+} 以及大量的 Cl^-、NH^{4+}、NH_3，它们都是组成蚀刻液所不可缺少的。

文献［30］以臭氧作为氧化剂，对 PCB 的蚀刻废液进行再生化处理，蚀刻废液经再生后变为蚀刻新液重新返回 PCB 厂家使用，从而形成闭合循环工艺流程，如图 7-13 所示。

通过该工艺，不但可以减少蚀刻废液回收处理企业的污水排放量，有利于周边环境的保护，还可以降低 PCB 生产厂家的生产成本。

7.11.2.1　碱氨蚀刻液[31]

1985 年起从国外引进了碱氨蚀刻液，该蚀刻液的主要成分

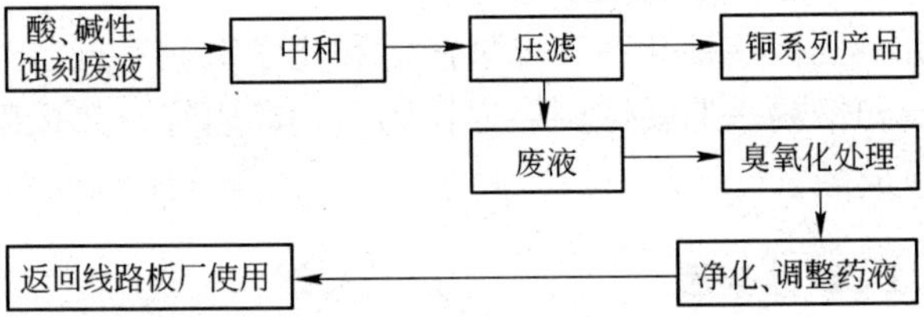

图 7-13　蚀刻废液循环利用工艺流程图

是铵盐和氨水，pH 为 8 ~ 10，它具有侧蚀最小、溶铜量高、蚀刻速度快等优点，既可间歇使用，也可连续使用，特别适用于焊接镀层，因此日益得到广泛采用。碱氨蚀刻液借助于氧化、溶解和配合等化学过程，将印刷线路板上露出的铜以四氨合铜（Ⅱ）配离子形式溶解下来。

7. 11. 2. 2　酸性氯化铜蚀刻液

A　特性

适用于生产多层板内层、掩蔽法印制板和单面印制板，采用的抗蚀剂是网印抗蚀印料、干膜、液体感光抗蚀剂，也适用于图形电镀金抗蚀印制电路板的蚀刻。

用于电镀金抗蚀层印制电路板的蚀刻有以下一些优点：

（1）蚀刻速率易控制，蚀刻液在稳定的状态下能达到高的蚀刻质量；

（2）溶铜量大；

（3）蚀刻液容易再生与回收，减少污染。

B　化学组成

化学组分	1	2	3	4	5
$CuCl_2 \cdot 2H_2O$	130 ~ 190g/L	200g/L	150 ~ 450g/L	140 ~ 160g/L	145 ~ 180g/L
HCl	150 ~ 180mL/L	100mL/L		7 ~ 8g/L	120 ~ 160g/L
NaCl		100g/L			
NH_4Cl			饱和	160g/L	
H_2O	添加到 1L	添加到 1L	添加到 1L	添加到 1L	添加到 1L

C　蚀刻原理

在蚀刻过程中，氯化铜中的二价铜具有氧化性，能将印制电路板面上的铜氧化成一价铜，其化学反应如下：

蚀刻反应：　$Cu + CuCl_2 \longrightarrow Cu_2Cl_2$　(7-19)

所形成氯化亚铜是不易溶于水的，在有过量的氯离子存在的情况下，能形成可溶性的络离子，其化学反应如下：

络合反应：$Cu_2Cl_2 + 4Cl^- \longrightarrow 2[CuCl_3]^{2-}$　(7-20)

随着铜的蚀刻，溶液中的一价铜越来越多，蚀刻能力很快就会下降，以至最后失去效果。为保证连续的蚀刻能力，可以通过各种方法进行再生，使一价铜重新转变成二价铜，达到正常工艺标准。

通常，铜离子 Cu^{2+} 在水溶液中实际上是以水合离子 $[Cu(H_2O)_4]^{2+}$ 的形式存在的，水合铜离子呈蓝色，所以我们常见的铜盐溶液大多呈蓝色。而在氯化铜的溶液中，不仅有水合铜离子 $[Cu(H_2O)_4]^{2+}$，还有氯离子 Cl^- 与铜离子结合形成的四氯合铜络离子 $[CuCl_4]^{2-}$，该离子的颜色为黄色。

根据光学原理我们知道，蓝色和黄色的混合色为绿色，这就是为什么我们常见的一般浓度的氯化铜溶液呈绿色的原因。如果我们向氯化铜溶液中加水，则溶液中氯离子浓度变小，水合铜离子相对增多，溶液主要呈现水合铜离子的颜色（蓝色），所以我们见到的氯化铜稀溶液一般呈蓝色。

如果溶液是氯化铜，铜离子在很浓的溶液里呈黄绿色，在浓溶液里呈现绿色，在稀溶液里呈现蓝色。黄色是由于 $[CuCl_4]^{2-}$ 络离子存在，蓝色是由于 $[Cu(H_2O)_4]^{2+}$ 络离子的存在，当这些络离子同时存在时就显绿色。

一价铜 Cu^+（亚铜离子，红色）极不稳定，难观察到颜色。亚铜离子在溶液中是不能大量共存的，只有和某些络合剂才能大量共存，会有颜色。

D　蚀刻速率的影响因素

（1）氯离子含量的影响。蚀刻液的配制和再生都需要氯离子参加，但必须控制盐酸的用量，在蚀刻反应中，产生的Cu_2Cl_2不易溶于水，而在铜表面生成一层氯化亚铜膜，阻止了反应进行，但过量的氯离子能与Cu_2Cl_2络合形成可溶性络离子$[CuCl_3]^{2-}$从铜表面溶解下来，从而提高了蚀刻速率。

（2）一价铜的影响。微量的一价铜在蚀刻液中存在，会显著地降低蚀刻速率。

（3）二价铜含量的影响。通常二价铜离子浓度低于2g离子时，蚀刻速率低；在2g离子时，蚀刻速率就高。当铜含量达到一定浓度时，蚀刻速率就会下降，要保持恒定的蚀刻速率就必须控制蚀刻液内的含铜量。一般都采用密度方法来控制溶液内的含铜量，通常控制密度在1.28～1.295之间（波美度31°～33°BE′），此时的含铜量为120～150g/L。

（4）温度对蚀刻速率的影响。温度最好控制在45～55℃。当温度升高，蚀刻速率增加，但温度过高会引起盐酸过多地挥发，导致溶液组分比例失调。

E 蚀刻液再生

（1）原理：主要利用氯化剂将溶液中一价铜离子氧化成二价铜离子。

（2）方法：通氧气或压缩空气法、氯气法、电解法、次氯酸钠法、双氧水法。

通氧气或压缩空气再生法再反应速率较慢，其化学反应式如下：

$$2Cu_2Cl_2 + 4HCl + O_2 \longrightarrow 4CuCl_2 + 2H_2O \tag{7-21}$$

氯气再生法，直接通氯气是再生的最好方法，因氯气是强氧化剂，而且它的成本低，再生速率快，其反应式如下：

$$Cu_2Cl_2 + Cl_2 \longrightarrow 2CuCl_2 \tag{7-22}$$

电解再生法，在直流电的作用下，通过电解其再生反应如下：

在阳极：　$Cu^{+} \longrightarrow Cu^{2+} + e$　(7-23)

在阴极：　$Cu^{+} + e \longrightarrow Cu^{0}$　(7-24)

它可直接回收多余的铜，同时又使一价铜氧化成二价铜，使蚀刻液获得再生，但成本费用较高。

次氯酸钠再生法，通过次氯酸钠放出初生态氧，使它具有很强的氧化性，因而再生速率快。实际上很少采用，这是因为氧化剂成本高，还因为它本身的危险性。其化学反应如下：

$$Cu_2Cl_2 + 2HCl + NaOCl \longrightarrow 2CuCl_2 + NaCl + H_2O \quad (7\text{-}25)$$

双氧水再生法，因为双氧水可提供初生态氧，具有很强的氧化性，再生速率很快，只需40～70s即可再生，其反应式如下：

$$CuCl_2 + 2HCl + H_2O_2 \longrightarrow 2CuCl_2 + 2H_2O \quad (7\text{-}26)$$

F　工艺参数的控制

生产工艺控制的参数如表7-11所示。

表7-11　不同铜箔厚度的侧蚀总量

铜箔厚度(T)/μm	70	35	18	9	5
侧蚀总量$\left(\frac{2}{3}T\right)$/μm	47	23	12	6	3
0.1mm导线截面最窄处/mm	0.053	0.077	0.088	0.094	0.097

要严格控制侧蚀量，就必须严格地控制蚀刻的工艺参数。

G　酸性氯化铜蚀刻液的实际应用

实际应用的技术资料由某公司提供。

内层板蚀铜多采用酸性蚀铜，原因是正片阻剂为碱性水溶的油墨或水溶性的干膜，故碱性含氨蚀铜液已不适应此种无法抗碱性的正片阻剂，必须改用酸性蚀刻液。

氯化铜与硫酸双氧水同为现役的酸性蚀刻液，但氯化铜的腐蚀性更强，会在不同结构的铜层之间发生较深入的界面侧蚀，但氯化铜还会攻击纯锡及锡铅层，故不适用于做镀锡铅后外层板的蚀刻，对于只有一种基板铜箔组织的内层板则是很好的蚀刻液。

此种酸性蚀液与目前业界所适用的碱性水溶油墨及干膜都有很好的共容性，因而成为内层板或单面板蚀刻不可缺的蚀液。

氯化铜酸性蚀刻液常用的配方含有下列几种水溶液：氯化铜 $CuCl_2 \cdot 2H_2O$、盐酸、氧化剂（双氧水、氯气或氯酸钠）、氯化钠、氯化铵、湿润剂、错化剂、安定剂、加速剂等添加剂。

为了增加蚀铜效率还需加入少量特定的润湿剂，如硫酸月桂醇钠或醇类与氧化烯类的缩合物等以增加蚀铜的效果。而且氯化铜的蚀刻也是一种氧化还原反应，其过程中也会发生一价亚铜的沉淀物如：

$$Cu + CuCl_2 \longrightarrow Cu_2Cl_2(\text{或 }2CuCl) \tag{7-27}$$

为减少此污泥沉淀的发生，需在蚀液中加入多量的氯离子使其生成的 Cu_2Cl_2 再因多量的氯气而氯化成为 $CuCl_2$，但也需同时加入错化剂，有助于蚀液对铜的溶解度，此类错化物以乙烯及其衍生物为主，可增加蚀铜液的能量及效益。

酸性氯化铜蚀刻液的槽液维护：

（1）密度的控制。当密度由 1.18 至 1.32 时，蚀刻因子有显著改善，但密度高于 1.32 时蚀刻速度将会下降 25%，所以在不降低蚀刻速度的前提下，密度维持在 1.26 ~ 1.30（最佳设定值 1.28）。

（2）双氧水浓度（ORP 氧化还原电位）。过高的双氧水浓度会产生氯气，另外双氧水浓度升高（480 ~ 580mV），则蚀刻因子下降，速度降低（ORP 480mV，比重 1.32 时，速度将损失 50%），所以 ORP 维持在 500 ~ 580mV，最佳设定值 520mV。

（3）盐酸浓度（氯离子浓度）。盐酸浓度控制范围约 160 ~ 190g/L，氯离子浓度控制 6.5 ± 1mol/L，过低氯离子浓度会造成沉淀，氯离子浓度过高则蚀刻因子下降。

7.11.2.3 碱性氯化铜蚀刻液

WF-660 碱性蚀刻液是在氯化铜溶液中加入氨水并发生络合

反应的化学溶剂，用于取代传统的硫酸/双氧水蚀刻剂。蚀刻电路板时，蚀刻液消耗较低且溶铜量较高，侧蚀小，蚀刻速率快，成本低，对油墨无攻击。

反应原理：

$$Cu + Cu(NH_3)_4^{2+}2Cl^- \longrightarrow 2Cu(NH_3)^{2+} + 2Cl^- \quad (7\text{-}28)$$

$$Cu(NH_3)_2^{2+}2Cl^- + O_2 + 4NH_3 \longrightarrow 2Cu(NH_3)_4^{2+} + 2Cl^- \quad (7\text{-}29)$$

7.11.2.4　酸性氯化铜蚀刻液与碱性氯化铜蚀刻液比较[32]

电路板蚀刻液根据内外层线路抗蚀刻剂的特性而有所不同，一般外层线路蚀刻是使用碱性蚀刻液，主要成分为碱性含氯配方；酸性蚀刻液则用于内层线路，其配方有硫酸双氧水法、氯化铜法及氯化铁法。

蚀刻液氯化铜及氯化铁的市场使用情况，PCB 厂商约有95%使用氯化铜（$CuCl_2$），IC 载板厂商约 80% 使用氯化铁（$FeCl_3$），20%使用氯化铜（$CuCl_2$）。

目前采用的蚀刻液，主要分为酸性氯化铜蚀刻液和碱性氯化铜蚀刻液，其组成与特点对比如表 7-12 所示，特性对比如表 7-13所示，操作条件对比如表 7-14 所示。

表 7-12　组成与特点

项　目	酸性蚀刻液	碱性蚀刻液
主要成分	氯化铜、盐酸、氯化钠或氯化铵	氯化铜、氨水、氯化铵，补助成分为氯化钴、氯化钠、氯化铵或其他含硫化合物以改善特性
适用领域	一般适用于多层印制板的内层电路图形的制作或微波印制板阴极法直接蚀刻图形的制作	一般适用于多层印制板的外层电路图形的制作及纯锡印制板的蚀刻
抗蚀剂	干膜、液态光致抗蚀剂等	图形电镀的金属抗蚀层如镀覆金、镍、锡铅合金

续表 7-12

项　目	酸性蚀刻液	碱性蚀刻液
主要特点	（1）蚀刻速率易控制，蚀刻液在稳定状态下能达到高的蚀刻质量； （2）溶铜量大； （3）蚀刻液容易再生与回收，从而减少污染	（1）蚀刻速率快（可达 70μm/min 以上），侧蚀小； （2）溶铜能力高，蚀刻容易控制； （3）蚀刻溶液能连续再生循环使用，成本低

表 7-13　特性对比

项　目	碱性蚀刻液	酸性蚀刻液
控制因素	温度、密度及 pH 值	温度、密度、HCl 及 ORP（氧化/还原电位）
蚀刻速度	约 1mil/min	约 0.5mil/min
补充药液	氨　水	H_2O_2、HCl
自动控制成本	低	高
毒　性	低	高
废液处理	供货商回收	PCB SHOP 自行处理
水洗水处理	因有金属铵错合物，较不易处理	pH 调整即可分离铜渣
技术来源	供货商	使用者或控制器供货商

表 7-14　操作条件对比

项　目	氨水蚀刻液	氯化铜蚀刻液
铜含量	140～170g/L	130～180g/L
温　度	50～55℃	50～55℃
蚀刻进度	约 1mil/min	约 0.5mil/min
化性条件	Baume = 21 ± 1° （S. G. = 1.170）	ORP = 450 ± 150mV Baume = 22 ± 2° （S. G. = 1.215）

酸性蚀刻的计算包括了蚀铜反应和再生反应两种类型，即

蚀铜反应（理论值）：

$$Cu + CuCl_2 \longrightarrow 2CuCl \quad (7\text{-}30)$$

再生反应：

$$2CuCl + 2HCl + H_2O_2 \longrightarrow CuCl_2 + 2H_2O \quad (7\text{-}31)$$

由式（7-30）和式（7-31）中 $CuCl_2$ 的再生循环，来说明再生及添加用量。

碱性蚀刻的计算则要考虑如下的两种类型的反应，即

配制蚀刻液时 $CuCl_2$ 溶液中加入氨水发生络合反应：

$$CuCl_2 + 4NH_4 \longrightarrow Cu(NH_3)_4Cl_2 \quad (7\text{-}32)$$

蚀刻过程中基板上的铜被 $Cu(NH_3)_4^{2+}$ 络离子氧化发生蚀刻反应：

$$Cu(NH_3)_4Cl_2 + Cu \longrightarrow 2Cu(NH_3)_4Cl \quad (7\text{-}33)$$

$$2Cu(NH_3)_4Cl + 2NH_4Cl + 2NH_3 + \frac{1}{2}O_2 \longrightarrow 2Cu(NH_3)_4Cl_2 + H_2O \quad (7\text{-}34)$$

由式（7-33）和式（7-34）中 $CuCl_2$ 的再生循环，来说明再生及添加用量。

7.11.3　印刷线路板铜蚀刻废液的回用处理

7.11.3.1　蚀铜液循环系统

香港某协会研发了蚀铜循环系统技术。连续式蚀铜液再生装置如图7-14所示。

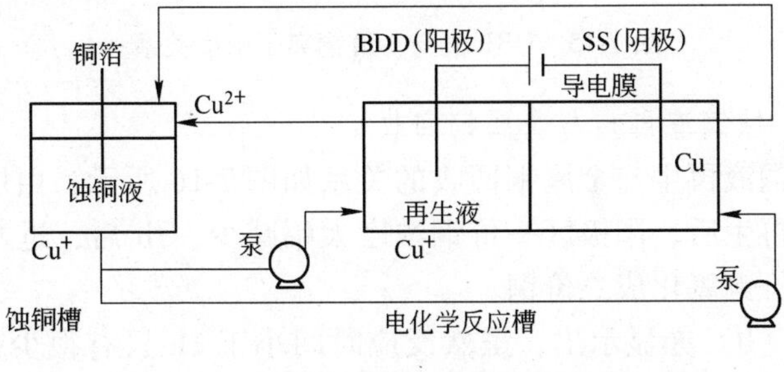

图7-14　连续式酸性蚀铜再生系统装置

系统总容积550L（阳极间隔 = 240L，阴极间隔 = 310L）。

新配制的蚀铜液按 $CuCl_2$ = 36.4g/L、HCl = 0.01M 配方配制。铜箔被蚀铜液侵蚀直至达到1.52g/L浓度。在此系统中，用过的蚀铜液通过泵分别以不同的流量连续输入配备了掺硼金刚石膜电极（BDD）的阳极区以及配备了不锈钢（SS）的阴极区。阴阳两极有效面积均为4300cm^2。控制流量，经过一定的反应时间后，再生液由电化学反应槽回流至蚀铜槽。此再生实验恒电压为6.0V、恒电流为20A，相应电流密度为2.33mA/cm^2。

A　ORP值与一价铜离子浓度关系

再生反应进行时，只需测定ORP值就可知道溶液中一价铜离子的浓度。

图7-15表示溶液ORP值与一价铜离子浓度的关系。

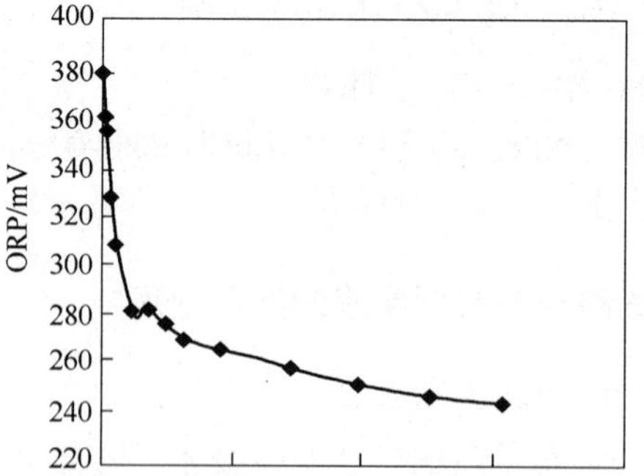

图7-15　ORP值与一价铜离子浓度关系

B　蚀铜液再生与金属铜回收

蚀铜液再生与金属铜回收的关系如图7-16所示，由图（a）可见，再生后，阳极区一价铜浓度大幅减少，3h后，近90%原有的一价铜氧化成二价铜。

图（b）亦显示出，虽然反应时间小于1h只有很少量的回收铜，但当反应时间超过1h后，阴极区的回收铜明显增加。

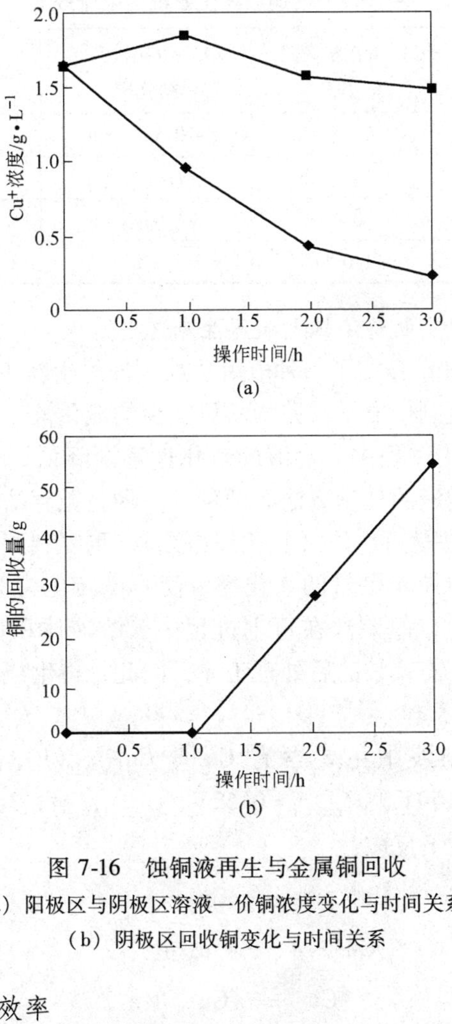

图 7-16　蚀铜液再生与金属铜回收

（a）阳极区与阴极区溶液一价铜浓度变化与时间关系；

（b）阴极区回收铜变化与时间关系

C　电流效率

反应时间 2～3h 之间的电流效率达 100%，由于溶液内 Cu^{+} 及 Cu^{2+} 共存，二者均影响回收铜的数值，所以阴极电流效率此时不能直接测定。尽管如此，标准阴极间隔区的电流效率一般可考虑为 98%。在这种情况下，如果电流为 20A，电流的使用效率可归纳如表 7-15 所示。

表 7-15 蚀铜液再生系统的电流效率

	20A · h 阳极区间变化率	20A · h 阴极区间变化率	20A · h 净变化率
Cu^{2+}	+2.4g/A · h	−0.5g/A · h	+1.9g/A · h
Cu^{+}	−2.4g/A · h	−1.4g/A · h	−3.8g/A · h
Cu	0	+1.8g/A · h	+1.8g/A · h
Cu^{+}/Cu^{2+}	1.0	2.8	1.9（理论值 =2）

7.11.3.2 电解法蚀刻液再生新工艺

文献［33］介绍了一种电解法蚀刻液再生新工艺。

蚀刻液是制作电子线路板不可缺少的氧化液，其主要成分为 $CuCl_2$，在使用过程中，溶液的氧化性逐渐降低，直至失效。目前对失效蚀刻液的处理方法有两种：一种是抛弃法，回收废液中的 Cu；另一种是再生法（氧化还原法），重复利用。再生法一般是在失效液中加入足量的氧化剂，使 Cu^{+} 转化为 Cu^{2+}，恢复溶液的蚀刻能力，但该法在再生过程中，溶液体积大增，Cu^{2+} 浓度大幅下降，需较长的后处理工序，因此，再生成本较高。

A 再生原理

失效蚀刻液中主要含有 Cu^{+}、Cu^{2+}、Cl^{-} 等离子，由于 $\varphi^{\circ}_{Cu^{2+}/Cu^{+}}=0.159V$、$\varphi^{\circ}_{Cu^{+}/Cu}=0.52V$、$\varphi^{\circ}_{Cl_2/2Cl^{-}}=1.36V$，因此在电解池里发生如下反应：

阴极：
$$Cu^{2+}+e \longrightarrow Cu^{+} \tag{7-35}$$

$$Cu^{+}+e \longrightarrow Cu(主) \tag{7-36}$$

阳极：
$$Cu^{+} \longrightarrow Cu^{2+}+e \tag{7-37}$$

$$Cl^{-} \longrightarrow \frac{1}{2}Cl_2+e(主) \tag{7-38}$$

在阴极上析出蚀刻时溶解的铜，在阳极上产生强氧化剂 Cl_2，其中部分氯气溶于溶液中，部分氯气逸出。在吸收池中，逸出的氯气再与 Cu^{+} 反应，得到再生液，反应式如下：

$$Cu^{+} + \frac{1}{2}Cl_2 \longrightarrow Cu^{2+} + Cl^{-} \tag{7-39}$$

图 7-17 是电解法再生蚀刻液的工艺流程示意图。

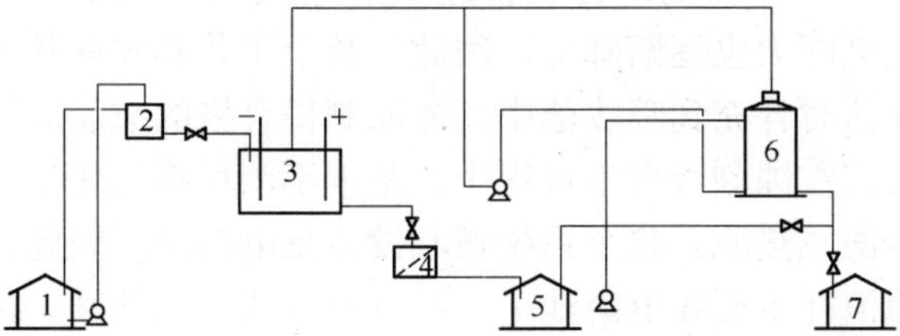

图 7-17　电解法再生蚀刻液工艺流程示意图

1—原料槽；2—计量桶；3—电解池；4—过滤槽；
5—中间槽；6—吸收池；7—成品槽

经计量后的失效液放入电解池中，接通电源电解。电解完成后，电解液经过滤放入中间槽中，然后用泵打入吸收池中循环吸收由电解池逸出的 Cl_2，分析循环液各项组成的浓度，合格后，放入成品槽中。整个工艺采用间歇式操作。

本工艺经南京某研究院试验，取得令人满意的效果。

B　中试条件

结合蚀刻液的实际工作情况，配制试验液浓度为 $w(Cu) = 15\%$，pH = 2.2；电极材料：阴极为 Cu 棒，阳极为 C 棒，直流电源：$V = 6V$，$I = 1 \sim 10A$。

电解过程实质就是将 Cu 从溶液中析出的过程，理想的析出量应当等于在蚀刻时溶解的 Cu 量，但实际操作过程中，由于电解时溶液的密度、pH 值变化很小，溶液温度又不断变化，因此电解时的 Cu 析出量不易控制，容易造成电解过度（析 Cu 过多）或电解不足（析 Cu 太少），这对成品液都有影响。

用控制电解电能来控制电解程度是比较易行的办法。一般控制在 $1500kAV \cdot h/m^3$ 为好，成品液的离子浓度与原蚀刻液相差不多。

在蚀刻过程中产生的氯化亚铜是一种微溶性化合物，容易产生沉淀，故在失效液的转移或运输过程会有损失。其中包含 Cu 的损失和 Cl 的损失，Cu 的损失可通过电解不足加以补充，而 Cl 只有从外界加以补充，否则会造成成品液的 Cl 浓度逐渐下降，溶液的蚀刻能力也逐渐降低。因此，整个工艺必须配备一定量的氯气，并适时补充到吸收池中，才能制得合格的成品液。

本工艺在蚀刻液再生过程中，基本不消耗新的化学原料，也不需要冷源或热源，整个系统核心设备是电解池。因此，再生过程中能源消耗主要在电解池上，并且是电能。经核算，再生用电占总再生成本的80%以上。综合成本为1400元/m^3蚀刻液，这与其他再生法相比，综合成本下降了55%左右。

7.11.3.3 碱氨蚀刻废液的处理[34]

印制电路板的腐蚀多数采用碱氨蚀刻液，该蚀刻液借助氧化、溶解和配合等化学过程，将线路板上露出的铜以二氯化四氨合铜（Ⅱ）的形式溶解下来。当铜离子浓度达到140～160g/L时，该蚀刻液成为废液而弃掉。该蚀刻废液铜离子超标14万～16万倍，不但严重地污染了环境，而且1m^3废液损失铜140～160kg。

A 碱法回收氢氧化铜

向蚀刻废液中加入氢氧化钠水溶液后，会发生下列反应：

$$[Cu(NH_3)_4]Cl_2 + 2NaOH = Cu(OH)_2\downarrow + 2NH_4Cl + 4NH_3 \tag{7-40}$$

加入 NaOH 的摩尔比为3～4，Cu^{2+}的去除率可达99.9%，回收$Cu(OH)_2$的纯度为81.8%，此法在反应过程中有氨气产生。

B 酸法回收胆矾

向废液中加入足量的硫酸，会发生下列反应：

$$[Cu(NH_3)_4]SO_4 + 2H_2SO_4 = CuSO_4 + 2(NH_4)_2SO_4 \tag{7-41}$$

加入 H_2SO_4 的摩尔比为3，Cu^{2+} 的去除率可达95.4%，回收胆矾的纯度为60.5%。

C　电解法回收金属铜

将酸法回收的胆矾配制成溶液，该溶液中含有的阳离子为 Cu^{2+}、NH_4^+ 和 H^+；阴离子为 SO_4^{2-} 和 Cl^-。阳离子电位最高的为铜：$E^0_{Cu^{2+}/Cu} = 0.34V$；阴离子电位最低的为氯：$E^0_{Cl_2/Cl^-} = -1.36V$，因此可用电解法回收铜。

阳极主要反应：　$2Cl^- - 2e \longrightarrow Cl_2$　(7-42)

阴极主要反应：　$Cu^{2+} + 2e \longrightarrow Cu$　(7-43)

选择石墨作阳极，电解铜板作阴极，极距为28mm，电流密度110~130A/m²，电解5h，可以得到99.99%的电解铜，电解过程中有氯气产生。

7.11.4　印制电路板铜蚀刻废液回用处理所用材料

7.11.4.1　电极材料

随着电子工业的迅速发展，印制电路板的产量日益增加，因而造成大量的电路板腐蚀废液的产生和排放。通过电解法沉积腐蚀废液中的铜是目前最经济和最先进的处理废液的方法，此设备装置主要从国外进口。阳极是该设备中的核心部件，且对阳极的性能要求特别苛刻。印制线路板废液中含200~230g/L的 SO_4^{2-} 和0.5~1g/L的 Cl^-，因此，在电解过程中要求电极既析氯又析氧。电极在电解过程中必须要同时抵御 Cl^- 和 O^{2-} 的侵蚀。传统阳极在只含 Cl^- 或 SO_4^{2-} 中，具有较佳的使用性能，但对于这种混合体系，使用性能却不佳。

析氯型电极表面呈许多龟裂纹状，此类电极在析氯环境中使用具有优异的电解效率和较长的使用寿命，但此电极在析氧环境中的使用寿命却很短，这是因为电极在析氧环境下电解时，一方面，电解液将在龟缝内充斥填满，并进行电化学析气反应，气泡的扩散、聚集、长大对龟裂两侧进行不停的冲刷，对涂层有溶蚀现象。另一方面，阳极上生成新生态氧，其中有一部分在活性涂层与电解液界面上放电，然后离开电极表面生成氧气进入溶液，由于涂层阳极存在裂缝，而一部分氧吸附在电极表面上，然后被化学吸附在钛基体表面上，与钛生成不导电的氧化膜（TiO_2），产生 P-N 结这一反向电阻；或是电解液透过涂层裂纹而浸入，钛基体慢慢被氧化，与涂层的界面受到腐蚀使涂层脱落，电极很快失效。

析氧型电极表面无龟裂纹，这样在电解时电解液或氧气达到钛基体表面变得困难，推迟了电极的钝化进程。此类电极在析氧环境中具有优异的使用性能，但该电极在析氯环境中使用会存在致命性的缺陷，因为析氧型电极比析氯型电极的析氯电位高且电解效率低，电解过程中 Cl^- 会与基材 Ti 和涂层中的 TiO_2 产生反应，对基材产生严重的腐蚀破坏。反应式为：

$$2Ti + 6HCl \longrightarrow 2TiCl_3 + 3H_2 \qquad (7\text{-}44)$$

$$TiO_2 + 6HCl \longrightarrow H_2(TiCl_6) + 2H_2O \qquad (7\text{-}45)$$

文献［35］以析氧配方 Ir-Sn 为基础，添加有利于析氯的 X 元素成分，此元素 X 须具备优异的析氯电催化活性，并与 Ir-Sn 形成的 $(IrSnX)O_x$ 固溶体与基材 Ti 具有很强的结合力。

模拟生产实际条件，配制强化寿命电解液：200 ~ 230g/L SO_4^{2-} 和 0.5 ~ 1g/L 的 Cl^-，20000/m^2 电流密度，对析氯型电极、析氧型电极、新电极和国外某同类电极作对比。如图 7-18 所示，

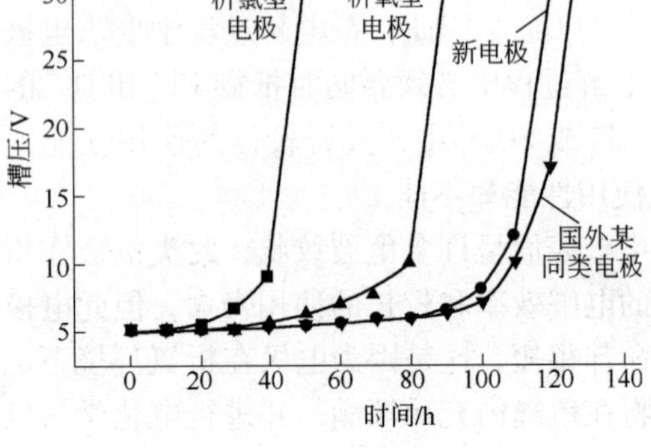

图 7-18　不同类型电极的强化寿命

析氯型电极寿命最短，只有 50h，说明电解过程的析氧反应对电极侵蚀较严重；析氧型电极寿命次之（90h），电解过程的析氯反应对电极腐蚀严重；新电极寿命较长（120h），已非常接近于国外同类电极（125h）的水平。说明新电极耐 O^{2-} 和 Cl^- 腐蚀的能力比析氯型和析氧型电极都强，此配方电极更适合于在印制线路板电解废液的环境下工作。

采用 Ir-Sn-X 涂层体系在印制线路板废液电解回收铜中取得了良好的实验效果，实验样品运行至今已一年半，仍正常运行，有望达到国外 2 年的寿命使用水平。

7.11.4.2　Lix54-100 萃取剂

印刷电路板经蚀刻生产后产生的含铜废液的处理大多采用电解法、氧化还原法、用碱中和酸性废液的中和氧化沉淀法等。这些方法不同程度地存在着二次污染严重、回收的铜纯度不高、无法回收氨和废液不能返回利用等缺点；而溶剂萃取法有分离效果好、试剂消耗少、生产率大、直收率高和二次污染少等优点[36]。

Lix54-100 萃取剂在氨性溶液中萃取铜具有动力学速率快、饱和容量高、分离效果好、反萃容易及不萃氨等特点。

利用 Lix54-100 萃取回收印刷电路板氨性蚀刻废液中的铜，真实料液各组分含量如表 7-16 所示。

表 7-16　料液中各组分含量

组分	Cu	Zn	Ni	Fe	Sn	SO_4^{2-}	Cl^-	NH_4^+
含量 /$g \cdot L^{-1}$	156.96	0.23	0.0025	0.0079	1.43	0.043	169.3	179.2

采用 80% Lix54-100—煤油为有机相，相比 O/A = 2∶1，萃取时间为 5min，经过三级错流萃取，实验结果如表 7-17 所示。

表 7-17 80% Lix54-100—煤油对铜的萃取回收

萃取级数	萃余液中铜离子浓度/$g \cdot L^{-1}$	单级萃取率/%
1	73.17	53.38
2	42.31	42.18
3	26.88	36.47

由表中数据可知，利用80% Lix54-100—煤油作为萃取剂，从印刷电路板氨性蚀刻废液中萃取回收铜，铜初始浓度为156.96g/L，相比O/A为2∶1时，经过三级错流萃取，铜的浓度可下降到26.88g/L，三级总萃取率为82.87%。

印制板蚀刻液中铜和氨浓度都很高，Cu大于100g/L，NH_3大约为120g/L。必须选择负载容量高的萃取剂，并力图使萃余液返回蚀刻液，希望寻找一种只萃铜而不萃氨的萃取剂[37]。

以工厂的真实蚀刻废液为实验用萃取料液，组成为Cu 107.39g/L，NH_3 128.4g/L，Cl^- 108g/L。用水不溶性二烷基β-双酮（Lix-54，工业级），以普通灯用煤油为稀释剂，配制成40%浓度即为实验的有机相，用Lix-54作萃取剂萃取铜氨液中的铜，其反应为

$$Cu(NH_3)_n^{2+}(a) + 2HR(o) \rightleftharpoons CuR_2(o) + (n-2)NH_3(a) + 2NH_4^+(a) \qquad (7\text{-}46)$$

试验结果：

（1）选用水不溶性的Lix-54为萃取剂从印制板蚀刻废液中回收铜，在萃取铜的过程中基本不萃氨，既减少洗氨和洗氨液处理过程，又保证了返回液的氨浓度；

（2）处理含铜107.39g/L和氨128.40g/L的蚀刻液，有机相浓度采用40%，经3级逆流萃取即可使铜降至约30g/L，满足返回蚀刻液系统的要求。

参考文献

[1] 张招贤，等. 金川科技. 1986,（4）: 16～21.

[2] 张招贤，王新民．广东有色金属学报．1992，2(2)：108～112.
[3] 张招贤，等．广东有色金属学报．1992，2(1)：30～34.
[4] 张玉萍．湿法冶金．2001，20(4)：169～171.
[5] 日根文男．ソーダと盐素．1981，32(3)：1～13.
[6] Mozota J，et al. J Electrochem Soc. 1981，128(10)：2142～2149.
[7] 张招贤．广东有色金属学报．1997，7(2)：117～124.
[8] 刘晓霞，等．东北工学院学报．1990，11(4)：421～425.
[9] 付运康．有色金属（冶炼部分）．2004，(3)：19～20.
[10] 郑国渠，等．有色金属．2003，55(2)：31～32.
[11] 龙小艺，等．有色金属（冶炼部分）．2005，(5)：32～34.
[12] 张招贤，李金洋，等．稀有金属．1982，(6)：67～71.
[13] 张齐勋．中国有色金属学报．1995，5(2)：69～71.
[14] 楚广，等．湖南有色金属．1995，11(1)：43～45.
[15] 赵建民．环境保护．1997，(12)：35～37.
[16] 何显达，等．湿法冶金．2005，24(3)：150～154.
[17] 李效红，等．净水技术．2005，24(6)：6～9.
[18] 勒长青，等．工业水处理．2004，24(4)：20～22.
[19] 梁琥琪，等．有色金属（冶炼部分）．1995，(5)：1～4.
[20] 梁琥琪，等．上海大学学报（自然科学版）．1995，1(1)：105～112.
[21] 武正簧．氯碱工业．1999，(6)：6～8.
[22] 庞静，等．稀有金属．2001，25(5)：369～373.
[23] 江丽，等．湿法冶金．2001，20(2)：92～95.
[24] 江丽，等．湿法冶金．2000，19(1)：46～50.
[25] 孔祥华，等．电池．2001，31(2)：97～99.
[26] 王晓峰，等．电池．2001，31(1)：14～15.
[27] 朱建新，等．电池．2001，31(5)：248～250.
[28] 韩洁，等．城市环境与城市生态．2001，14(6)：11～13.
[29] 杨玉芳，等．环境污染与防治．2004，26(3)：193～195.
[30] 刘远彬，等．城市环境与城市生态．2003，16(6)：121～122.
[31] 郑淑玉，等．化工环保．1997，17(1)：45～47.
[32] 辰光．印制电路资讯．2003，(5)：89～90.
[33] 吴卫东，等．浙江化工．2002，33(2)：54，59.
[34] 朱大安，等．环境保护科学．1999，25(1)：13～15.
[35] 蔡天晓，等．印制电路资讯．2007，(2)：62～65.
[36] 贾宝琼，等．环境污染治理技术与设备，2002，3(11)：70～73.
[37] 黄淑兰，等．化工冶金，1998，19(3)：271～273.

第 8 章 钛电极在金属箔生产领域的应用

8.1 电解制造铜箔

随着科技发展，自动化程度日益提高，电子工业迅速发展，大型集成电路的应用，电子及仪表工业对铜箔的需用量增加，对铜箔的要求也越来越高。

8.1.1 电解铜箔分类[1,2]

根据厚度，可分为 105μm、70μm、35μm、18μm、12μm、9μm 以及 5μm 等几种，其中 12μm 及 12μm 以下铜箔一般称之为超薄铜箔。

按照表面处理工艺，铜箔可分为粉色箔（表面镀铜）、灰化箔（表面镀锌）、黄化箔（表面镀黄铜）等几种类型。

IPC 标准根据电解铜箔的性能将其分为标准箔（STD-E 类）、高延箔（HD-E 类）、高温高延箔（THE-E 类）及退火电解铜箔（ANN-E 类）、可低温退火电解铜箔（LTA-E 类）可退火电解铜箔（A-E 类）等几大类。每类再根据产品厚度、表面处理方式、处理后的箔轮廓度等依次进行系统分类，同样规格的产品根据其质量-性能又分为 1、2、3 三级，其中 1 级箔适用于仅要求整个电路功能完整，而力学性能和外观缺陷并不重要的场合，这种材料没有规定检验和实验要求，是质量-性能要求最低的级别，3 级箔是要求最高的级别。

8.1.2 铜箔产业发展史[1,3]

电解铜箔工艺起源于 1934 年，由美国一家铜精炼厂试制成功。它采用部分浸在硫酸铜溶液中不断旋转的金属辊筒作为阴极，连续电解产生箔材。这种材料当初主要用于建筑行业，作为屋顶及室内装潢材料。20世纪40年代后，随着电子工业的迅速发展以及收音机晶体管的研制成功，电解铜箔作为导电材料开始应用在单面印刷电路板上，印刷线路耗用铜箔量剧增，其厚度从0.15mm逐步减薄为0.105mm、0.07mm、0.05mm及0.035mm。20世纪60年代，为了提高电子设备的可靠性和缩小体积减轻重量，美国采用多层印刷电路板并在计算器和电子交换机中使用。为了减少线路板腐蚀时的侧蚀，铜箔厚度降到18μm以下，甚至6μm。到20世纪90年代开发出细窄电路用铜箔和锂电池用铜箔。

当今世界铜箔行业最发达的国家是日本，而日本的五家电解铜箔公司三井、日矿（能源）、古河、福田、电解等仅有日本福田和电解两家公司是由日本本土的技术发展起来的，其生产规模仅占15%左右。三井、日矿、古河均是在引进美国铜箔技术的基础上发展起来的。

国际上铜箔生产主要由日本控制。近几年日本各公司也都纷纷向海外发展，如日本三井公司在台湾、马来西亚、法国、美国都有分厂；日矿（日本能源）公司在美国、德国、菲律宾都有分厂；古河公司在美国、卢森堡、中国台湾有分厂；福田公司在英国和中国也设了分厂。

8.1.3 我国铜箔行业现状[1~3]

我国电解铜箔的生产起源于20世纪60年代，1963年我国建成了国内第一个电解铜箔车间——本溪合金厂铜箔车间，1965年和1967年，又先后建成了上海冶炼厂和西北铜加工厂铜箔车间。它们依靠自己开发的工艺技术，开创了我国最初的PCB用电解铜箔产业。在70年代初西北铜加工厂首先研究成功了生箔连续生产工艺，并迅速在全国推广。80年代初西北铜加工厂又率先开发了生箔阴极表面处理技术。90年代期间，随着我国电解铜箔的需求量的迅速增大，我国又有十家左右的铜箔厂家相继建立。

我国铜箔生产厂家已由初期的本溪、西北铜、上海三家，发展到招远金宝、高密、咸阳、九江、西安、芜湖、佛岗、惠州联合、惠州合正、铜陵、苏州福田等十多家。其中的五、六家企业，能够批量地将 18μm 铜箔打进国际市场。

对于铜箔生产最大的设备部件阴极辊来说，我国已按国外提供的图纸要求制造出了 ϕ2000mm 无缝钛阴极辊，成功地在 50000A 条件下操作，表明达到了世界先进水平。

目前国内具有一定生产规模的电解铜箔生产企业 15 家,年产能只有 35000t,产能超过 3000t/a 的企业只有 3 家。相比之下,台湾现有电解铜箔企业 5 家,其中长春石化或南亚一家的产量都超过全国 15 家铜箔企业产能的总和,即使规模最小的李长荣科技公司和金属开发铜箔公司的产能也分别达到了 450t/月和 400t/月。

到 2002 年 10 月，全国具有一定生产规模的 15 家电解铜箔生产厂家，其电解铜箔的产能见表 8-1。

表 8-1　国内现有电解铜箔企业及生产能力

序号	铜箔企业名称	生产能力/$t \cdot a^{-1}$	备注
1	本溪铜箔厂	1000	
2	上海金宝铜箔公司	1000	可生产 18μm 铜箔
3	西北铜加工厂	700	
4	山东招远金宝电子材料公司	3500	可生产 18μm 铜箔
5	陕西咸阳铜箔厂	800	
6	江西九江电子材料厂	1200	
7	佛岗建滔铜箔公司	10000	香港独资
8	惠州联合铜箔公司	600	
9	铜陵中金铜箔公司	1200	可生产 18μm 铜箔
10	苏州福田铜箔公司	6600	日本独资
11	惠阳合正铜箔公司	2000	台商独资
12	苏州三井铜箔公司	1500	日本独资
13	陕西向阳铜箔公司	1200	
14	梅县超华铜箔公司	1000	自用为主
15	河南灵宝铜箔公司	1200	
合计	33500		

由于种种原因，电解铜箔企业实际产量并未完全达到生产能力，产量与产能的实际差距很大。以电解铜箔销售最为火暴的 2000 年为例，当年国内需各种电解铜箔增加约 2.87 万 t，其中高档铜箔 1.75 万 t，普通铜箔 1.5 万 t，当年电解铜箔实际产量约 1.77 万 t，其中高档电解铜箔约 7000t，且 90% 为苏州福田、铜陵中金等少数几家企业生产的。长期以来，18μm 及 18μm 以下的高质量电解铜箔在国内仍属不能自给的电子基础材料。

我国铜箔行业大体上有以下四种模式。

A　国内技术改造型

这一类型的厂家主要是在国内原有铜箔生产技术的基础上，逐步改进而成的。他们分别是本溪、西北铜、招远金宝、咸阳、高密、九江、西安向阳、佛岗建滔（佛岗二期进口了一些日本设备）。这些厂的特点是投资省、产品定位较低，以生产粗化箔和 35μm 铜箔为主。这其中比较成功的是招远金宝，该公司从日本引进了 10 台辊径 ϕ2700mm 大辊径阴极辊、在线抛辊装置和导电装置，从台湾地区和日本各引进表面处理机 1 台，从意大利引进钛涂铱阳极和净化过滤装置，从台湾地区购进一套大功率整流器等，该厂已有批量的 18μm 粗化箔和镀锌箔出口。

B　引进国外技术型

这一类型的铜箔厂有惠州联合铜箔厂、铜陵中金铜箔厂，其特点是引进国外先进的铜箔生产技术和设备图纸，主要生产设备均在国内制造。

C　引进国外技术和设备型

这一类型的铜箔厂有铁岭铜箔厂、上海金宝、惠州合正。从引进的设备及装备来看，比国内原有的设备水平均有大幅度的提高。无论是从设备尺寸精度，还是新技术的采用上都有了明显的改进。

D　与外方合作经营，全套技术、设备由外方提供

国外铜箔企业为抢占我国市场，在国内设立铜箔厂，如苏州福田、苏州三井、珠海三井分别为日本福田箔粉公司和日本三井

公司投资建设。

下面以招远、上海、福田、铜陵四家铜箔厂为例，列出四种模式的技术数据，如表 8-2 所示。

表 8-2　四种模式的技术数据

项　目	招　远	上　海	福　田	铜　陵
阴极辊/mm	ϕ1500	ϕ2000	ϕ2000	ϕ2000
阳　极	铅阳极	铅阳极	DSA 阳极（租用三井公司）	DSA 阳极
生箔机槽电流/A	10000 ~ 15000	20000 ~ 25000	20000 ~ 25000	45000 ~ 50000
表面处理速度/m · min^{-1}	6 ~ 8	8	30	20
产品特点	粗化为主（粉红色）	镀锌（灰色）	棕化（咖啡色）	镀黄铜（金黄色）

据有关资料报道，我国铜箔的供需缺口达 1 万 t/a 以上；中国台湾、香港及东南亚地区供需缺口达 2 万 t/a。

8.1.4　印刷电路板行业与铜箔产业的关系[1~4]

电解铜箔作为电子工业的基础原料，主要用来制作印刷电路板。全球 90% 的电解铜箔用于制造印刷线路板。目前世界上电路板行业已形成美国、日本、中国台湾地区三分天下之势，尤其是中国台湾地区电子行业的发展，极大地促进了东南亚及我国东南沿海的电子工业。据统计，中国台湾印刷电路板行业总产量占世界总量的 20%，多层电路板的供货量占世界总供货量的 70%。近几年在我国广东沿海一带有一百多家多层电路板厂相继建成投产。多层电路板厂均采用 18μm 铜箔作为原材料，这就为 18μm 铜箔甚至更薄规格的铜箔产品提供了广阔的市场。国际市场对 PCB 的需求每年以 8% 左右的速度递增。

铜箔是制作复铜箔层压板（下称复铜板）的主要原料之一，而复铜板是制作印制电路板（PCB）的主要原料。

目前世界 PCB 在 1995～1997 年的生产状况和 2000 年生产列于表 8-3。从表 8-3 和其他资料介绍可知，美国和日本的 PCB 产量占世界产量的 50% 以上，我国台湾和大陆/香港地区已稳定地分别处于第三位和第四位。随着时间的推移，亚洲和我国的市场份额会继续增长。

表 8-3　世界 PCB 生产与预测（单位：百万美元，按 1996 年恒定汇率计）

国家和地区		1995 年	1996 年	1997 年…	2000 年	份额/%
北　美		7390	7783	8590	10200	27.2
南　美		195	244	274	310	0.8
西　欧		4370	5158	5700	6100	16.2
亚洲地区	日　本	7845	8018	8560	9700	25.8
	中国台湾	1850	2102	2610	3420	9.1
	中国内地/香港	1460	1589	1900	2830	7.5
	韩　国	1031	1167	1330	1400	3.8
	新加坡	630	695	583	650	1.7
	泰　国	319	528	540	880	1.6
	马来西亚	290	350	370	570	1.5
	其　他①	130	180	270	420	1.1
亚洲地区总计		13555	14629	16163	19570	52.1
其　他		1220	1220	1300	1400	3.7
世界总计		27090	29193	32027	37580	100
亚洲地区份额/%		50	51	51	52	

①包括菲律宾、越南和印度尼西亚。

日本：日本国内单面板生产减少，双面板和多层板产量增加。单面板主要靠东南亚国家生产，少量在中国生产。

中国台湾：为了对付日益上涨的工资、劳动力短缺和严格的环保法规所带来的压力，许多 PCB 生产厂商已转向海外地区，尤其是转到内地。目前还有许多厂商在行动。康柏公司、Wus PCB 公司和 Uitech 电子公司均已在中国内地开业。Unicap 公司、

Worldwiser 公司和其他一些主要的生产厂商也有进入内地的趋势。Nanga Plastic 分公司、Grace 电子公司在广东省都有薄板生产厂。Asia Chemical 公司也有行动。台湾的 PCB 工业对内地的 PCB 工业起着重要的作用。

内地/香港地区：其中广东省 PCB 产量占大陆 PCB 产量的 80% 左右，90% 的企业是从香港地区迁来的。上海及其邻近地区产量约占 15%，余为其他地区生产的。

中国香港、台湾地区和新加坡一些 PCB 大厂已在上海邻近地区建厂，而且装备均较先进。估计不久的将来，上海及其邻近地区 PCB 产量将占全国的 25%，与此同时广东的产量将会降到 70% 左右。

20 世纪 90 年代中期亚洲（主要是日本和中国台湾）单面板生产减少，双面板和多层板产量增加。而内地/香港单面板生产还在增长。内地现在已经具有亚洲最大的单面板生产能力，同时其双面板和多层板生产能力也在不断地快速增长。

我国复铜板研制始于 1957 年，20 世纪 60 年代初才进入工业化生产。80 年代初起我国复铜板工业不断更新改造。北京绝缘材料厂和 704 厂先后从日本松下电器公司引进纸基复铜板制造技术和关键设备。广东东莞生益敷铜析有限公司从美国引进 FR-4 复铜板制造技术和整套生产设备。此后珠海海港积层板有限公司、杭州华立达铜箔板有限公司、国际层压板材料有限公司、广东南海南美复铜箔板有限公司、深圳太平洋材料有限公司、大连大西洋超级层压板有限公司、昆山联鑫铜面基板公司、广州宏仁电子工业有限公司和美国联讯集团（中国）有限公司等一大批合资和独资企业先后建成投产，全国复铜板企业已达 40 多家。近几年这些复铜板厂引进了 20 条大型复铜板生产线，1998 年就形成了一千多万平方米的生产能力。1997 年我国复铜板总产量已超过 8 万 t/a，估计每年消耗铜箔 1.5 万 ~2.0 万 t。有人估计我国铜箔生产能力约 1.2 万 t/a。

复铜板的发展给铜箔提供了光明的市场前景。

8.1.5　电解铜箔发展趋势[1]

作为 PCB 的主要基础材料，电解铜箔的发展一直追随着技术的发展，而 PCB 则随着电子产品的不断需求而发展。目前电子产品正向低成本、高可靠性、高稳定性、高功能化方向发展。由此对电解铜箔的性能、品种有了更新更高的要求，使电解铜箔发展出现下列趋势。

（1）铜箔厚度趋向薄、超薄方向发展。随着印刷线路板向着以高密度互联技术为主体的密、薄、平方向的发展，电解铜箔厚度也随着由 35μm 向着 12μm 薄、超薄化发展。由于 18μm 铜箔所占比例迅速提高，12μm、9μm 需求也渐增。目前，日本已有厚度为 5μm、3μm 电解铜箔投入生产。

（2）特殊性能铜箔用途普通化。为提高电子产品的高可靠性、高稳定性，过去主要应用于军事，航空航天技术领域有特殊性能要求的电解铜箔，如高温高延性铜箔（HTE）、退火电解铜箔（ANN）等在一般电子产品中大量使用。

（3）涂树脂铜箔（RCC）需求渐增。为适应印刷线路板向细线路、微小孔方向前进，传统铜箔基板逐渐不能满足需求。PCB 走向微小孔及精细节距的高密度互联技术（HDI）的发展，为 RCC 提供了广阔的天地。由于 HDI 基板上的微小孔须使用激光钻孔，传统 FR-4 基板由于内含玻璃纤维布，钻孔时容易使微孔成形性不佳，无法满足需求。涂树脂铜箔由于不使用玻纤布，加工具有较低的介电常数、表面平坦性佳、可靠性强等特点，可满足 PCB 未来发展。

目前 PCB 厂使用的 RCC 多控制在如日本三井等日本公司手中，由于 RCC 的树脂用量较多，加之寡占的特性，因此目前涂树脂铜箔不仅比普通电解铜箔贵，就是用电解铜箔制造的传统 CCL，其价格仅只有 RCC 的五分之一左右。为抢占 RCC 这块市场，不仅铜箔生产企业，复铜板企业也想涉足其中。中国台湾长春石化、南亚铜箔公司、广东生益科技等公司均投入涂树脂铜箔的研制开发和生产。

（4）应用领域越来越广阔。科学技术的发展，为电解铜箔开辟新的应用领域。在印刷线路板的出现到20世纪末的半个多世纪里，制造PCB几乎是电解铜箔的唯一用途。2000年，随着电池技术的发展，一个崭新的应用领域展现在电解铜箔面前：锂离子电池用电解铜箔。

锂电池的负极集流体由铜箔制造，铜箔在锂电池内既当负极材料的载体，又当负极电子收集与传输体，因此，锂电池在发展初期，选择压延铜箔来制作电池负极集流体。随着锂电池生产技术的进步和电解铜箔性能提高，目前大部分锂电池厂家用电解铜箔制作电池集流体。近期，国产电解铜箔替代进口铜箔在锂电池上应用的技术研究工作已取得突破性进展：铜陵中金、惠州联合、上海金宝等几家铜箔企业先后自主研制开发出12μm、10μm锂电池用电解铜箔，已经完全替代进口产品。目前，上述公司已形成月产60t锂电池用电解铜箔的生产能力。

随着便携式电子产品迅速发展，导致近两年锂电池工业的迅速发展，特别是二次锂电池（可充电电池）发展更加迅猛。就手机用锂电池而言，2000年生产量为1亿只以上。随着移动通讯的使用普及，到2002年8月，全国手机用户达1.9亿户，电池需求量将达2亿块以上。加上其他电子产品用电池，电池行业每年消耗电解铜箔超过2000t。

8.1.6　电解铜箔生产工艺

电解铜箔是用电解铜、废铜线等作原料，经特殊工艺电解和表面处理制成的卷状箔材的。电解铜箔制造工艺基本一致，即以电解铜或具有与电解铜同等纯度的电线废料为原料，将其在硫酸中溶解，制成硫酸铜溶液，以金属滚筒为阴极，通过电解反应连续地在阴极滚筒表面电解沉积金属铜，同时连续地从阴极滚筒上剥离，这一工艺称为生箔电解工艺。最后从阴极滚筒上剥离的一面（光面）就是层压板或印刷线路板表面见到的一面；反面

（毛面）就是需要进行一系列的表面处理，在印刷线路板中与树脂粘接的一面。

电解铜箔生产过程是先将电解铜氧化，制得硫酸铜溶液，然后在生箔机中电解生成生箔，生箔经过酸洗、粗化、固化、镀黄铜后处理过程而制得成品。它包括电解和电镀两大过程。

铜箔生产示意图如图 8-1 所示。

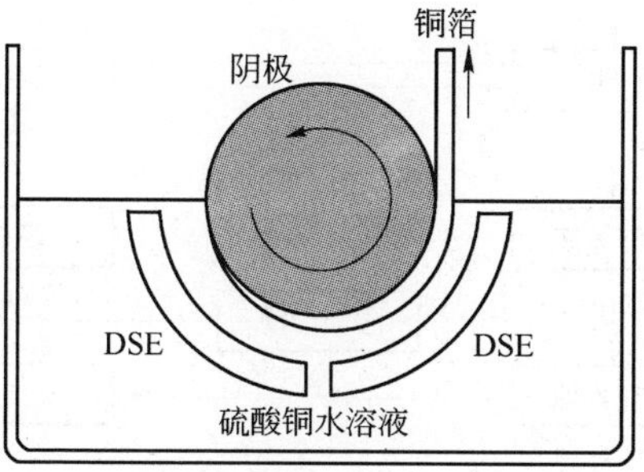

图 8-1　铜箔生产示意图

印刷电路板用铜箔通过硫酸铜溶液电解来制造。在直径 1 ~ 2m，高 2 ~ 3m 的钛制旋转圆筒阴极上镀铜，在转筒的一端剥离铜箔。

日本在制造印刷电路用铜箔时的涂层钛阳极，高度约 1.3m，曲面长度约 2.4m，板厚 25mm，重约 700kg[5]。

据文献［6］介绍，铜箔生产过去使用铜板阳极，由于极间距离不易控制，因此产品质量很难得到保证。现在改用不溶性阳极，极间距离不用调整。阳极产生的氧气气泡激烈搅拌电解液，加速铜离子向阴极表面移动。因此，操作电流密度可加大到 $50A/dm^2$，从而显著提高了电解槽的生产率。不溶性阳极主要使用铅基合金阳极和不锈钢电极，但逐渐被涂层钛阳极取代。

用热分解法在钛基体上涂敷 IrO_2 涂层，在这种介质条件下能很好地工作。设置极薄的镀铂中间层后，可防止钛基体氧化，阳极寿命至少达到 2.5 年。

电解铜箔制造过程分生箔制造、表面粗化处理两个部分[7]。

8.1.6.1 生箔制造

A 工艺流程

生箔制造的工艺流程见图8-2。

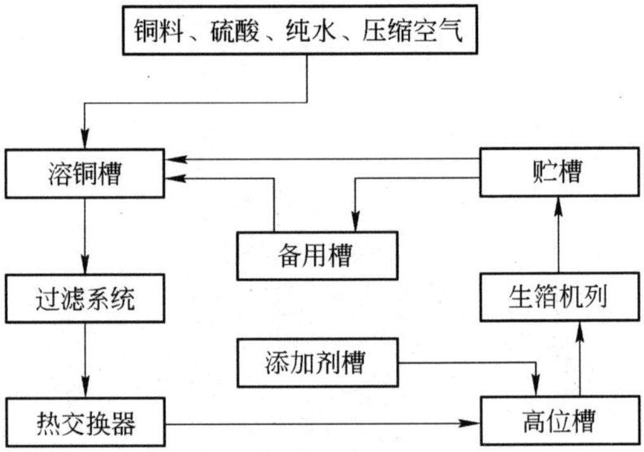

图8-2 生箔制造的工艺流程

在生产中，电解液是循环使用的。溶铜槽不断地溶铜，达到工艺要求后，电解液送入过滤系统去除杂质，经热交换器调整温度进入高位槽，通过高位槽分配至各个生箔机列。生箔机列中生产生箔，消耗了电解液中的铜量，电解液再回到溶铜槽。

B 原材料要求

铜箔厚度越薄，质量档次越高，要求电解液中的杂质含量越低。为了保证铜箔质量，电解液中的杂质含量应达到：

Zn < 1.0g/L； Pb < 0.1g/L；

Fe < 1.5g/L； Ni < 0.1g/L；

Cl < 0.004%； Cd < 0.1g/L；

Sb < 0.15g/L； Cr < 0.3g/L。

为了保证电解液达到这一要求，原材料要求符合下列标准：

(1) 铜料主成分符合1号电解铜标准，最好采用裸铜线，但必须经过清洗，保证无有机物存在；

（2）硫酸质量好坏对铜箔质量有很大影响，因此最好选用浓度大于 95% 的工业硫酸，有害杂质不能超标，储存硫酸的容器最好采用耐酸工程塑料，不要采用碳钢等；

（3）纯水电导率小于 40μS/cm 最佳，目前制取纯水采用电渗析器、反渗透和离子交换等。

C　过滤系统

现在用户需求的铜箔要致密无针孔、弹性好、伸长率高。因此，电解液中不能有机械杂质和有害有机物质，为此，必须提高过滤效果。目前使用的过滤有布袋、滤芯和硅藻土过滤，精度最好小于 0.5μm。用椰壳活性炭吸附电解液中的有害有机物较佳，可保证电解液的洁净度。

D　生箔机列

（1）阴极辊。为了增加产量，提高电流强度，现在的铜箔生产电流在 20000 ~ 50000A。阴极辊直径由原来的 1m、1.5m 增加到 2.2m、2.7m，宽度为 1400 ~ 1500mm，材料为纯钛。

（2）阳极座。生箔机列采用不溶性阳极。目前使用的阳极材料有两种，一种是铅锑合金或铅银合金阳极。随着使用时间的延长，这种合金腐蚀越来越多，致使极距不断增大，槽电压上升，电耗增加；同时由于腐蚀不很均匀，也影响极距的一致性，铜箔均匀性亦差。另一种是钛阳极，由钛基和涂层组成。涂层是铱（56%）和钽（44%）混合物，使用这种阳极，槽电压不会升高，生箔厚度均匀性好，但一次性投资较大。当使用到 40000 ~ 60000kA · h/m^2 后，涂层厚度减少，槽电压会逐渐升高，需要重新涂敷。

生箔制造是采用硫酸铜作电解液，其主要成分是 Cu^{2+} 和 H^+，在直流电的作用下，阳离子移向阴极，阴离子移向阳极。在阴极上 Cu^{2+} 得到 2 个电子还原成 Cu，并在阴极辊上电化结晶形成生箔。

表 8-4 列出了国外生箔生产工艺条件。

表 8-4　国外生箔生产工艺条件

名　称	国际专利 W09119024	英国专利 1373577	日本特许公报昭和 53-81435	联邦德国公开专利 3109635、3109637	英国 CA 92. 137617
Cu^{2+}/g · L^{-1}	100 ± 5	64 ~ 70	88	46 ~ 54	100
H^{+}/g · L^{-1}	80 ± 5	70 ~ 90	140	85 ~ 115	110
温度/℃	60	60	60	38 ~ 42	60
流速/m · s^{-1}	1. 24		2		
电流密度 /A · m^{-2}	1000 ~ 1500A/ft^{2}	1000 ~ 5000 5000 ~ 10000	10000 30000	4000 ~ 5000	4500
阴极辊		钛	钛	钛	钛
极　距			3 ~ 5	搅拌	

往电解液中加入适量添加剂，可不同程度地加大阴极极化作用而抑制金属的异常生长，有利于获得致密的阴极沉积物，提高铜箔的弹性、强度、硬度和平滑感。添加剂的加入量必须适当，若添加量过多，不仅槽电压升高，而且生箔毛面出现条纹，片子变脆。由于添加剂的吸附，某些金属杂质，如砷、锑的两性氧化物，还可能与表面活性物质组成络合物一起吸附于阴极上，因此添加剂宁可少加而不能多加。添加剂加入量还与温度有密切关系，温度高，添加剂加入量就大，所以要控制好温度，防止太大的波动。过去一般加的添加剂是颗粒状明胶，由肽链-CO-NH-交联的氨基酸的高蛋白聚合物（相对分子质量在 60000 ~ 70000）。这种明胶在高温下溶解，冷却后结冻，给操作带来不便，长期使用，效果并不理想，毛面的峰谷形态缺乏均匀性，难以保持稳定的质量，抗拉强度提高了，伸长率就明显下降。现在印刷线路的高密度和细窄电路，要求铜箔有高的抗拉强度、伸长率和低的粗糙度，添加剂的选择就很重要。现在采用水解动物蛋白粉，它是以明胶为原料经酶解制成的一种低分子多肽（相对分子质量 1000 ~ 10000），能溶解在常温水中而不会结冻，操作方便。当电

解液含 0.001% ~0.003% 这种添加剂时，生箔表面获得均匀一致的粗糙面，物理性能优于用颗粒状明胶生产的生箔。

随着时间的变化，且受电解液中铜离子、硫酸、温度以及电化作用等因素的影响，水解动物蛋白粉容易变质，生成其他变质成分，这种变质物会影响生箔的质量。因此要用一定量的活性炭过滤电解液，去除添加剂变质产生的有害成分。

随着电子工业的发展，对铜箔的要求越来越高。为了满足日益发展的复铜板品种要求，添加剂种类也越来越多。加入水解动物蛋白和纤维素组成的复合添加剂，可生产出高温高延展性铜箔。加入有机混合剂（2-巯基苯并咪唑、乙撑硫脲、聚乙二醇、甲基紫等）可生产出两面光的铜箔，适合锂电池使用。要生产出符合用户要求的铜箔，添加剂是一个不可忽视的环节。

8.1.6.2　铜箔表面粗化处理

铜箔是制作复铜板的基本材料之一。铜箔与基板之间要有良好的结合力，即有高的剥离强度；其次铜箔要有良好的抗氧化性，在常温和高温下不变色。生箔是无法达到这些要求的，需要对表面进行处理。国外粗化机列工艺条件见表 8-5。

表 8-5　国外粗化机列工艺条件

名　称		美国固尔德公司	美国耶兹公司	日矿金箔公司	古河线路箔公司
粗化液	Cu^{2+}/g · L^{-1}	10 ~25（最佳 15）	20 ~30（最佳 20）		5 ~8
	H^+/g · L^{-1}	20 ~100（最佳 50）	50 ~100（最佳 75）		20 ~70
	温度/℃	20 ~40（最佳 30）	80 ~110℉（最佳 90℉）		10 ~35
	电流密度/A · m^{-2}	30 ~70（最佳 50）	150 ~300A/ft^2（最佳 200）		2 ~25
	时间/s	1 ~5（最佳 3）	10 ~14（最佳 12）		5 ~10

续表 8-5

名　称		美国固尔德公司	美国耶兹公司	日矿金箔公司	古河线路箔公司
镀锌处理	Zn/g · L^{-1}	20	18 ~ 68	5 ~ 50	Cu:0.1 ~ 2.5
	Ni/g · L^{-1}	0 ~ 10	$(NH_4)_2SO_4$: 0 ~ 50	5 ~ 50	4 ~ 12
	pH 值	3	1.5 ~ 6	2.5	1.5 ~ 3.5
	温度/℃	40	50 ~ 90℉	30 ~ 60	15 ~ 35
	电流密度 /A · m^{-2}	2	10 ~ 20A/ft^2	0.5 ~ 5	5.5
	时间/s	1.5	3 ~ 5	2 ~ 5	10
镀铬处理	$K_2Cr_2O_7$ /g · L^{-1}	2 ~ 10		5	
	Zn/g · L^{-1}	0.1 ~ 2		0.5	
	pH 值	7 ~ 13		3	
	温度/℃	20 ~ 50		30 ~ 50	
	时间/s	5 ~ 30		5	
	电流密度 /A · m^{-2}	0.05 ~ 5		0.5	

A　粗化机列工艺流程

一般粗化机列的工艺过程如图 8-3 所示。

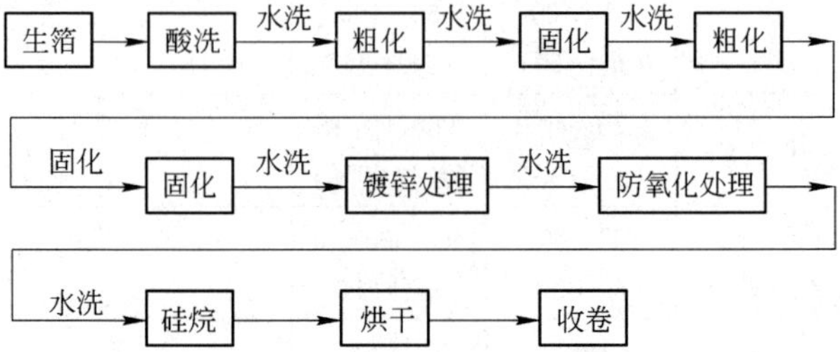

图 8-3　粗化机列的工艺过程

B　粗化和固化

为了提高复铜板的剥离强度，生箔的表面粗糙度是不够的，用生箔层压的复铜板剥离强度只有 0.5 ~ 0.8kg/cm^2，所以要在生箔的毛面通过高酸低铜电解液沉积一层均匀的粗化面，它有高的比表面积。粗化面容易脱落，其上镀一层铜把它封闭起来。

C　镀锌处理

铜箔毛面通过镀锌处理后，形成一层阻挡层，使铜箔不与基板树脂接触。处理后的铜箔与树脂绝缘基板结合时，能抑制铜离子向树脂层扩散；在浸蚀时，能阻止铜箔与树脂层之间的侵蚀，并能防止底蚀现象的发生。现在的印刷线路板线条越来越细，为防止侧腐蚀，镀锌处理的金属由原来的单一镀金属向锌-镍、锌-钴等二元、三元合金发展。

D　防氧化处理

铜箔很容易氧化变色。为了在常温和 200℃ 高温下不变色，在铜箔的表面镀上一层以锌和铬为主的防氧化膜，使铜箔与空气隔绝，达到抗氧化的目的。防氧化膜中，锌为150 ~ 250μg/dm^2，铬为 15 ~ 30μg/dm^2 为宜。锌含量高一些，则耐高温较好。

E　硅烷

在防氧化处理后表面喷涂硅烷，一方面可提高铜箔常温下的抗氧化能力，另一方面在高温压板时，硅烷能使铜箔和树脂基材结合得更好，提高剥离强度。

8.1.7　电解铜箔生产用钛阳极

在电解铜箔生产过程中，生箔机阳极是最关键的部件之一，而且阳极材料及阳极结构形式选择都很重要。阳极材料的发展过程，经历了从可溶性阳极到不溶性阳极，从铅板阳极到铸造加工成的铅合金阳极（Pb-Ag，Pb-Sb-Ag 等），近年来，DSA 成功地应用在生箔机上。

8.1.7.1　钛阳极结构形式[8]

20 世纪 90 年代国内外大部分铜箔厂家仍是采用铅合金阳极

来生产电解铜箔，使用铅阳极存在的问题是：

（1）由于铅合金阳极在酸性硫酸铜电解液中易于腐蚀，产生大量的 $PbSO_4$ 沉渣，进入到电解液中，增加了电解液正常维护的难度，不可避免地影响到铜箔质量的稳定性；

（2）由于铅合金阳极表面不断腐蚀和溶解，使得阴、阳极间距不断变大，一般情况下，每年溶解使阴、阳极间距增大 10～20mm，而使槽压升高；

（3）铅阳极表面的溶解，受电场分布、流量分布等各种因素的影响，不可能完全均匀，阴阳极间距无法保持均匀一致，产出的铜箔沿宽度方向的均匀性受到影响；并且初始阴阳极的间距不可能设计得非常小，否则阳极溶解后更难保证铜箔厚度的均匀性，一般情况下采用铅合金阳极的初始极间距都大于 10mm。

为了克服铅合金阳极存在的上述缺陷，同时具备良好的耐蚀性能和较低的阳极过电位，于是选用了钛材作为阳极的支撑体，在沿钛板阳极的内侧弧面上热涂一层特殊涂层。具体应用在生箔机上的 DSA 阳极结构形式一般有 3 种。

（1）整体涂敷式，如图 8-4 所示，在整体的钛阳极支撑体的内侧弧面上直接全部涂上一层特殊涂层。

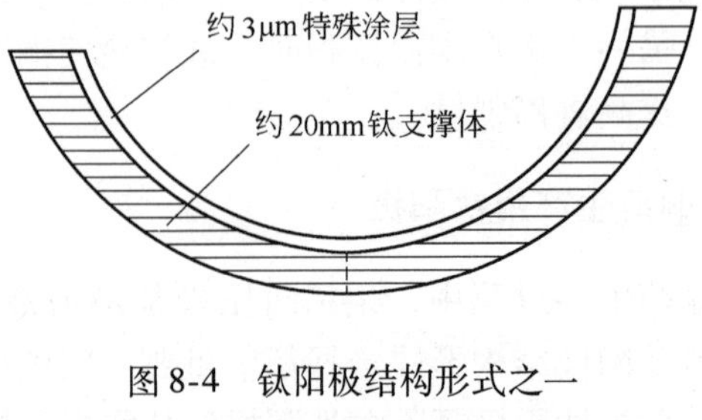

图 8-4　钛阳极结构形式之一

这种结构的阳极，作为使用阳极的单位来说，安装方便，尺寸精度易于调整和控制，但若局部涂层遭破坏，则必须整体更换。1994 年国内有一家铜箔厂曾使用过此种形式的阳极，由于涂层寿命短，整体修复困难，最后还是放弃了。

（2）在钛支撑体内侧弧面上焊贴一个钛网层，钛网厚约 0.5mm，一面涂有特殊涂层，如图 8-5 所示。

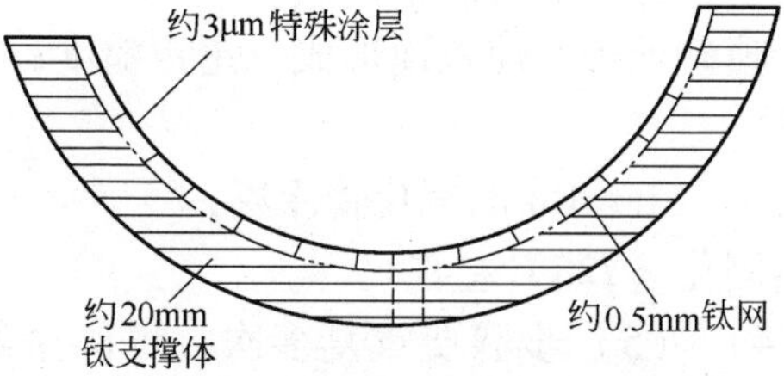

图 8-5　钛阳极结构形式之二

焊接点直径约 3mm，焊点间距约 50mm。此结构阳极，由于焊点均匀排布，开始使用时效果不错，但由于焊点处钛材的结晶结构发生变化，焊点处的涂层极易脱落，不仅严重影响到阳极的使用寿命，同时也影响到铜箔产品的厚度均匀性。另外钛网的正常更换也会对支撑体表面精度产生不良影响。

（3）在钛支撑体上安装一层钛制柔性装配薄板条，即 FIP 条。FIP 条的一面涂有特殊涂层，另一面带有多个钛螺栓，以便装配到钛支撑体上，如图 8-6 所示。

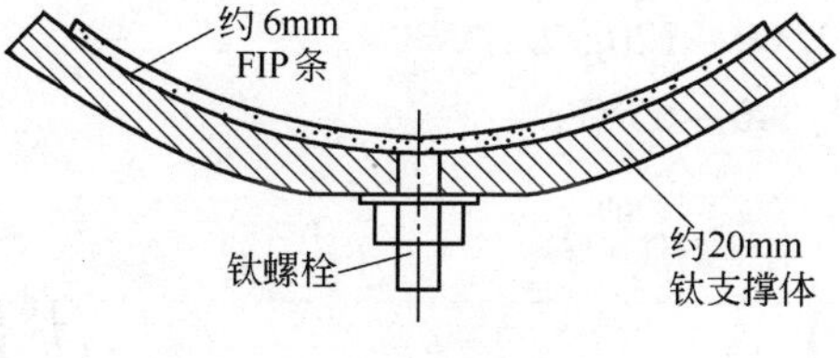

图 8-6　钛阳极结构形式之三

该阳极结构形式，关键在于保持 FIP 条与钛支撑体的良好贴合，即无论从圆周方向还是从轴向方向上尽可能保持较小的间隙变化量。当然，螺栓连接处的导电性能和密封性能都是非常重要的。

DSA 阳极最关键的技术就是阳极表面的涂层处理，通常情况下，涂层为 Ir、Ta、Ru 的氧化物，如 Ta_2O_5、Ir_2O_3、RuO_2 等。处理步骤如下：

（1）除去 FIP 板面上的油脂；

（2）进行喷砂处理，使板面形成一定粗糙度；

（3）酸洗；

（4）刷涂 Ta、Ir、Ru 的氧化物涂层；

（5）加热固化（725℃左右）。

其中第（4）、（5）步骤要重复多次，每次涂敷上去的金属量约 1g/m²，最多可达 40 次，约 3μm 厚。关于涂层使用寿命的确定，一般定为电压升高 2 ~ 3V 时的 1m² 涂层累计使用kA · h数。通常情况下，阳极寿命受电解液温度的影响最大，温度升高10℃，寿命将减少一半，其次受电流密度的影响，电流密度增加10%，寿命将减少 10%，另外 F^-、Cl^-、Br^-、M^{2+}、Pb^{2+}、有机物等对阳极涂层寿命都有一定的影响。

铜化集团铜箔厂于 1998 年采用了两套国产 DSA 阳极，阳极支撑体及 FIP 条均由国内厂家制造，整体结构如图 8-7 所示。使用条件：

（1）与 ϕ2000mm 阴极辊配套；

（2）电流密度：11. 5kA/m²（单机电流 50000A）；

（3）H_2SO_4 60 ~ 120g/L；

（4）温度：40 ~ 65℃；

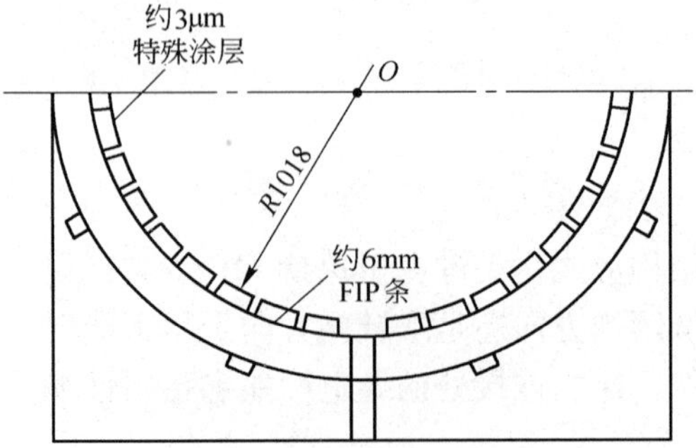

图 8-7　铜箔生产用钛阳极

（5）电解液流量：40～150m^3/h；有的铜箔厂在电解液中加胶，加HCl等。

在上述条件的有效组合下，生产的铜箔指标如下：

规格：1/2盎司；

厚度偏差≤±1%；

抗拉强度≥50kg/mm^2；

伸长率≥5%；

无渗透点。

与从美国进口的两套阳极相比，除了涂层寿命略低（国产阳极约40000$kA \cdot h/m^2$，进口阳极为60000$kA \cdot h/m^2$）外，其余均无明显差别。

DSA阳极，特别是钛阳极支撑与FIP条组合形式的DSA阳极结构，既克服了铅阳极尺寸不稳定的缺点，降低了能耗，改善了铜箔的厚度均匀性，又便于保持电解液的纯净度，稳定了铜箔产品的内在质量指标。

DSA阳极与铅阳极相比更适合应用在高电流密度的条件下（不小于8000A/m^2），并且可在窄极间距条件下（约5mm左右），生产出高品质的电解铜箔产品。

8.1.7.2 钛阳极电化学特性[9]

在电解法生产铜箔的过程中，仅铜从$CuSO_4/H_2SO_4$电解液中电沉积析出一项的电解消耗，就占全部生产成本的10%～12%。因此，提高电解过程中的电能效率，降低生产成本，是电解铜箔生产的一项重要任务。

电流效率是考核电解过程电量的利用情况，在铜箔电解过程中，一般都能达到97%以上。而电能效率则是考虑电解过程的电能的利用情况。由于实际电解过程的不可逆性以及在电解槽内不可避免地会产生电压降，所以，铜箔电解过程中的电能效率都很低，一般很难达到40%以上。而钛阳极的应用可以提高电解铜箔生产的电能效率。

DSA是用不锈钢、钛等材料作为不溶性阳极的基材，选择具有催化活性的钌、钯等铂族金属氧化物涂敷在基材上成为不溶性阳极。由于表面铂族金属氧化物的电催化作用，使电极界面电场对反应速度的影响十分巨大。随着电极反应过电位的增加，反应速度可以增大 10 个数量级。在相同的反应速度（即电流密度）下，DSA 能得到非常低的过电位，从而具有高的能量转换效率。

目前，铜箔生产用的 DSA 是在钛或不锈钢表面涂敷一层厚度仅 3 ~5μm 的 IrO_2-Ta_2O_5 涂层，表面涂层寿命很长，即使涂层损坏，其基体仍旧可用来重新涂敷。所以，这种 DSA 的价格是可以接受的。

A　钛阳极的使用寿命

DSA 表面涂层的使用寿命主要与电解液的温度、电流密度有关，与电解液中 H_2SO_4 的浓度无关。

电解液的温度、电流密度对 DSA 表面涂层使用寿命的影响参见图 8-8、图 8-9。

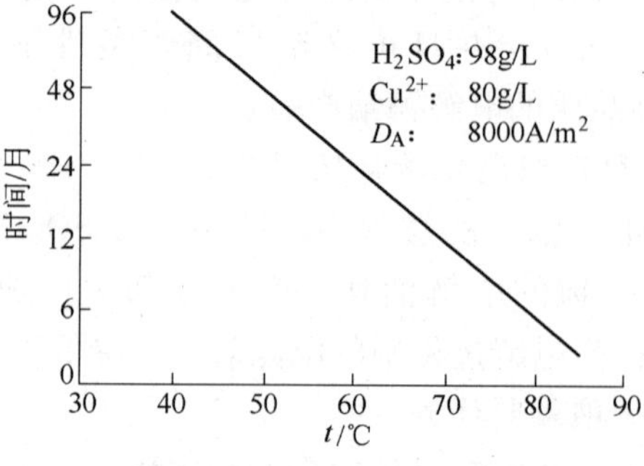

图 8-8　电解液温度对 DSA 表面涂层使用寿命的影响

生产实践证明，在 60℃、电流密度不大于 12000A/m³ 的电解液中，DSA 的连续使用寿命超过 80000kA · h/m²。

B　钛阳极的析氧电位

在 H_2SO_4 98g/L、Cu^{2+} 80g/L、电解液温度 25℃ 的条件下，氧在各种不溶性阳极上析出的电位如图 8-10 所示。

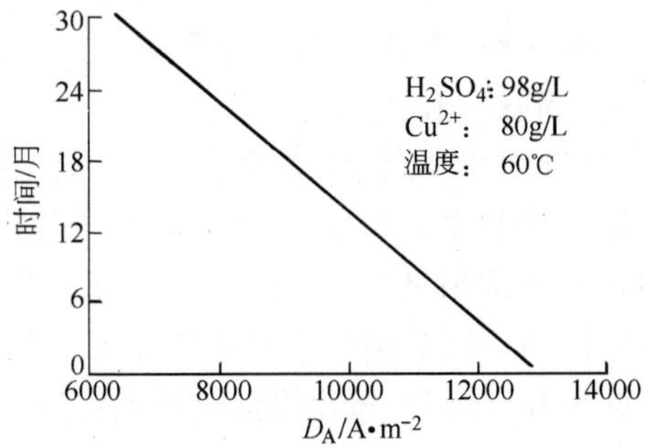

图 8-9　电流密度对 DSA 表面涂层使用寿命的影响

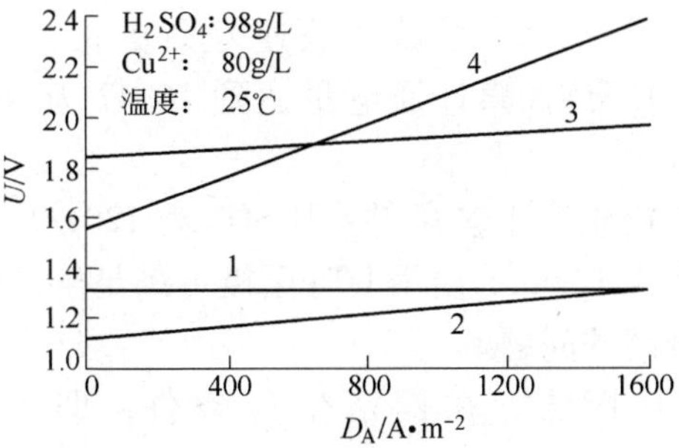

图 8-10　氧在不同阳极上的析出电位

1—表面涂敷氧化铱的 DSA；2—表面镀铂后涂敷氧化铱的 DSA；
3—电镀金属铂阳极；4—含银 1% 的普通 Pb-Ag 阳极

在相同条件下，DSA 由于其表面铂族金属氧化物的电催化作用，可使阳极氧析出电位大大降低。与普通 Pb-Ag 合金阳极相比，DSA 在低电流密度 $D \leqslant 1200A/m^2$ 下进行铜箔电解时就几乎降低了约 1.0V 的槽压。事实上，铜箔电解时的电流密度都较高，一般为 3000 ~ 8000A/m^2，最高可达 13000A/m^2。随着电流密度的提高，阳极极化急剧增加，氧的析出电位迅速升高，电解效率急剧下降。在高电流密度下，采用 DSA，降低槽压的效果十分理想。

对于单台电流超过 50000A 的铜箔电解槽而言，在其他条件不变的情况下采用 DSA，比采用普通 Pb-Ag 合金阳极每台电解槽年节电达 40 万 kW · h，节能效果十分明显。

C　电解铜箔用钛阳极的研究

潘会波在 20 世纪 90 年代末著文介绍[10]铜箔制造用的析氧阳极，该阳极正在研制中，目前国内的水平与美国的差距较大。某厂引进美国技术声称阳极寿命为 5 万 kA · h，我国现有的阳极寿命不足 4 万 kA · h。目前实验室已达 7.2 万 kA · h。

本书作者对 $IrO_2 \cdot Ta_2O_5$ 氧化物钛电极进行过多年的研究，颇有成效。在 $40kA/m^2$、1mol/L 的 H_2SO_4 小于40℃下，91 号试片连续电解运转 3122h（130 天），累计通电量为 12.5 万 $kA \cdot h/m^2$，即 $12488A \cdot h/cm^2$；93 号试片快速寿命更长，连续电解运转 4105.75h（171 天），累计通电量达到 16.42 万 $kA \cdot h/m^2$，即 $16419A \cdot h/cm^2$[11]。

某铜箔公司生产工艺条件：H_2SO_4 为 120g/L、7 ~ $9kA/m^2$、阴阳极极间隙为 12mm。使用 IrTa 阳极可满足生产要求，解决生产电流密度极高的问题。

91 号试片配方，在铜箔生产条件，即 H_2SO_4 120g/L、$9000A/m^2$、小于 40℃条件下，连续电解运转 332 天，寿命达 11 个月，7975h，累计通电量为 7.2 万 $kA \cdot h/m^2$。

8.2　铝箔电化成

文献［12］作者介绍了我国铝箔市场及铝箔高速轧制的情况。

铝箔在我国有广阔的市场，每年都有大量进口。据统计，美国平均每人每年消耗铝箔为 1.7kg，英国为 1.4kg，日本为 0.8kg，而我国约为 0.04kg，仅为美国的 2.4%，日本的 5%。在我国随着国民经济的发展和人民生活水平的提高，铝箔的需求量将越来越大。

铝箔高速高精轧制的目的就是提高铝箔的产量、质量、成品率和经济效益。与国际先进水平比较，我国在这方面还存在一定的差距。从质量上看，目前我国生产的铝箔厚差一般为 ±(5 ~ 10)%，板形还不很好，断头率为 1 ~ 2 个/卷，而国外先进水平一般厚差为 ±(3 ~ 5)%，板形良好，断头率为 0.3 ~ 1 个/卷；从铝箔生产成品率上看，我国目前一般为 60% ~ 65%，而国外先进水平为 80% ~ 85%；从轧制速度上看，我国目前铝箔轧机一般都未能达到设计最高速度。

电解液为 10% ~ 15% 己二酸胺，电流密度为 400 ~ 1000 A/m^2时，铝箔电化成可用 IrTa 涂层阳极，解决有机物浓度高的问题。

铝箔电化成生产示意图如图 8-11 所示。

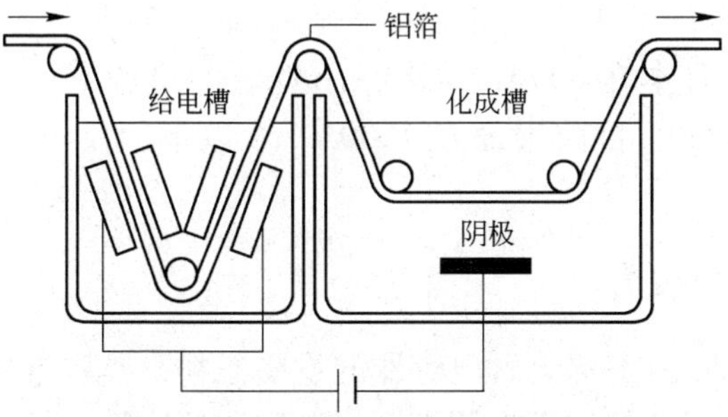

图 8-11　铝箔电化成生产示意图

文献［6］作者介绍了铝箔的阳极氧化。

在电子工业领域中，高纯度阳极氧化铝箔的需要量近年来显著增加。为了得到具有高电容率的均匀氧化薄膜，需在特别的电解液中把铝箔进行阳极氧化。电流密度为 10 ~ 50A/dm^2，电流直接通过薄铝箔是很困难的，需要在铝箔两旁安装辅助阳极和辅助阴极，以不直接接触形式向铝箔通电。如图 8-12 所示。

通常，电解液中含有有机物，有机化合物在阳极上被氧化分解，而污染了电解液，同时有机物吸附在电极表面上，使电极电位显著升高破坏了涂层，因此不溶性阳极材料的选择比较困难。开发具有低氧过电位的涂层阳极，以及防止阳极钝化，在铝箔阳

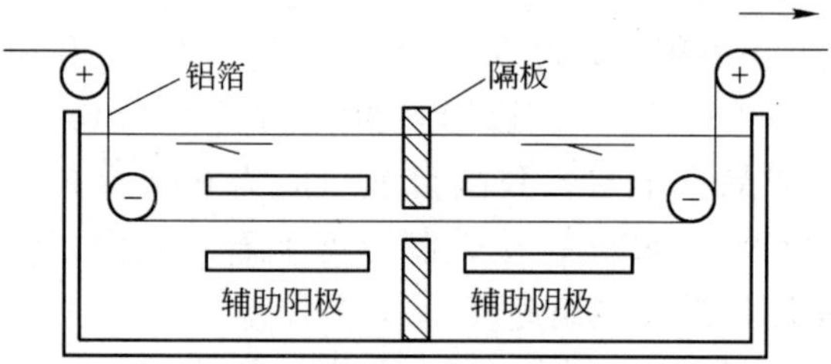

图 8-12　铝箔阳极氧化槽

极氧化工作上是很重要的。

文献［10］作者介绍了电解电容器铝箔的表面处理用阳极。

该阳极的工作介质是已二酸胺，$2000A/m^2$，工作温度为 40～70℃。日本在 $800A/m^2$ 下，阳极寿命超过 1 年。该阳极我国正在开发中，目前寿命在 $1200A/m^2$ 以下，仅有 4 个月的寿命。

8.3　生产负极箔[13]

负极箔是制造铝电解电容器的重要原料，其质量的好坏，对提高电解电容器的质量，缩小电解电容器的体积有很大的意义。

负极腐蚀车是生产负极箔的主要设备，电极是该车的核心部件，其工作条件：5～6mol/L 的 HCl 与 H_2SO_4 混合酸，电流密度 1～1.5A/cm^2，温度 35～40℃。无锡电容器总厂的负极车，过去采用日本进口的石墨电极，每片电极需 2000 美元（20 世纪 80 年代的价格）。后改用涂层钛电极，能耗由吨箔耗标准煤 0.35t 降至 0.18t，负极腐蚀效率也提高了。

参 考 文 献

［1］金荣涛．印制电路信息．2003，(2)：22～24.
［2］金荣涛．印制电路信息．2004，(12)：17～20.
［3］易惠民．有色金属加工．2002，31(4)：23～24.
［4］何兆强．上海有色金属．2000，21(1)：34～39.

[5] 中川诚二. ソーダと盐素，1992，43(3)：9~15.
[6] 日根文男. ソーダと盐素. 1989，40(6)：14~23.
[7] 李文康. 上海有色金属. 2005，26(1)：16~20.
[8] 易惠民. 有色金属（冶炼部分）. 1999，(4)：31~33.
[9] 金荣涛. 有色冶炼. 1998，(5)：27~28.
[10] 潘会波. 稀有金属材料与工程，1999，28(6)：337~339.
[11] 张招贤，等. 氯碱工业，2004，(5)：10~11.
[12] 刘圣明，等. 上海有色金属. 1997，18(1)：30~34.
[13] 潘会波. 钛工业进展. 1991，(2)：12.

第9章 钛电极在电镀领域的应用

9.1 钢板镀锌[1~4]

自1970年以来，随着汽车、电力、建筑和冶金工业的发展，电镀锌钢板的产量显著提高。1970~1991年，工业发达国家电镀锌生产线由12条增至56条，生产能力由1.4Mt/a增至12.5Mt/a[5]。

汽车工业是发达国家的支柱产业，世界汽车产量在1988年已达到4800万辆，我国汽车工业的发展也很迅速，1992年汽车产量首次突破百万辆。随着汽车工业的发展，不仅对汽车用钢的要求增加了，而且对汽车用钢的质量要求也越来越高，汽车制造业已普遍采用涂镀层钢板取代冷轧板和热轧板，涂镀层板可提高汽车车体的耐蚀能力。汽车工业对涂镀层钢板的需求也促进了钢铁业中涂镀层钢板的发展，其中最有代表性的也是发展最快的要数镀锌系钢板。汽车工业中广泛应用的电镀锌系合金镀层主要有锌镍合金和锌铁合金，还有镀纯锌、Zn-Ni-Co、Zn-Co-Mo、Zn-Al[6,7]。

锌镍合金镀层钢板在冲压成形过程中，具有较少的粉化性和剥落性，易于冲压成形。冲压成形过程中产生的凹痕和其他成形缺陷都很少。因此，电镀锌镍合金钢材是电镀锌系合金钢材中发展最快的品种，电镀锌镍合金钢板已大量用于汽车工业，如日本丰田汽车公司用镀锌镍钢板制作车体内外板，美国福特汽车公司用它制作汽车车体内板，仅1989年就消耗15万t；1988年联邦德国汽车制造业就消耗了20多万t锌镍镀层钢板。

电镀锌铁合金镀层钢板，主要是以提高汽车喷漆后的抗腐蚀性而开发的一种产品，镀层中铁含量为10%~20%时表现出良好的耐蚀性。

川崎钢铁公司 1981 年研制成功锌铝复合电镀钢板，并于 1982 年在该公司千叶厂正式投产，该产品的耐蚀性与镀层厚度相同的电镀锌钢板相比，在盐水喷雾试验中，生红锈时间延长 5 ~ 10倍，产生孔洞时间延长 2 ~ 4 倍。因此也适合作为高要求性能的汽车车体用钢板。

上海宝钢 20 世纪 80 年代中期从日本引进第一条宽带镀锌钢板生产线，生产的镀锌钢板具有优良的耐蚀性、良好的涂漆性、焊接性等加工性能，被广泛用于汽车制造业、电器仪表和家用电器等行业，年生产能力 20 万 t，能生产 10 ~ 50g/m^2 的薄涂锌层钢板。

在高速电镀锌过程中，阳极材料的选择、制备是一个十分重要的问题。镀槽的结构形式、寿命和镀锌钢板的质量在很大程度上取决于阳极。而电镀锌所用的阳极共有两种类型，即可溶性阳极和不溶性阳极。由于具有有利于提高镀层的均匀性、降低能耗以及无须经常更换，从而可保证作业率和生产的连续性等特点，不溶性阳极已被现代镀锌工业广泛采用[8]。

不溶性阳极的有关情况见表 9-1，表 9-2。

表 9-1　日本高速电镀锌生产线的阳极

公　司	阳极类型	公　司	阳极类型
新日铁	Ti 基 IrO_2	住友金属	Pb-In-Ag-Tl
新日铁	Ti 基 Pb-In-Ag	NKK	Ti 基 Pb-Sn

表 9-2　电镀锌不溶性阳极的发展过程

年　代	阳极类型	年　代	阳极类型
20 世纪 80 年代初期	Ti 基 Pb-5% Sn	20 世纪 90 年代中期	Pb-In-Ag-Tl
20 世纪 80 年代中期	Fe 基 Pb-5% Sn	20 世纪 90 年代末期	Ti 基 Pt，Pb 系
20 世纪 90 年代初期	Ti 基 Pb-In-Ag		

钢板镀锌工业生产线（Electrogalvanizing Lines，简称 EGL）中，阳极板是主要工作件，成本高，服役条件恶劣。传统使用的不溶性铅阳极在导电性、电化学特性、尺寸稳定性以及其他方面

的缺点日益突出，归纳起来铅阳极的主要缺点如下：

（1）阳极板寿命短,10～20 天必须检修更换,EGL 作业率低；

（2）铅离子对电镀液的污染造成镀层性能显著下降；

（3）铅阳极体积笨重，制造和装卸的劳动强度大；

（4）铅阳极制造和修复过程中对工人健康产生危害；

（5）铅阳极不能在高电流密度下使用。

文献［9］的作者介绍了宝钢电镀锌机组铅系合金阳极使用情况。

不溶性阳极的发展对高速电镀锌技术具有决定性的作用，先后出现了纯铅阳极、铅锡阳极、铅银阳极、铅铟银阳极、铅银铟铊阳极以及钛基二氧化铱阳极等，其中铅系阳极有较长的使用历史，至今仍有很多电镀锌机组采用。为了提高铅系合金阳极的使用性能，不仅其组成上得以优化，制造方法上也被不断改进，出现了铸造、堆焊、轧制、真空扩散焊等多种方法。在电镀锌过程中，不溶性阳极工作在铅的电化学钝化区域，阳极表面析氧的同时也发生着铅的电化学和化学溶解，而溶解下来的 Pb 成为导致镀锌钢板发生黑变的主要原因。目前宝钢 2030 冷轧单元电镀锌机组仍然使用铅锡合金阳极，黑变对产品质量还有一定的威胁。

9.1.1　铅阳极成分与制造工艺

所采用的阳极如表 9-3 所示。

表 9-3　阳极成分和制造方法

阳极编号	合金成分	制造（制造厂）
1	Pb-5% Sn	大气铸造：浇铸温度 430℃，NH_4Cl
2	Pb-0.5% Ag	除气、室温自然冷却（哈工大）
3	Pb-1% In-0.5% Ag	
4	Pb-5% Sn	大气铸造（北京冶金设备研究院）
5	Pb-5% Sn	真空扩散焊(日本户畑厂)
6	Pb-5% Sn	真空扩散焊（哈尔滨工业大学）

9.1.2　动电势扫描曲线的测试

1～6号阳极的动电势扫描曲线过钝化区的局部放大图如图9-1、图9-2所示。从图9-1可以看出Pb-Ag阳极的析氧过电位最低，则其消耗的能量最低，其次为Pb-In-Ag阳极，Pb-Sn阳极的过电位最高。从图9-2可以看出真空扩散焊阳极要比铸造阳极过电位低。

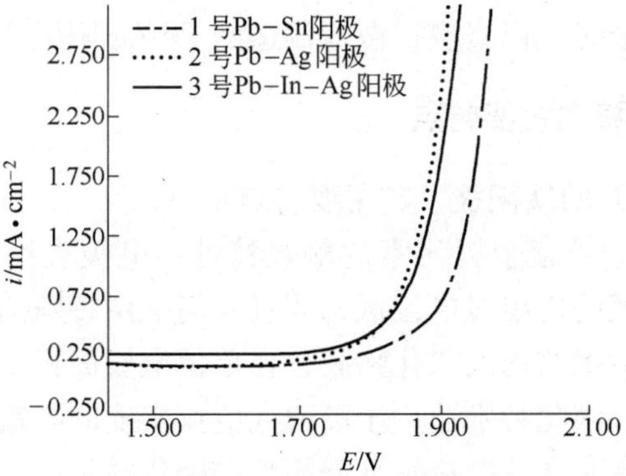

图9-1　1～3号阳极析氧过电位

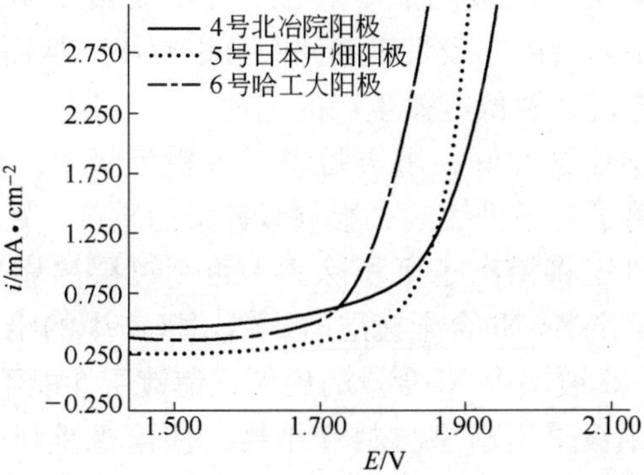

图9-2　4～6号阳极析氧过电位

1～6 号阳极的稳定电位值如表 9-4 所示。

表 9-4　在 $50A/dm^2$ 下 1～6 号阳极的稳定电位值　　V

编　号	1	2	3	4	5	6
稳定电位	1.973	1.879	1.770	2.025	1.923	1.720

可以确定，Pb-Ag 阳极性能最好，其次为 Pb-In-Ag 阳极，Pb-Sn 阳极性能最差，而真空扩散焊法制造的阳极性能要比铸造阳极性能好。因此，现有条件下 2030 冷轧单元电镀锌机组选用铅系合金阳极时，以真空扩散焊制造的 Pb-Ag 阳极为最佳。

9.1.3　钛阳极的主要特点

作为 EGL 的钛阳极，其主要特点如下。

（1）由于铂族金属元素的触媒特性，电极表面的交换电流密度值大，氧的析出过电位低，并且专门采用特殊的热分解法在钛表面制成微细结构的氧化物膜，在单位电极面积上获得极大的活性表面积，因此特别适用于高速大电流密度的电镀生产。与铅阳极相比，在同样的电流密度下阳极的极化电位小，电镀槽的槽电压低，可实现高效、低能耗的电镀操作。

（2）电极损耗速率极小，阳极尺寸稳定，使用寿命长，不但减少了维修更换阳极的成本和工作量，提高 EGL 的作业率，而且在镀槽中阳极同阴极带钢的间距可以减小，从而减少消耗于镀液电阻的电能，降低电镀生产的能耗。

（3）电极耐蚀性好，阳极材料溶入镀液极少。使用铅阳极时溶解的铅离子会污染镀液，影响镀锌层的质量，在生产中，必须定期加碳酸锶将铅离子沉积除去，否则镀层热剥离性就不合格。特别在生产 Zn-Ni 合金镀层时，铅阳极产生的铅离子污染会明显改变 Zn-Ni 镀层中 Ni 含量的比例，使镀层性能不合格。

（4）钛阳极采用新型材料和结构，使阳极重量从原来的数百公斤减轻到 100 余公斤，一块组合板仅有 10 多公斤，大大加快了更换维修工作的进行。

据 Kamegaya[10] 报道，钢板镀锌操作条件为，135A/dm^2，60℃，钛阳极工作寿命 3 个月。氧化物涂层钛基体分开为 10 ~ 15 块，为的是对电镀期间与阴极接触的被损坏部分容易进行修复。

9.1.4　钛阳极的制造方法

9.1.4.1　钛阳极热分解法

钛阳极热分解法工艺流程是：基体钛碱洗→水冲洗→酸洗→冲水→配制涂液→涂制→干燥→热分解。

涂液配制方法是将 1.00g 的 $H_2PtCl_4 \cdot 6H_2O$ 和 0.30g 的 $IrCl_3 \cdot 4H_2O$ 溶于 2.0mL 松节油、8.0mL 薰衣草油、10.0mL 酒精、0.5mL 浓盐酸的混合液中。利用这种涂液可制得 Ti/Pt-Ir（30）系阳极。

Masatsugu[11] 介绍了 IrTa 配方，$H_2IrCl_6 \cdot 6H_2O$ 和 $TaCl_5$ 溶于体积分数为 6% 浓盐酸的正丁醇中，煅烧温度 500℃，10min，Ir 涂敷量 30g/m^2。

涂液涂敷于钛基体上的方法主要有刷、喷或基体浸渍于涂液中，还有电镀、电泳、静电涂装、真空溅射等方法。对于电镀锌所用的钛阳极，涂液的涂敷最好采用喷涂的方法，可保证涂层的均匀性。

9.1.4.2　钛阳极电泳电镀法

电泳电镀法的原理是将铂族金属氧化物粒子直接包覆到钛基体上。利用电泳电镀法制作包覆氧化铱的钛基体电极方法，这种方法首先是钛板用 4% HF 水溶液、热硫酸水溶液腐蚀，使其表面粗糙化。电泳电镀时的悬浊液，是将亚微子级(0.1 ~ 0.3μm) IrO_2 粉末 0.5 ~ 1.0g 与 $Mg(NO_3)_2 \cdot 6H_2O$(MeOH0.02 ~ 0.2g/100mL)一起，加入 100mL 甲醇中，用超声波处理 15min 使其均匀。在电解槽中对钛基体进行电泳镀。这种电泳镀是在一定电压的室温条件下进行。电泳镀方法同样具有热分解涂层法的优点，而且操作简便，被认为将会成为新的电极制作方法之一。

作为耗电大户的电解工业，例如，钢板镀锌生产线，使用析氧过电位低的 DSA 代替过电位高的铅电极，可以从降低电极电位来降低电能消耗。最适用的涂层组分为氧化铱和氧化钽。

鞠鹤[12]等人研究了钽处理时对钛基 IrO_2 电极组织及放氧行为的影响，扫描电镜观察结果发现，普通钛基 IrO_2 涂层表面存在一些细小的裂纹，这些裂纹很可能成为氧向钛基体渗透的通道，而经钽处理的钛基 IrO_2 涂层，其组织呈蜂窝状，裂纹不明显。钽处理过程中，钽与钛之间通过瞬间放电，使得二者之间既产生机械作用，又产生化学作用。机械作用可增加基体的有效几何面积，提高涂层与基体的结合力，而化学作用是使表面形成 Ta-Ti 混合化合物，可进一步增加涂层抗钝化作用。此外，钽处理的钛基 IrO_2 阳极涂层的放氧极化电位明显低于普通钛基 IrO_2 阳极涂层，其原因可能由于钛基与涂层结合力及几何面积增加，使涂层内部活性点增加，涂层电催化作用增强。

9.1.5　钛电极恶化的原因

张招贤[13,14]曾著文分析钢板镀锌中铱钽氧化物涂层钛阳极恶化的原因。

（1）电解液中的氟离子　氟化物来源于几个方面：主要污染物是 $SrCO_3$，钢板镀锌处理电解液除 Pb^{2+} 时加进去的。电解液中存在 Ca 和 Al 离子时，可以用 F^- 与其发生中和反应，并生成相应的络合物。

当电解液中存在 F^- 离子，情况变得非常危险，浓度达到 10^{-6} 的数量级就足以损坏基体，甚至在极化时钛基体也会被溶解。

（2）反向电流引起的涂层剥落　镀锌生产线停产时会出现这个问题。突然停电时，电极极化方向会倒转，这时 Zn 或 Sn 溶解在酸中，成为阳极反应点，离子沉积在 DSA 表面，伴随有 H_2 析出。

Martellia[15]在实验室进行试验表明，当电解液是纯 H_2SO_4 时，极化方向倒转，不会影响 DSA 的性能，但是当电解液中含有不合适的离子时，若干次的反向极化变得非常危险，因为在处于阴极状态时，金属会沉积在表面涂层裂缝中，当处于阳极状态时，金属又会发生溶解。周而复始的结果，由于机械性破坏，而引起涂层损坏。

（3）机械损坏　在钢板镀锌工厂中，钢带在高速运转，经常发生磨损，阳极和阴极间距离变得非常狭窄。钢带末端和下一个钢带始端之间焊接处经常很快破裂，导致钢带断裂和损坏。机械损坏会破坏好的活性涂层。

据 Kamegaya[10] 介绍，钢板镀锌时，金属涂层表面会被钢板阴极和接触滚轮之间收集到的浮渣所损坏。因此，在电镀工艺中必须有一个连续过滤工序。

9.1.6　钛阳极在钢板电镀锌生产中的应用

钢板镀锌生产示意图如图 9-3 所示。

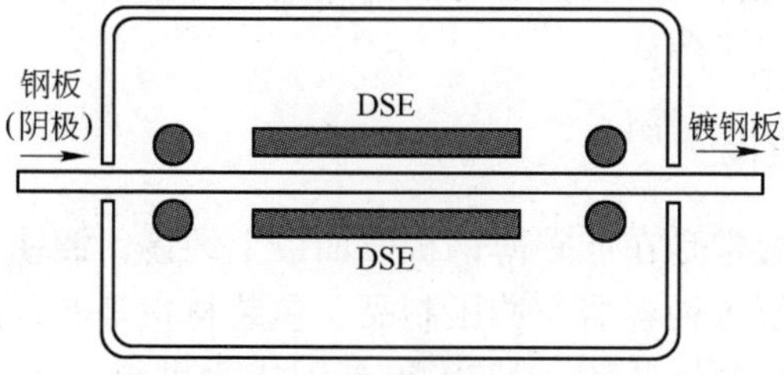

图 9-3　钢板镀锌生产示意图

钢板镀锌电解液为 1mol/L 的 $ZnSO_4$；0.7mol/L 的 Na_2SO_4，pH = 1.5。Masatsugu[11] 报道，铱钽氧化物钛电极在实际操作条件 100A/dm^2，60℃下工作寿命大于 10000h（417 天）。

在国外，钢板（带）电镀锌生产中已较多使用钛阳极来取代铅阳极。

日本钢管公司 1987 年投产的福山 No.4 EGL（生产能力 30 万 t/a），美国阿姆科钢铁公司 1986 年投产的米德尔敦厂 1 号 EGL（生产能力 25 万 t/a）和联邦德国克虏伯钢厂 1987 年投产的 Stah1 AG2 号 EGL（生产能力 24 万 t/a）都采用了钛阳极，效果很好。认为钛阳极具有优良的导电性和耐蚀性，使用寿命比铅阳极高得多，每次修复可稳定工作 4000h 以上，成本与铅阳极接近。因此，采用钛阳极将是国内外电镀锌生产发展的必然趋势。

日本福山制铁所的第 5 号电镀锌生产线于 1991 年 1 月建成，生产能力 24 万 t/a，共有 5 个电镀槽，全部采用钛阳极。美国 Bethleheml Inland Prefinish Metals 公司于 1986 年投产的电镀锌生产线，生产能力高达 40 万 t/a，镀层品种是 Zn 和 ZnNi 合金，直立式电镀槽，总共有 20 个，每槽电流高达 50kA，钢带镀速高达 210m/min，全部采用钛阳极，获得了满意的使用效果。联邦德国 Salmax Gm 公司于 1987 年建成投产的 1 号电镀锌生产线，生产能力 10 万 t/a。采用 6 个直立式电镀槽，每槽电流 46kA，工艺段的钢带镀速 180m/min，也全部采用不溶性钛阳极，不仅大大节省电镀能耗，而且由于可以增大电镀电流密度，为生产厚镀锌层钢板创造了条件。

9.2 钢板镀锡[16,17]

镀锡板通常是在低碳薄钢板两面镀上纯锡，镀锡板广泛用于食品工业，及各种容器、冲压制品、包装材料等非食品工业。

镀锡板起源于英国，1730 年英国成为世界上第一个镀锡板输出国，以后美国、日本镀锡板工业得到很大发展。1934 年电镀锡工艺首先在德国得到工业性应用。

1987 年世界镀锡板总产量在 1156 万 t 左右，其中美国占 19.7%，居世界首位，日本为 14.9%，居第二位。

目前，世界上建有电镀锡板生产线约 128 条，其中美国 25 条，日本 13 条。我国于 20 世纪 70 年代起陆续引进、建设了上钢十厂、武钢、广东省中山市、无锡县玉祁镇等电镀锡生产线，镀锡板生产能力不足 8 万 t。上海宝山钢铁总厂三期建设电镀锡生产线，为的是解决镀锡板大量进口问题。

电镀锡板的现代工艺流程如图 9-4 所示。

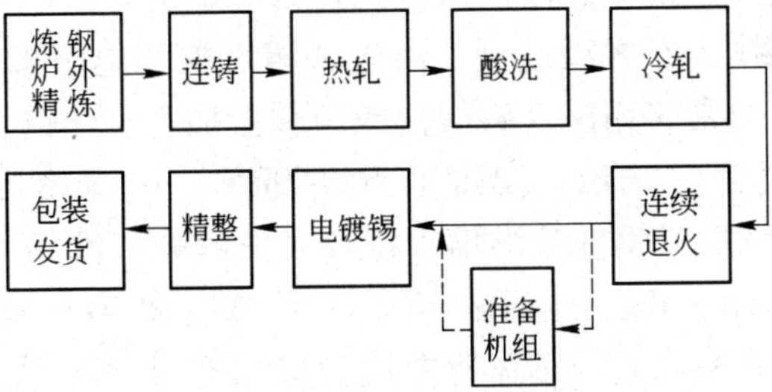

图 9-4　电镀锡板生产工艺流程

电镀锡机组按其电解液种类的不同，可分为酸性法、卤素法及碱性法。

酸性法以弗洛斯坦型（简称 F 型）应用最普遍，世界上约有 98 条，占机组总数的 76.5% 左右，以硫酸锡作为电解液，是由美钢联开发的。

酸性法中以氟硼酸盐作为电解液的是德国拉色斯坦型作业线，该厂有 4 条这种作业线，世界上约有 17 条，我国武钢引进的也是这种作业线。

卤素型（简称 H 型）多数集中于美国，其电镀液是采用氯化亚锡和碱金属氟化物的水溶液并以萘酚磺酸或聚氧乙烯类化合物作添加剂。

碱性法（简称 A 型）以锡酸钠为电解液，由于工艺陈旧，耗电大（电镀时由 $Sn^{4+} \rightarrow Sn^{0}$）、电流效率低，大部分已被淘汰。

宝钢三期电镀锡机组选择 F 型，其工艺流程如图 9-5 所示。

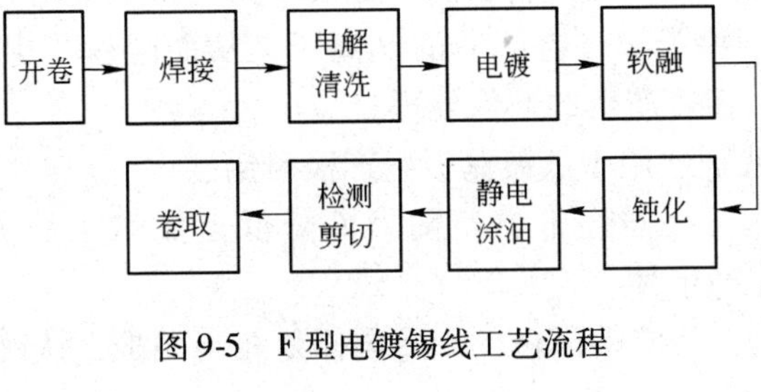

图 9-5　F 型电镀锡线工艺流程

钢卷经开卷机开卷后由搭接式自动缝焊机焊接使电镀生产连续化。清洗槽为立式浸渍型，由电解清洗槽和电解酸洗槽组成。电解清洗液通常采用碱性磷酸盐或硅酸盐加氢氧化钠和表面活性剂配成的复合清洗液，温度为 60 ~ 90℃，电流密度为 5 ~ 10 A/dm^2，碱洗后带钢在喷淋槽中将其表面的碱液洗净。电解酸洗液通常采用25 ~ 40℃的硫酸溶液，一般浓度为40 ~ 80g/L，电流密度为5 ~ 30A/dm^2，酸洗液中铁含量不超过25g/L，酸洗后带钢经喷淋槽除去残留酸液。

F型电镀段由立式浸入型电镀槽和废液回收槽组成。电镀液通常采用二价锡苯酚磺酸溶液作添加剂，以防止二价锡氧化成四价锡而增加电流量。电镀液的工作温度保持在40 ~ 50℃。

钝化处理有浸渍法和电解钝化法两种。电解钝化法处理采用的钝化液通常是重铬酸钠或铬酸水溶液，将带钢作为阴极，在浓度约30g/L的重铬酸钠溶液内进行钝化处理，pH值为3 ~ 5，温度为45 ~ 85℃，阴极电流密度为4 ~ 10A/dm^2。钝化膜能防止镀锡板在运输和储存期间的腐蚀，能改善漆层的结合力及对亚硫酸盐腐蚀的耐久性，并且不会妨碍焊接操作。

电镀槽阳极的发展：为减少带钢宽度范围内镀锡层厚度的变化，开发出不溶性阳极、径向槽和可溶性平行阳极。

日本首先开发出不溶性阳极，同时配置各种边缘罩，其优点是：

（1）镀层均匀，尤其在边缘部分；

（2）更好地控制涂层总重量、降低锡的消耗。这些在可溶性阳极系统的现代化控制系统中是很难实现和定量化的；

（3）避免了来自电解液的铁离子，从而减少了电解废液的排放，以及随之产生的环保处理；

（4）特别适用于低镀锡板生产极薄锡层；

（5）由于无需经常更换阳极而降低了操作工的劳动强度，提高了操作稳定性。

缺点是：不溶性阳极的制造与修复相当困难，钛镀铂阳极价格昂贵。在使用不溶性阳极时对镀槽内电镀液量要求控制，过欠过盈都将影响生产的高速运行。

Huimin[18] 介绍一种用于含有有机物的镀锡生产工艺的 $Ti/IrO_2 \cdot Ta_2O_5/SnO_2$ 电极。

电镀工艺中，钛基覆盖铂族金属或涂敷铂族金属氧化物涂层电极可用作不溶性阳极。但是，电镀液中含有有机物时，上述电极催化活性层损耗率高。电镀锡生产线装配内装有含 P-苯酚磺酸（PSA）的电镀槽，即 Ferrostan 槽，原使用钛镀铂（Ti/Pt）电极，现可考虑使用 $Ti/IrO_2 \cdot Ta_2O_5/SnO_2$ 阳极。

将钛基板浸在含铱钽盐类涂液中，100℃ 下烘干 10min，470℃下热氧化 10min，上述过程重复 10 次，制得 $Ti/IrO_2 \cdot Ta_2O_5$ 阳极。另外，上述过程重复 9 次时，将 $IrO_2 \cdot Ta_2O_5$ 电极浸在含 137.22g/L 的 $SnCl_2 \cdot 2H_2O$ 正丁醇中，按照上述工艺条件进行烘干和热氧化，在 $IrO_2 \cdot Ta_2O_5$ 涂层表面生成 SnO_2 而制得 $Ti/IrO_2 \cdot Ta_2O_5/SnO_2$ 电极。

$Ti/IrO_2 \cdot Ta_2O_5$ 阳极表面原来由裂缝、平面部分和 IrO_2 聚集物组成。电解液为 0.176mol/L Na_2SO_4 溶液，添加或不添加 0.454mol/L 的 P-苯酚磺酸，用硫酸调节 pH 值至 0.8，在 50℃，$2A/cm^2$ 下，Pt 片作阴极进行电解，槽电压升高大于初始槽电压 5V 被视为电极运转寿命终结。由于苯酚的电化学氧化，由此产生的聚氧次苯基（polyoxyphenylene）型聚合物，在酸性或碱性介质中均呈化学惰性，几乎不发生氧化作用。PSA 的聚合作用产生电解产物，在电解期间逐渐覆盖阳极表面，对 IrO_2 基涂层阳极运转寿命有较大影响，如表 9-5 所示。

表 9-5　电极运转寿命

电解液	电极运转寿命/h	
	$IrO_2 \cdot Ta_2O_5$	$IrO_2 \cdot Ta_2O_5/SnO_2$
Na_2SO_4	1695	
Na_2SO_4 + PSA	65	123

电解液中存在 PSA，使 $IrO_2 \cdot Ta_2O_5$ 电极运转寿命急剧降低，这个结果与溶液中含有其他有机化合物，如硫脲、乙腈、甲醇的结果非常类似。但 $Ti/IrO_2 \cdot Ta_2O_5/SnO_2$ 电极在 Na_2SO_4 + PSA 溶液中电解时间约增长 2 倍，这和电极最外层为 SnO_2 有关。

EDX 分析显示电解产物的分布和电极表面 SnO_2 存在重要关系。图 9-6 表示电极不同部位元素分析结果，可以看到，当平面部分锡含量高于涂层颗粒时，平面部分硫含量就低于涂层颗粒。由于硫被认为是磺化族电解产物的指示剂，图 9-6 表明在 SnO_2 富有区域倾向于抑制聚合物的生长。Comninellis[19] 指出，在析氧电解期间，Ti/SnO_2 阳极上聚集 OH^-，与此相反，Ti/IrO_2 阳极表面 OH^- 浓度几乎是零，这样在 Ti/SnO_2 阳极上可以高效率对苯酚完全发生氧化作用，生成 CO_2。SnO_2 富有区域比 IrO_2 富有区域更限制聚合物的聚集。这就是 $Ti/IrO_2 \cdot Ta_2O_5/SnO_2$ 电极运转寿命长的原因。

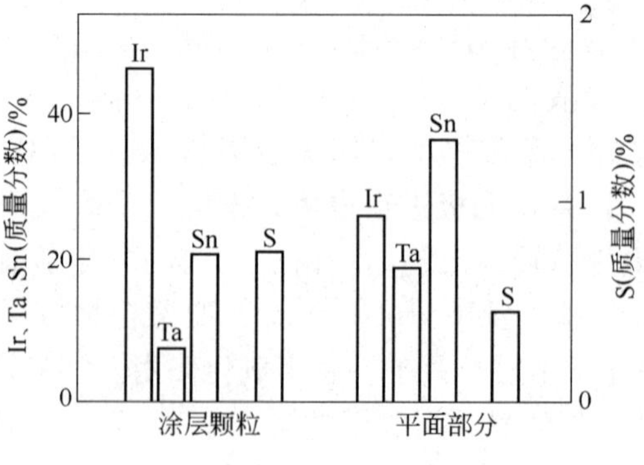

图 9-6　Ir、Ta、Sn、S 在电极表面的分布

9.3　三价铬电镀

9.3.1　电镀三价铬的环保意义[20,21]

镀铬是应用最广的镀种之一。随着汽车、摩托车、卫浴五金

工业的发展，装饰镀铬应用越来越广。根据生产现场统计，装饰镀铬镀液中有41% ~51%铬酸被铬雾挥发和被镀件带入清洗水中。铬酸危害性很大，操作工人长期吸入铬雾能引起头痛、昏迷、鼻炎、鼻穿孔、皮肤溃疡和肺癌等。而铬酸废水污染河水，其潜在危险更大。根据有关资料介绍，人类误饮被六价铬污染的水源，可造成全身中毒、变态反应和致癌；用被六价铬污染的水浇灌农作物，可使农作物产生变异；水中含 Cr^{6+} 20mg/L 可使鱼类致死，在镍的协同作用下，2mg/L 的 Cr^{6+} 就可以对农作物引起危害。美国环境保护局（EPA）将六价铬确定为 17 种高度危险的毒性物质之一。铬在水中以三价和六价形式存在，其中六价铬的毒性很大，大约是三价铬的 100 倍，如果水中六价铬的含量大于0.1mg/L，就会对人体产生毒害作用。六价铬对皮肤有严重的刺激性，能造成皮肤溃疡，长期摄入会引起扁平上皮癌、肉瘤和腺癌等疾病。含六价铬的废水、废物不能像氰化物一样在自然界自然降解，它在生物和人体内积聚，能够造成长期性的危害，是一种毒性极强的强烈致癌物质，也是严重的腐蚀介质。因此，世界卫生组织、美国和英国卫生部都规定饮用水中 Cr^{6+} 的含量不允许超过0.05mg/L。西方工业发达国家已开始限制六价铬镀铬的应用。欧盟认为目前电镀精饰业面临的最大问题是六价铬，提出了一项 ELV 指引的修正，建议从 2003 年 7 月起禁止使用六价铬。我国也规定 Cr^{6+} 的排放不超过0.5mg/L。

由于六价铬污染环境，因此建议采用毒性低的三价铬电镀。

低毒、低污染是 Cr^{3+} 电镀的最大优点，其毒性只有六价铬化合物的1%左右；无铬雾逸出，镀铬工人不会产生相关的职业病（如皮肤斑疹、鼻中隔穿孔等）；Cr^{3+} 的废水处理比 Cr^{6+} 简单，省略了 Cr^{6+} 的还原步骤，只要将废水 pH 值调到 8 左右，Cr^{3+} 就能成为氢氧化物而沉淀分离；综合起来，Cr^{3+} 的废水处理费用只有 Cr^{6+} 镀液的20%左右。

9.3.2　镀铬历史[22~25]

三价铬电镀的历史，最早可追溯到 19 世纪。1854 年 Bunson

发表了第一篇从三价铬盐溶液电积铬的论文，两年以后才有电镀六价铬的文献报道。由于技术原因，三价铬电镀当时未能在工业上应用。在以后的岁月里，三价铬电镀工艺研究进展缓慢。而六价铬电镀工艺，Sargent 在 20 世纪初系统地研究了铬酸和硫酸盐工艺后，在工业中获得广泛应用。

20 世纪初，六价铬电镀工艺发明以来，铬镀层在防护装饰性电镀和功能性电镀中发挥重要作用，但仍存在一系列技术和环保问题，如镀液分散能力差、深镀能力差、阴极电流效率低、电镀中不能断电、镀液强氧化性和高毒性，特别是严重污染环境。长期以来，镀铬使用铬酸。铬酸毒性大，是致癌物质，各国政府加强了立法管理，如美国对六价铬的排放标准从 0.05mg/L 改为 0.01mg/L，并从 1997 年开始执行。一些发达国家已开始从法律上规定逐渐减少并最终停止使用六价铬电镀。随着人们对环保意识的增强，三价铬电镀的研究和应用越来越受到重视。

1974 年英国 Albright & Willson 公司推出 Alecra-3 三价铬电镀工艺，并于 1975 年申请了氯化物三价铬电镀专利，即改进的 Alecra-3000 工艺。三价铬镀铬研究终于取得突破性进展，进入实用阶段。1981 年英国 W. Caning 开发了硫酸盐三价铬电镀工艺，该工艺采用离子膜将阴极液和阳极液隔离，称之为双槽电镀。世界几大著名电镀公司，如英国的 Harshao 化学公司、Udylite 公司都推出了自己的新工艺，推动了三价铬镀铬工艺的进一步发展。北美电镀工作者认为，三价铬镀铬是当代电镀界最有意义的进步。在美国、西欧、日本三价铬镀铬已有相当规模的应用，北美目前已有 125 家公司 250000L 电镀溶液在使用中，产品几乎涉及六价铬装饰性镀铬的所有领域。

我国于 20 世纪 70 年代中期开始三价铬镀铬的试验研究。迄今为止，国内尚没有自行研制的三价铬镀铬工艺在生产中应用。近年来，国外有几家公司将三价铬镀铬工艺引进我国。2000 年初，广东省中山史丹利电镀公司引进美国麦特美公司三价铬镀铬工艺。同年，中山固力-耶鲁公司（合资公司）引进美国安美特公司三价铬镀铬工艺。

9.3.3 三价铬镀铬工艺主要优点

三价铬镀铬工艺的主要优点有：

（1）与六价铬镀铬工艺相比，镀液污染比较少，三价铬的毒性是六价铬的 1%，电镀时不产生有害的铬酸雾，且镀液浓度低，污水处理简单，只要将废水 pH 值调到 8 以上，即沉淀出 $Cr(OH)_3$；

（2）从理论上讲，在相同电镀电流密度下，使用三价铬原料时，可以两倍于六价铬的金属电沉积速度进行电镀，镀液分散能力、覆盖能力比铬酸镀液好，光亮电流密度范围比较宽，适合于形状较为复杂的零件镀铬；

（3）电流效率比六价铬镀铬高，可达到 25%；

（4）可在锌、锌压铸件或钛上直接镀铬，也可进行滚镀铬；

（5）镀液可在常温工作，节约能源；

（6）镀层为不连续微裂纹铬，耐蚀性高于铬酸镀铬，镀层硬度不低于铬酸镀铬层；

（7）电流密度范围宽，为 $0.5 \sim 100A/dm^2$；

（8）电镀时，不受电流中断的影响。

三价铬镀层具有白亮的颜色，硬度很高而且力学性能优良，它的分散性能和覆盖能力远远高于六价铬，同样的电流密度下它的沉积速度是六价铬电镀的 2 倍，电流效率也很高。不过，三价铬电镀最主要的优点是它的毒性只有六价铬的 1%，而且易于处理，是代替六价铬电镀的最具有前途的电镀工艺之一，三价铬电镀被誉为环保型的新工艺技术。

但是，三价铬镀铬工艺也存在下述问题：

（1）目前已在生产中获得应用的三价铬镀铬镀层厚度不能超过 3μm，只能用做装饰镀铬，无法用于硬铬或其他功能镀层；

（2）镀层发乌光，没有铬酸镀层的微蓝色；

（3）由于铬是多价态，在生产过程中镀液中的 Cr^{3+} 容易被

氧化成 Cr^{6+} 毒害镀液，镀液稳定性尚需提高；

（4）镀液对杂质比较敏感，管理维护比较严格；

（5）生产成本比较高；

（6）阳极材料的选择是保证镀液稳定的关键，要使用特种钛阳极。

三价铬电镀特点[21]如下所述。

A　工艺特点

三价铬和六价铬镀铬的工艺对比如表 9-6 所示。

表 9-6　三价铬和六价铬的工艺对比

工艺特点	三价铬镀铬	六价铬镀铬
铬质量浓度/$g \cdot L^{-1}$	15 ~ 20	150 ~ 300
θ/℃	30 ~ 55	49 ~ 52
pH 值	2.3 ~ 4.0	<1
J_k/$A \cdot dm^{-2}$	4 ~ 16	19 ~ 22
电流效率/%	>30	10 ~ 16
分散能力	好	差
覆盖能力	好	差
搅　拌	空气搅拌	无
铬雾逸出	无	逸　出
电流中断的影响	无影响	无法继续再镀，需特别处理
杂质敏感性	敏　感	不敏感
沉积速度/$\mu m \cdot min^{-1}$	0.1 ~ 0.3	0.1 ~ 0.2

B　镀层性能

（1）光泽性。三价铬镀层比六价铬镀层要暗些，呈不锈钢色。但近年来研制的改进型工艺，可得色泽几乎与六价铬基本一致的镀层。

（2）耐磨性。三价铬镀层耐磨性比六价铬好。

（3）硬度。目前的三价铬镀层厚度很难超过 5μm，硬度达不到六价铬的标准，通常只能作为装饰性镀层；但是近年来通过对工艺的改进，三价铬镀层的厚度已有很大提高，其硬度也得到了很大的改善，可以和六价铬镀层相媲美。

C 三价铬电镀液

三价铬电镀的镀液和六价铬镀液不同，它是一种络合剂型镀液，需要稳定的络合剂。在放电过程中 pH 值波动大，在高电流密度区可能出现铬氧化物，镀液需要缓冲。另外，还需要有效的六价铬抑制剂和导电盐等物质。因此，三价铬电镀液主要由主盐、络合剂、导电盐、缓冲剂和润湿剂等组分组成，三价铬电镀液的组成及其作用如下。铬盐：$CrCl_3$、$Cr_2(SO_3)_3$、$Cr(HCOO)_3$、CrF_3 等均可作为 Cr(Ⅲ)的来源；甲酸盐：作为络合剂，其配离子形式为$[Cr_3(OH)_2(HCOOH)_6]^+$；溴化物：能抑制 Cr(Ⅵ)的产生，配合 NH_4^+ 的作用，还可有效解决 Cl_2 逸出的问题，使电镀光亮区扩大；铵盐：主要作用有两个，即防止阳极产生 Cl_2 和 Br_2，以及抑制 Cr(Ⅵ)的生成；H_3BO_3：良好的缓冲剂，可使镀液的 pH 值保持稳定，以防阴极膜中析出碱式盐而影响镀层质量；导电盐：主要是 KCl 和 NH_4Cl，其作用是增加电导，提高镀液的分散能力并使镀层光泽均匀一致，减少电耗；表面活性剂：主要作用是降低镀液表面张力，浸润镀件表面，消除镀层针孔，提高分散能力使镀层均匀；工艺条件：pH 值为 3.0~3.5，温度 20~40℃，阴极电流密度 7~12A/dm^2，可适当搅拌。

9.3.4 氯化物体系电镀三价铬

三价铬镀铬工艺体系主要有氯化物体系和硫酸盐体系。目前国内研究的三价铬镀铬工艺几乎都是氯化物体系。

文献［26］作者介绍了 4 种氯化物体系电镀三价铬工艺，即 Alecra-3 工艺、DMF 工艺、次磷酸盐体系、$Cl^- + SO_4^{2-}$ 体系。4 种体系的镀液组成、工艺条件及工艺特点的比较，见表 9-7。从表中可以看出，目前三价铬电镀基本上均采用氯化物体系，并且镀液的组成成分较多，有些成分难于分析，这就导致镀液成分不容易控制，从而引起镀液的不稳定。此外，在氯化物介质中，工件容易遭受腐蚀，因此，工件一般要求带电入槽。

表 9-7　镀液组成、工艺条件及工艺特点

Alecra-3 工艺		DMF 工艺		次磷酸盐体系		$Cl^- + SO_4^{2-}$ 体系	
$CrCl_3 \cdot 6H_2O$	106g/L	$CrCl_3 \cdot 6H_2O$	213g/L	$CrCl_3 \cdot 6H_2O$	0.2mol/L	$CrCl_3 \cdot 6H_2O$	0.4mol/L
NH_4Cl	134g/L	NH_4Cl	26g/L	NH_4Cl	3mol/L	$Cr_2(SO_4)_3 \cdot 6H_2O$	0.2mol/L
$HCOONa \cdot 2H_2O$	62g/L	DMF	400g/L	$NaH_2PO_2 \cdot 2H_2O$	2mol/L	H_3BO_3	0.4mol/L
CH_3COONa	16g/L	NaCl	36g/L	H_3BO_3	0.2mol/L	NaCl	0.4mol/L
KCl	75g/L	H_3BO_3	2g/L	NaF	0.1mol/L	$(NH_2)_2CO$	2mol/L
H_3BO_3	67g/L	表面活性剂	0.01g/L	添加剂 TC-1	适量	HCOOH	20mL/L
NH_4Br	10g/L	润湿剂	1~2mL/L	pH 值	3.0±0.2	稳定剂	10g/L
润湿剂	1mL/L	pH 值	1.1~1.3	θ	20~30℃	pH 值	1.9~2.3
pH 值	3.0~3.5	θ	(25±5)℃	J_k	10~15A/dm²	J_k	<11A/dm²
θ	20~40℃	J_k	10~15A/dm²	阳极	石墨	阳极	石墨
J_k	7~12A/dm²						
镀液的覆盖能力好，镀层硬度高，外观呈不锈钢色。设备类同六价铬，易于工艺转化		沉积速率快，镀层呈光亮青色，耐蚀性好，但镀液导电性差，需较高槽压，不利于节能		晶态镀层，厚度最大可达 6.4μm，只能用于装饰性电镀。镀层外观与六价铬镀层基本接近			

文献［27］作者介绍了甲酸-甲醇-尿素体系三价铬镀铬工艺。

以 Cr(Ⅲ)-尿素体系为基础，通过对影响电镀性能的各主要因素的研究，选择了合适的添加剂，确定了一种新的甲酸-甲醇-尿素体系三价铬电镀工艺。

Cr(Ⅲ)镀液组成及工艺条件：

三氯化铬	0.80mol/L
氨基乙酸	0.50mol/L
尿素	0.50mol/L
氯化铵	0.50mol/L
氯化钠	0.50mol/L
硼酸	0.19mol/L
甲酸	20mL/L
甲醇	280mL/L
YGH-1	0.10g/L
θ	室温
U/V	15
J_k	18A/dm^2
pH 值	1～3
阴极	铜片
阳极	石墨炭棒

甲醇和甲酸在电镀液中起着添加剂的作用，以改变电镀液的性能，增加电镀液的稳定性，提高镀层的质量。

光亮剂通常是含有 $R—SO_3H$、$—NH_2$、$RN═NR$、$—SR$、$R_2C═S$、RO^-、ROH、$RCOO^-$等特定基团的一些化学物质。电镀生产中常利用含有上述基团的具有一定表面活性的添加剂来控制和调节金属离子的电沉积过程，以达到改善镀液的分散能力或微观电流分布，获得结晶细致、紧密的镀层，得到平整和光亮的镀层表面。研制开发了一种新型添加剂 YGH-1，尽管铬沉积速率稍有降低，但镀层性能得到了明显改善，镀层表面的光亮程度增加，表面的光滑程度也有所提高，更明显的是镀层周围的烧焦程度有明显的改善。

使用赫尔槽，单面镀（一面用绝缘材料覆盖）。铬镀层光亮、光滑，结合力好，镀层周围的烧焦程度得到了显著改善，电流效率也有明显提高。

文献［28］作者讲述了三价铬镀液中配体的作用。

在三价铬镀液中，Cr^{3+} 存在的形式不利于 Cr^{3+} 的电沉积，在单纯 $CrCl_3$ 水溶液中，阴极表面只有一层疏松、附着力极差的黑色沉积物，加入配体之后镀铬层性能可以得到改善。配体在三价铬镀液中的作用有 4 种。

A 加快三价铬镀液的电沉积速度

因为 Cr^{3+} 的价电子构型为 $3d^3$，当形成六配位八面体配位化合物时，发生了 d^2sp^3 杂化而形成具有共价性的配位键，形成内轨型配位化合物。这种内轨型配合物的配位体取代较困难，但当有第二配体（L）取代母体配体（H_2O）时，原规则的八面体结构变成非规则的八面体结构，配体场分裂能变小，结果使得 Cr^{3+} 配位离子在阴极上的还原变得容易。因此，凡是能将第二配体（或是第三配体）引入的因素均会产生更多的活性配位离子，使 Cr^{3+} 电沉积速度提高。三价铬镀铬的发展历程也证实了这一点：开始选择单一配体，如甲酸、乙酸、草酸、氨基乙酸、酒石酸、柠檬酸等含碳数小于 10 的羧酸，或者羟基羧酸及其盐时，沉积速度缓慢，一般只能镀得几微米厚。

当采用双配体时，在以甲酸与甲醇为配体的镀液中，甲酸主要与 Cr^{3+} 形成配位离子并且催化三价铬配位离子的交换，甲醇也可与 Cr^{3+} 形成配位离子，阻抑羟基配体和聚合物的形成。加入甲酸和甲醇能明显地提高沉积速度（50μm/h），同时也改善镀层的质量，提高镀液的稳定性。

近来有报道，向镀槽中添加 3 种羧酸作为配体，可以获得厚为 50 ~ 450μm、性能良好的铬镀层。几种羧酸配位体如下：

（1）单羧酸，如 $CH_3(CH_2)_{n-1}COOH$，如甲、乙、丙、丁酸等；

(2) 双羧酸，如 $HOOC \cdot (CH_2)_{n-1}COOH$，如草酸（乙二酸）、丙二酸、丁二酸、戊二酸、己二酸等；

(3) 羟基羧酸，如乙醇酸、乳酸（丙醇酸）、苹果酸（羟基丁二酸）、酒石酸、柠檬酸等；

(4) 氨基羧酸，如氨基乙酸、丙氨酸、天冬氨酸、亚氨基乙二酸、谷氨酸、乙二胺四乙酸等。

B　抑制 Cr^{3+} 羟桥化反应

在电镀过程中，阴极表面附近扩散层中的 pH 值会升高，在 $pH>4$ 之后，水合的 Cr^{3+} 会发生羟桥化反应，而且在有 Cr^{2+} 存在时会催化这个反应在很短的时间内完成，从而阻止了铬的进一步沉积。为了减少或抑制 Cr^{3+} 的羟桥化反应，必须减少 Cr^{2+} 的催化作用。可以通过改变 Cr^{2+} 的存在形式来达到此目的，如向镀液中加入一些羧酸类物质，使 Cr^{2+} 转变为双核配位化合物，从而使之失去催化作用。根据这一设想，在含有尿素和甲酸等镀液中镀得了厚为 50 ~ 70μm 的铬层。

已形成羟桥聚化合物时，也可以选用合适的配体，如乙酸等，使羟桥聚合物完全解配聚或部分解配聚。

C　掩蔽有害金属杂质离子保证镀铬正常进行

三价铬镀铬工艺对杂质金属敏感，是不能镀厚的原因之一。

一般来说，镀液对 Cr^{6+} 和 Cu^{2+} 特别敏感，允许含量分别不能超过 5mg/L 和 20mg/L。对于其他杂质，如 Ni^{2+}、Zn^{2+}、Cr^{2+}，则分别为 250mg/L、350mg/L、400mg/L。

为了消除杂质金属的影响，可向镀液中加入配体或螯合剂。

例如：用乙二胺四乙酸、乙二胺四乙酸二钠盐、乙二胺四乙酸三钾盐、乙二胺四乙酸四钙盐、乙二胺四乙酸单镁盐等作配体，形成的配位化合物可以保留在镀液中而不需要沉淀除去，或者作电解处理，就可以恢复正常生产。此种配体不仅对无机金属杂质有掩蔽作用，对有机杂质也有掩蔽作用。

D　稳定镀液

在三价铬电镀铬过程中，三价铬离子会被氧化以及发生羟桥化反应，形成多聚化合物。加入配体与三价铬离子形成配位离子，可抑制 Cr^{3+} 的氧化和多聚化的发生，使镀液的稳定性得以提高。一些羧酸的加入与 H_3BO_3、铝盐共同起着稳定镀液 pH 值的作用，可以防止阴极表面生成三价铬的氢氧化物，确保镀液稳定，铬镀层质量提高。

9.3.5　硫酸盐体系电镀三价铬

氯化物体系电镀三价铬存在下述问题：

（1）氯化物体系在电镀生产过程中，会产生对人体有害的氯气，造成二次污染；

（2）使用的阳极为石墨，不能完全避免产生六价铬，而六价铬的产生又影响镀液的稳定性；

（3）石墨经长期使用因气体腐蚀阳极变形，产生沉渣污染镀液；

（4）氯化物对电镀设备有较强的腐蚀作用；

（5）需要采用离子膜净化镀液，维护成本较高。

广州某研究所研发的 BH-88 硫酸盐三价铬镀铬工艺[29~32]，已在多家工厂推广使用。长期生产实践表明，镀铬工艺稳定可靠，供应的特种钛阳极性能优良，电镀产品出口欧美市场，达到国外同类产品的质量水平，填补了国内技术空白。

9.3.5.1　BH-88 三价铬镀铬的特点

A　工艺环保

采用硫酸盐体系的三价铬镀铬，不产生氯气，不腐蚀设备，镀液浓度低，污水处理简单，只要将废水 pH 值调至 8 以上，即可沉淀 $Cr(OH)_3$。

B　工艺安全

三价铬毒性低，只有六价铬的百分之一，电镀过程中不产生有毒的铬酸雾。镀液中也不含特别腐蚀性的化学物质，因此不危害身体健康。

C　镀液稳定

采用特制的专用铂族金属氧化物涂层阳极，阳极在电镀过程中几乎不溶解，使用寿命长，不产生沉渣，镀液的稳定性好。

D　覆盖能力好，分散能力佳

与六价铬电镀比，这是显著的特点，形状复杂的零件也可电镀，且高、低电区的厚度差别小。BH-88 体系，Hull 试片（3A，5min）正常可覆盖 8cm 以上。

E　镀层光亮，有较好的耐蚀性

镀液中含有光亮剂，可提高镀层质量，镀层耐腐蚀性能与六价铬镀层相当。

F　不怕断电

电镀时，不受电流中断的影响，即使间断，也不影响镀层的光泽及结合力。

G　维护相对容易

可用低电流电解法除去金属杂质，用活性炭吸附有机杂质。不需要离子交换膜，管理成本低而且方便。

H　电流效率高、电能消耗低

由于三价铬电镀的电化学特性，它的电流效率比六价铬电镀高；工作电流密度为 3 ~ 15A/dm^2，槽压不超过 12V，电能消耗低，节省能源。另外，由于镀液中 Cr 的浓度很低（4.5 ~ 7 g/L），带出损失小，也有利于降低成本。

I　阳极使用寿命长，综合成本低

DSA 阳极是硫酸盐体系三价铬镀铬工艺的关键材料之一，它是在 Ti 基体上涂敷铂族金属氧化物制成的。在电镀过程中基本不溶解，因此，又被称为“尺寸稳定阳极”。

9.3.5.2　BH-88 三价铬镀铬工艺

BH-88 三价铬镀铬工艺镀液的配方与工艺条件如表 9-8 所示。

表 9-8 BH-88 三价铬镀铬工艺

工艺要素	范 围	最 佳	工艺要素	范 围	最 佳
导电盐	280 ~ 350g/L	330g/L	时 间	2 ~ 5min	3min
开缸剂	90 ~ 120mL/L	100mL/L	电 压	小于 12V	
辅助剂	9 ~ 12mL/L	10mL/L	搅 拌	弱空气搅拌	
润湿剂	2 ~ 3mL/L	3mL/L	过 滤	循环过滤	
温 度	45 ~ 55℃	50℃	抽 风	需 要	
pH 值	3.0 ~ 3.7	3.5	阳 极	DSA 涂层阳极	
D_k	3 ~ 10A/dm^2	5A/dm^2			

9.3.5.3 三价铬电镀时产生 Cr^{6+} 原因分析[33]

硫酸盐体系电镀三价铬，阳极上主要发生放氧反应，但存在 Cr^{3+} 氧化为 Cr^{6+} 的竞争反应。

三价铬电镀时，电镀液 pH 值为 3.5，电流密度为 5A/dm^2。酸性介质中电极上放氧反应按式（9-1）进行：

$$2H_2O \longrightarrow 4H^+ + O_2 + 4e \tag{9-1}$$

本文从电极材料角度对三价铬电镀时产生 Cr^{6+} 原因进行分析。

A 和电极的电极电位有关

文献［34］介绍各种电极的氧过电位值，如图 9-7 及表 9-9 所示。

表 9-9 1mol/L KOH 中各种电极的析氧过电位

阳极材料	过电位/V		阳极材料	过电位/V	
	10mA/cm^2 时	100mA/cm^2 时		10mA/cm^2 时	100mA/cm^2 时
铂	1.32	1.50 ~ 1.56	铅	0.97	1.02 ~ 1.04
铂镀铂黑	0.66	0.89 ~ 0.90	DSA（RuO_x）	0.22	0.27
石 墨	0.96 ~ 0.98	1.12 ~ 1.17	DSA（IrO_x）	0.28	0.32
镍	0.75 ~ 0.76	0.91 ~ 0.93	Ti/RuO_x/MnO_x	0.40	0.51

从图 9-7 和表 9-9 列出数据可以看到，铂、石墨、铅、PdO 电极属于高氧过电位电极，RuO_x、IrO_x 电极属于低氧过电位电极。

三价铬电镀用涂层钛电极研发过程中发现，石墨、铅阳极、$RuTiO_x$ 电极、$IrRuTiO_x$ 电极、IrO_2 电极，Hull 槽试验，经2A · h，便产生 Cr^{6+} 离子，电镀被迫停止。

文献［34］介绍，三价铬电镀，使用铅电极时，1A · h后不能电镀，六价铬量达 $450 \times 10^{-4}\%$；使用 Pt 电极时，5A · h 后不能电镀，六价铬量达 $90 \times 10^{-4}\%$；使用钯电极时，4A · h 后不能电镀，六价铬量达 $80 \times 10^{-4}\%$；使用氧化钌电极时，63A · h 后不能电镀，六价铬量达 $2 \times 10^{-4}\%$。另外，使用 IrO_2 电极时，7A · h 后电镀液中产生 Cr^{6+} 离子。

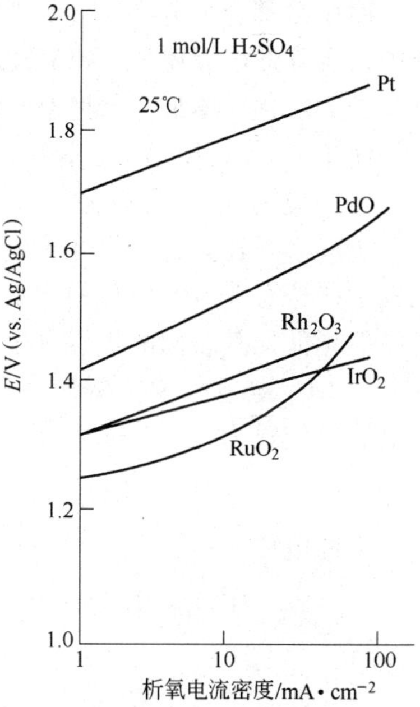

图 9-7　铂族金属氧化物电极的析氧电位特性

当使用铂、石墨、铅、PdO 等高析氧电极电位电极时，由于氧析出电位高，不利于放氧反应进行，这就有可能发生 Cr^{3+} 氧化为 Cr^{6+} 的反应。

当使用 RuO_x、IrO_x 等低析氧电极电位电极时，由于氧析出电位低，有利于放氧反应进行。放氧反应强烈时，产生的新生态氧会使 Cr^{3+} 氧化。

B　和电极物种有关

使用石墨电极，14A · h 后表面呈现粗糙不平，石墨消耗，电镀液上浮起碳粒。

使用铅基合金电极，会产生铅化合物渣，铅化合物溶解在镀液中，会降低电镀质量。铅氧化物覆盖在阳极表面上，加速三价铬离子的氧化，增加六价铬离子的产生。

使用 RuO_x、$RuTiO_x$、$IrRuTiO_x$ 电极，均会产生 Cr^{6+} 离子。这可能和使用 Ru 物种有关。

析氧必须在阳极电位高于电极材料自身氧化还原对电位时才能发生，这意味着电极材料自身对应的低价/高价氧化物对的平衡电位越低，其表面的析氧电位越低。

对 IrO_2 电极来说，析氧发生电位受 IrO_2/IrO_3 电极对控制，其电极反应式为：

$$2H^+ + IrO_3 + 2e \rightleftharpoons IrO_2 + H_2O \tag{9-2}$$

平衡电位

$$E_{eq}(\text{vs. SHE}) = 1.35 - 0.059\text{pH} + 0.029\lg(a_{IrO_3}/a_{IrO_2}) \tag{9-3}$$

电极对 IrO_2/IrO_3 的平衡电位较低，故电极表面析氧反应容易发生。

添加各种活性元素物种，可改变 IrO_2/IrO_3 电极对的平衡电位，一方面可使电极表面放氧反应有效地进行；另一方面可抑制 Cr^{3+} 离子的氧化发生。研制过一系列Ⅰ型涂层都取得很好的效果。

国外某公司的涂层钛电极及广州某研究所研制的Ⅰ型涂层钛电极，在三价铬镀铬过程中连续电解超过120A · h，镀液中均无 Cr^{6+} 离子产生。

使用 IrO_2 电极时，产生 Cr^{6+} 离子的析出电位是1.48V。而研制的Ⅰ型涂层钛电极析氧电位为1.45V。可见，研制的Ⅰ型涂层钛电极在低于 Cr^{6+} 析出电位下工作，在不产生 Cr^{6+} 离子情况下，阳极上可进行放氧反应。

文献［35］作者介绍了硫酸盐体系电镀三价铬配方及工艺条件。

草酸盐-乙二胺四乙酸体系，配方及其工艺条件如下：

$Cr_2(SO_4)_3 \cdot 6H_2O$	180～220g/L
Na_2SO_4	90～110g/L
H_3BO_3	30～35g/L
NaF	17～23g/L
草酸钠	50～90g/L
EDTA	25～30g/L
丙三醇	2～3mL/L
$FeSO_4$	10～15g/L
十二烷基硫酸钠	0.02～0.04g/L
活化剂	适　量
pH 值	1.8～2.2
温度	20～30℃
D_k	4～6A/dm^2
阳极材料	石墨

可以看出，该体系的配方很复杂，而且温度和电流密度控制范围均太窄；阳极使用石墨，还存在前述缺点。使用过程中，由于成分复杂，管理维护难度很大。

9.3.5.4　电极材料的研究

詹益腾教授[23]介绍，在解决镀液稳定性方面除了进行配方的研究外，更引人注目的是提出阳极对镀液稳定性的影响。例如，日本 TDK 株式会社出品的铁氧体阳极。在三价铬镀液中采用这种铁氧体阳极可以有效地抑制或完全消除溶液中多余的六价铬离子过量积累而造成的负面影响，同时由于六价铬离子过量积累而造成失效或不可用的三价铬镀液可通过在电解液中浸入铁氧体的阳极并电解一定时间后将六价铬离子的浓度减少至允许范围；另一方面，在三价铬镀液中使用铁氧体阳极还可提高工作液的 pH 值稳定性。英国 Canning 公司的钛基体上涂氧化铱作为电极催化层的涂层阳极。在三价铬镀液中采用阳极，可避免形成六价铬，并可预防和消除在阳极上形成的泥渣，长时间保持镀液的稳定。

目前国内研究的各种三价铬镀铬工艺几乎都是采用石墨阳极。石墨阳极的主要缺点包括：（1）不能抑制六价铬的生成；（2）在大电流操作时，氯化物镀液中有氯气析出；（3）阳极溶解成细粉状进入镀液。忽视阳极的研究，可能是国内三价铬镀铬应用研究停滞不前的原因之一。

三价铬电镀时，由于阳极氧化反应，会产生六价铬离子。六价铬离子产生时，镀液稳定性变差，镀液使用时间缩短，从而降低电镀质量。因此，要严格控制六价铬离子的生成。

镀铬时，通常采用廉价的铅或铅合金阳极，此时会产生铅化合物渣，铅渣处理困难，铅化合物溶解在镀液中，会降低电镀质量。铅氧化物覆盖在阳极表面上，加速三价铬离子的氧化，增加六价铬离子的产生。

使用过铁、铁合金、镍、镍合金，以及它们的氧化物构成的电极和铁氧体电极作阳极，此时由于催化组分在电极上溶解产生泥渣，溶解组分附着在电镀部件表面上而降低了电镀产品质量，这样显著降低电镀效率。

使用离子交换膜将电镀槽分隔为阳极室和阴极室。溶有三价铬盐的水溶液送进阴极室，与三价铬盐相同阴离子的酸性溶液送进阳极室。供给阳极室的溶液是硫酸溶液时，阳极使用铅电极，或钛镀铂电极。当供给阳极室的溶液是氯化物溶液时，阳极使用石墨电极，或钛镀铂电极。使用离子交换膜，可避免六价铬的产生，但不能避免铅渣的产生，以及铅化合物的溶解。使用离子交换膜技术存在镀槽结构复杂的问题。

一种新型的涂层钛阳极适用于三价铬镀铬工艺中[36~38]。三价铬镀铬工艺用电极由导电基体、中间层、活性催化层、多孔层组成，电极基体使用钛。首先涂敷中间层，中间层的存在，使所制得的电极具有更长的工作寿命，另外可有效地抑制由于阳极反应产生的氧造成电极钝化情况的发生。中间层至少由下面一种金属或它们的氧化物组成，有钛、钽、铌、锆、钼、钨、锡、锑、铂等。中间层上面涂敷活性催化层，它是以氧化铱为主。由于少量六价铬离子的产生，长时间电镀时，镀液变得不稳定。另外，镀槽中产物的分解而导致有机添加剂的电解氧化，使用氧化铱催化层电极，可有效地改善电极性能，延长电极寿命。表面再涂敷多孔层，多孔层可制止铬离子扩散到电极表面上，可抑制发生氧化反应，这样可避免三价铬氧化成六价铬。多孔层至少由下述一种元素氧化物生成，即硅、钼、钛、钽、锆和钨。多孔层厚度最好是 5 ~ 20nm。

下面介绍三价铬镀铬工艺用涂层钛阳极实例及其使用效果。

实例 1： 用毛刷将溶有氯化铱和氯化锡的盐酸溶液，按金属量计算各自含量分别为 40%（摩尔分数）和 60%（摩尔分数），涂敷在经过预处理的钛板上，干燥后在 550℃ 下热氧化 20min，这样生成由氧化铱和氧化锡组成的复合氧化物层。用此电极作阳极，装于三价铬镀槽中，不用隔膜，连续电镀光滑镀镍钢板。通过添加硫酸铬，使镀槽中三价铬浓度维持恒定值。电镀温度 40℃，pH = 5.0，电流密度 $6A/dm^2$，每次电镀时间 10min。电镀至 100A · h/L 时，六价铬生成量为 $6 \times 10^{-4}\%$。

其他电极材料电镀状况如表 9-10 所示。

表 9-10　三价铬镀铬状况

阳极种类	电镀状况	电极和电镀液的稳定性
（1）铅锡（5%，质量分数）合金电极	1A · h/L 时不能电镀	1A · h/L 时六价铬量达 $450 \times 10^{-4}\%$
（2）镀铂电极（Pt 厚度 4μm）	5A · h/L 时不能电镀	1A · h/L 时六价铬量达 $90 \times 10^{-4}\%$
（3）铁氧体电极（$NiO \cdot Fe_2O_3$）	24A · h/L 时产生阳极泥	电极中的 Ni 和 Fe 污染电镀液
（4）石墨电极	14A · h/L 时表面呈现粗糙不平	石墨消耗，碳粒浮起在电镀液上
（5）不锈钢电极	14A · h/L 时产生阳极泥	电极迅速消耗
（6）氧化钌电极	63A · h/L 时，槽电压升高，不能电镀	电极消耗，63A · h/L 时六价铬量达 $2 \times 10^{-4}\%$
（7）钯电极	4A · h/L 时不能电镀	1A · h/L 时六价铬量达 $80 \times 10^{-4}\%$

实例 2：按硅：磷：乙醇：水 = 1：1：10：5（摩尔）比例将正四乙氧化硅、五氧化二磷、乙醇和水混合制得涂液。涂液涂刷在氧化铱催化层电极表面上，在 500℃ 煅烧 10min。涂层后基板在离子交换水，80℃，振动，以便除掉可溶解组分。

使用下面方法制备多孔层。

（1）溶胶-凝胶法制备溶胶，即烷基化合物。烷基化合物含有一种生成多孔层的材料，如硅有机化合物。至少有一种五氧化二磷、磷酸和硼酸添加到溶胶中，液体产物涂敷在电极表面上，涂敷物煅烧成涂层。然后，五氧化二磷、磷酸和硼酸溶解在热水中而被除掉，这样可生成制得的多孔层。

（2）可将生成多孔层化合物，如固体硅的水溶液涂敷在电极表面上，煅烧涂层，然后热水溶解除掉可溶解的产物成分。

（3）高温分解法，涂敷生成多孔层盐类的溶液，即氯化钛、氯化锆、氯化钼或氯化钽的溶液，涂层产物经高温煅烧，可生成多孔氧化物薄膜。

（4）将钠盐、磷酸或硼酸添加到多孔层材料中，煅烧成薄层，然后用热水之类的东西溶解除掉所添加的物质。

含有多孔层的电极，与没有多孔层电极在三价铬镀槽中进行比较试验，结果如表 9-11 所示。

表 9-11　三价铬电镀情况

电　极	多孔层厚度/μm	六价铬产生量/%
比较电极	0	1.6
试验电极 1	3	0.7
试验电极 2	10	0.5
试验电极 3	17	0.3

结果表明：三价铬镀铬时，有多孔层的电极，六价铬产生量均比较低。

三价铬电镀工艺原需从国外引进，现在我国广州某轻工研究所已能专门生产和经营三价铬电镀液、添加剂及三价铬镀铬用特种钛阳极。

9.4　镀铬[6,39]

镀铬层种类有：

（1）防护-装饰性镀铬　防护-装饰性镀铬层可防止基体金属锈蚀，且具有装饰性光亮外观，广泛用于汽车、自行车、缝纫机、钟表、仪器、量具、日用五金等零件上；

（2）硬铬（耐磨铬）　机械零件镀硬铬，可提高耐磨性，延长使用寿命，如工具、模具、量具、卡具、切削刀具及易磨损零件（如内燃机曲轴）等，都可采用镀硬铬；

（3）乳白铬镀层　乳白镀铬层孔隙很少，抗蚀性能好，而硬度稍低，在乳白铬镀层上加镀光亮耐磨铬镀层，既能提高抗蚀性能又达到耐磨目的，称为防护-耐磨双层铬镀层，在飞机、船舶零件及枪炮内膛上得到广泛应用。

此外还有松孔镀铬层、黑铬镀层。

镀铬溶液由铬酐（CrO_3）和硫酸溶于水配制而成，标准镀铬溶液成分：CrO_3 230～270g/L，$H_2SO_4$2.3～2.7g/L。

防护-装饰铬电镀条件：48～53℃，阴极电流密度 15～30A/dm^2；耐磨铬电镀条件：55～60℃，阴极电流密度 50～60A/dm^2；乳白铬电镀条件：70～72℃，阴极电流密度25～30A/dm^2。

镀铬时由于生成大量的氢，同时铬酐向三价铬离子还原，因此铬析出的电流效率只有 10% 左右，为了维持电解液成分，需要把铬离子氧化成铬酸离子。电镀时使用的阳极材料起着重要的作用，PbSn、PbAg 以及电镀二氧化铅等具有这种能力。在铅基阳极表面的 PbO_2 可促进 $Cr^{3+} \rightarrow Cr^{6+}$ 氧化反应的进行，原因是铅阳极具有高的析氧过电位。这样，具有高氧过电位的铂也应该促进这个氧化反应，实际上，不仅是铂，就是其他铂族金属及其金属氧化物，对这个氧化反应几乎不起作用。如果向电镀液添加少量的硝酸铅，则会在铂阳极表面析出 PbO_2 层，这一薄层可以很好地氧化铬离子。镀铬工厂现在试验使用 IrO_2 涂层钛阳极，电解液中的 Pb^{2+} 以 PbO_2 状态附着在试验阳极表面上，结果促进铬离子的氧化。试验表明，阳极表面的 PbO_2 层对 $Cr^{3+} \rightarrow Cr^{6+}$ 的氧化反应，具有特殊的性质，而高的氧过电位并不是必需条件。

镀铬溶液中存在一定量的三价铬（Cr^{3+}）是必要的，其含量一般为 2 ~ 4g/L。三价铬含量过低，沉积速度缓慢，镀层较软，溶液均镀能力差；三价铬含量过高，镀层光亮度差。

镀耐磨铬时，形状复杂的零件，应使用象形阳极，如图 9-8 所示。

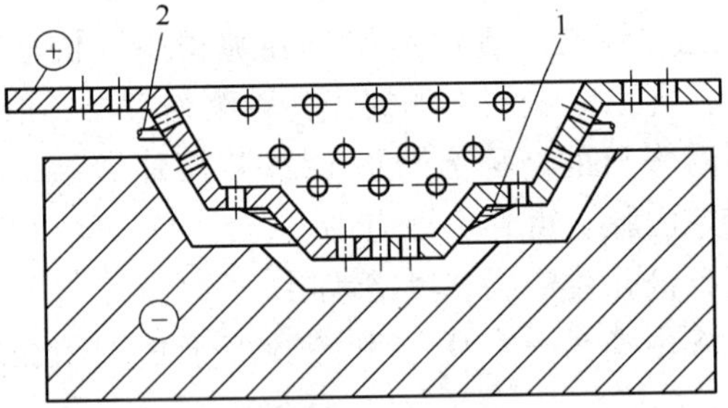

图 9-8　镀铬时的象形阳极

1—塑料绝缘；2—金属丝屏蔽

工业废水最高允许有害物质排放浓度，六价铬化合物（按 Cr^{6+} 计）是 0.5mg/L。

镀铬的电镀液中含有少量的硅氟化离子及硼氟化离子时，IrO_2 涂层钛阳极会氧化 Cr^{3+}。上述的阴离子吸附于氧化物阳极表面时，有可能会改变电极表面的催化活性。

镀铬通常采用铅基合金阳极。在电镀过程中，铅电极表面容易生成导电性差的铬酸铅，使槽电压升高，严重时甚至造成阳极不导电。正常生产时，必须定期进行刷洗，因而增加了劳动强度，又污染了环境。

镀铬时阳极反应主要是析氧和三价铬离子的氧化：

$$2H_2O - 4e \xlongequal{} O_2 + 4H^+ \tag{9-4}$$

$$Cr^{3+} - 3e \xlongequal{} Cr^{6+} \tag{9-5}$$

在相同条件下，DSA 的氧过电位比铅电极约低 450mV，可以降低槽电压，节约电能消耗。

DSA 在电镀过程中具有良好的稳定性（化学、电化学），使用寿命长，停镀时可以不从电槽中取出，不需定期刷洗；但存在镀液中的 Cr^{3+} 离子浓度上升较快的问题。使用氧化剂，如 O_3、$KMnO_4$，定期调整，可以使 Cr^{3+} 离子浓度降低。

9.5　镀铜

现代工业及经济飞速发展，人类的生存空间不断扩大，而这一切活动的开展都离不开能源。在石化能源日益枯竭、新能源的开发缓慢、能源费用上涨的情况下，人们愈来愈感到节约有限能源资源、降低工业生产中的能耗将是经济持续高速发展至关重要的因素。在能源资源十分有限的情况下，生产过程节能是当务之急，电催化科学的研究恰好适应了这种要求。电催化是使电极与电解质界面上的电荷转移反应得以加速的一种催化作用，涂层阳极是一种非常重要的电催化功能电极材料[40]。

在电镀工艺研究中，对电极的设计和使用以往关注得很少，仅局限于常规使用的阳极。现在人们开始意识到与镀液匹配的电极的选择可以降低过电位、增加导电性，节省电镀生产中消耗的能源。阳极的研究开始活跃，并试图开发一种价格低、使用简单、清洁的阳极。

一般说来，酸铜电镀使用可溶性铜阳极可以方便连续地稳定镀液中铜离子含量，但容易引起钝化和氧化膜的生成。有人研究了酸铜镀液中各种不溶性阳极，如 PbO_2 阳极、IrO_2、RuO_2 涂层钛阳极的表面形貌、阳极面积、施加电流及其对酸铜光亮剂消耗量的影响，发现不溶性阳极引起酸铜光亮剂消耗量大幅上升。但是二氧化铱涂层钛阳极与其他不溶性阳极比较，光亮剂的消耗量最少，而且减少该阳极的面积，光亮剂的消耗量下降，是最具前景的不溶性阳极。

在氨基磺酸电镀镍中，为了减少氨的生成，也使用 DSA 阳极。

文献［41］作者讲述了酸性电解镀铜用 $Ti/IrO_2 \cdot SnO_2 \cdot Pd$ 电极情况。

IrO_2 涂层电极是 20 世纪 90 年代开发成功的新型金属氧化物电极，IrO_2 具有很高的抗氧化能力，但析氧过电位高，电流效率低。通过加入 Ta、Sn、Pd、Zr 等元素组成二元或三元的混合金属氧化物，如 $IrO_2 \cdot Ta_2O_5$、$IrO_2 \cdot SnO_2 \cdot Pd$，可得到电解耐久性和电催化活性均佳的不溶性析氧电极。

涂层反复进行 15 ~ 20 次，即可制得 $IrO_2 \cdot SnO_2 \cdot Pd$ 涂层厚度为 10 ~ 15μm 的电极，电极表面呈亮黑色。

9.5.1 $IrO_2 \cdot SnO_2 \cdot Pd$ 涂层电极的阳极特性

A 开路电位和工作电位

开路电位和工作电位测试的结果如表 9-12 所示。

表 9-12 IrO_2-SnO_2-Pd 涂层电极在 $c(H_2SO_4)$ = 1mol/L 中电极电位

开路电位/V（vs. SCE）	工作电位/V（vs. SCE）			
	50mA/cm²	100mA/cm²	200mA/cm²	500mA/cm²
0.859	1.384	1.399	1.412	1.435

B 阳极极化曲线

采用动态扫描法测定 IrO_2-SnO_2-Pd 涂层电极在 1M/L H_2SO_4 溶液中的阳极极化曲线，如图 9-9 所示。

由阳极极化曲线计算得到的 Tafel 斜率为 126.2mV/dec。

C 阳极寿命加速试验

寿命试验结束的时间被判定为阳极电位明显升高（约 5V）的时刻，其结果如表 9-13 所示。

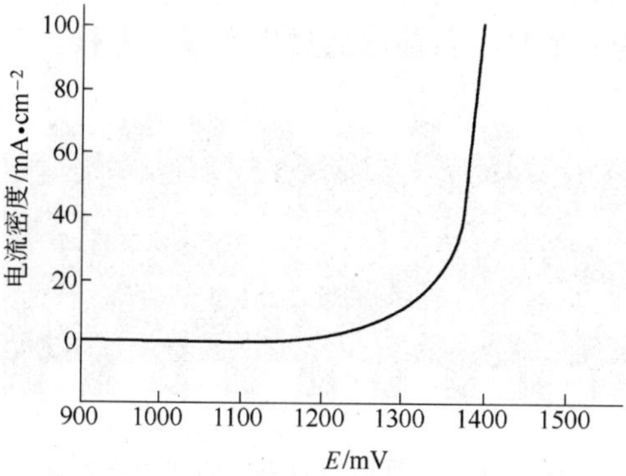

图 9-9　IrO_2 电极在 $c(H_2SO_4) = 1mol/L$ 溶液中阳极极化曲线

表 9-13　$IrO_2 \cdot SnO_2 \cdot Pd$ 电极在 H_2SO_4 中的阳极寿命

介　质	电流密度/$A \cdot cm^{-2}$	温度/℃	寿命/h
$1M/L\ H_2SO_4$	1.0	25	>1658
30% H_2SO_4	10	60	>100

9.5.2　$IrO_2 \cdot SnO_2 \cdot Pd$ 涂层电极在酸性 $CuSO_4$ 溶液中的工业化应用

9.5.2.1　PCB 生产中酸性电解镀铜

酸性电解镀铜在印刷线路板孔金属化工艺中是一个重要环节，目前在水平电镀生产线上采用 IrO_2 涂层电极。

酸性电镀液成分：Cu^{2+} 35～45g/L、H_2SO_4 180～200g/L、Cl^- $(30～70)\times10^{-4}\%$。

为了使电镀液的成分保持稳定，除了定时添加 $CuSO_4$、CuO 外，还要加入 10～20g/L 的 $FeSO_4$，其目的是使阳极上只发生 Fe^{2+} 的氧化反应，基本上不发生析氧。

$IrO_2 \cdot SnO_2 \cdot Pd$ 涂层电极为网状，尺寸是 280mm×380mm，涂层为双面（见图 9-10）。阳极的工作条件：脉冲电镀，正向通电 42ms，1300A/m^2，反向通电 2ms，4000A/m^2，55～60℃，设计使用寿命为 8 个月。目前已通过生产线上考核。

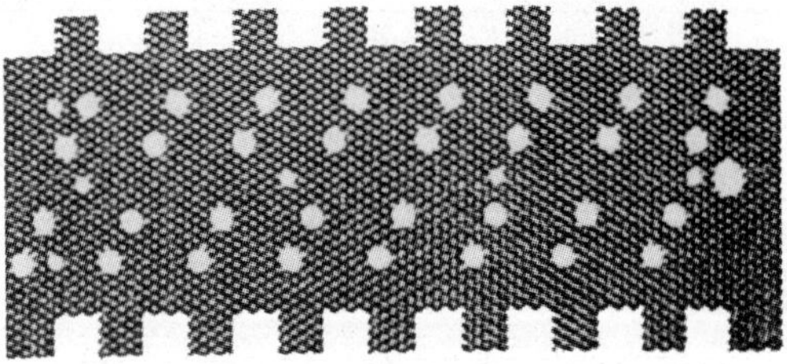

图 9-10 酸性电解镀铜阳极实物照片

9.5.2.2 PCB 生产中碱性蚀刻液电解回收铜

蚀刻是印刷线路板生产中一个重要工序，随着蚀刻进行，蚀刻液中铜离子浓度不断升高，当达到 150g/L 时蚀刻液将失去活性。由于废蚀刻液中含有大量的铜，可进行回收，工艺如下：

废蚀刻液→萃取提铜→ H_2SO_4 反萃取→电解回收铜

硫酸铜电解工艺条件：Cu^{2+} 浓度 150g/L，10% H_2SO_4，40℃，阳极电流密度 200～500A/m^2。

IrO_2 · SnO_2 · Pd 涂层电极为板状，尺寸 1000mm × 700mm，涂层为双面（见图 9-11），目前已在许多 PCB 工厂中应用，使用

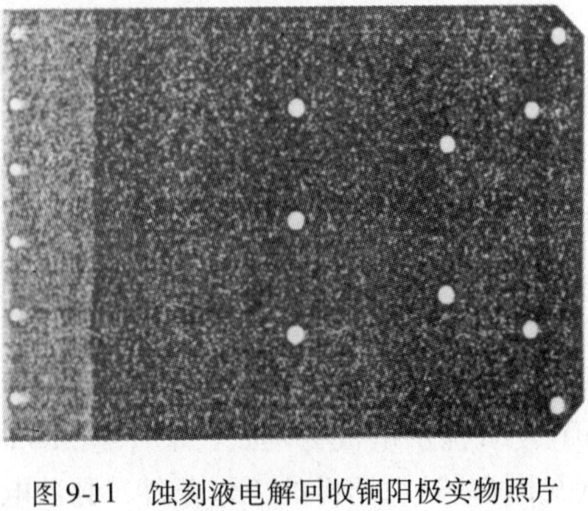

图 9-11 蚀刻液电解回收铜阳极实物照片

寿命超过2年，最长可达3年。

9.5.2.3 薄钢板高速电镀锌

薄钢板高速电镀锌生产线上电镀槽由若干个电解箱组成，每个电解箱放置5块1m×0.34m IrO_2 · SnO_2 · Pd涂层阳极，钢板在两个面对面的电解箱中间快速通过，阴阳极之间距离为2cm左右。

阳极工作条件：30% H_2SO_4，55℃，电流密度6000A/m^2，要求使用寿命4万kA·h。

IrO_2 · SnO_2 · Pd涂层电极（见图9-12）已在某厂生产线上正常工作6个月以上，达到了厂方要求。表明该电极在电解介质腐蚀性强，工作环境恶劣，电流密度极高的电解和电镀行业中有广泛的应用前景。

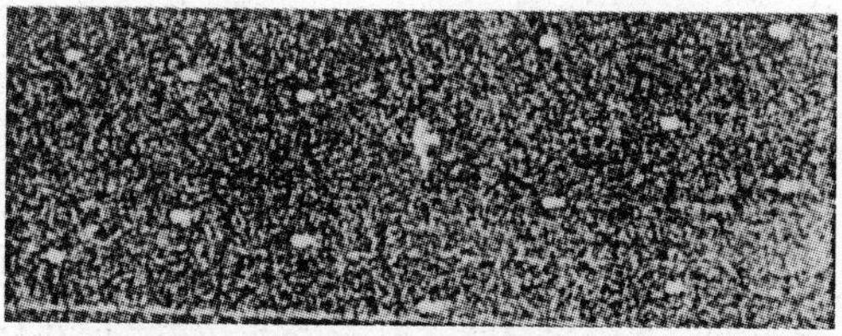

图9-12 钢板高速镀锌阳极实物照片

9.6 镍包钢滚镀生产[42]

上海某造币厂滚镀镍生产时，阳极效率为100%，而阴极效率为85%~92%，阳阴极效率不平衡，这样造成镀液中主盐浓度超出工艺范围，需排放部分镀液，用水冲稀，再用辅盐及添加剂调整到所需要的浓度，才能正常生产。

为克服上述问题，使用过石墨电极、钛瓦楞板电极、钛屑电极等，均告失败。后使用Ti/IrO_2/$RuTiO_2$涂层电极，解决了阳阴极效率不平衡问题，镀层结合力、分散能力、硬度及表面质量均很好。

涂层煅烧时，氯铱酸（H_2IrCl_6）、三氯化钌（$RuCl_3$）和钛酸四丁酯[$Ti(OC_4H_9)_4$]，按下式转化为氧化物。

反应式如下：

$$H_2IrCl_6 + 4H_2O = Ir(OH)_4 + 6HCl\uparrow \quad (9\text{-}6)$$

$$Ir(OH)_4 = IrO_2 + 2H_2O \quad (9\text{-}7)$$

$$RuCl_3 + 3H_2O = Ru(OH)_3 + HCl\uparrow \quad (9\text{-}8)$$

$$4Ru(OH)_3 + O_2 + 2H_2O = 4Ru(OH)_4 \quad (9\text{-}9)$$

$$Ru(OH)_4 = RuO_2 + 2H_2O \quad (9\text{-}10)$$

$$Ti(OC_4H_9)_4 + 4H_2O = Ti(OH)_4 + HOC_4H_9 \quad (9\text{-}11)$$

$$Ti(OH)_4 = TiO_2 + 2H_2O \quad (9\text{-}12)$$

9.7 镀金[43]

金是金黄色的金属。1840 年首次实现氰化液镀金，从 20 世纪 50 年代开始，电子工业等部门对金镀层提出高要求，从而促进了镀金工艺的改进和发展。

目前使用的镀金溶液有氰化物镀金液和无氰化物镀金液。

9.7.1 亚硫酸盐镀金

亚硫酸盐镀金属于无氰化物镀金，用于装饰及工业上金电镀。亚硫酸盐镀金液成分和电镀工艺条件如表 9-14 所示。

表 9-14 亚硫酸盐镀金工艺规范 g/L

项 目	配方 1	配方 2	配方 3
金(Au)	5～25	25～35 以氯化金 形式加入	10 以雷酸金 形式加入
亚硫酸铵[$(NH_4)_2SO_3$]	150～250		
柠檬酸钾($K_3C_6H_5O_7$)	80～120		

续表 9-14

项　目	配方 1	配方 2	配方 3
亚硫酸钠（$Na_2SO_3 \cdot 7H_2O$）		120～150	80～100
柠檬酸三铵[（NH_4）$_3C_6H_5O_7$]		70～90	
氯化铵（NH_4Cl）			40
乙二胺四乙酸二钠盐（EDTA）		50～70	20～30
硫酸钴（$CoSO_4 \cdot 7H_2O$）		0.5～1	
pH 值	8～11（最佳 8.5～9.5）	6.5～7.5	9～10
温度/℃	45～65	室温	25～50
搅拌	阴极移动	空气搅拌	
电流密度/$A \cdot dm^{-2}$	0.1～0.8	0.2～0.3	0.3
阳极材料	金板	金板	金板

注：配方 1 也可加 0.05～0.15g/L 酒石酸锑钾来提高镀层硬度。

亚硫酸铵是一种还原剂，把三价金还原成一价金。它又是一种络合剂，与铵一起和金属离子生成亚硫酸金铵双络合物，从而改善镀液的均镀能力和深镀能力。

柠檬酸钾能改进镀金属与底层金属的结合力。

9.7.2　低氰化物镀金

低氰化物镀金的镀液成分和电镀工艺条件如表 9-15 所示。

表 9-15　低氰化物镀金工艺规范　g/L

项　目	配方 1	配方 2	配方 3
金（Au）	4～10	30	6～8
柠檬酸铵[（NH_4）$_2HC_6H_5O_7$]	110～120		
酒石酸锑钾[$KSb(C_4H_4O_6)_3$]	0.05～0.3		
柠檬酸钾（$K_3C_6H_5O_7$）		18～20	
柠檬酸（$H_3C_6H_5O_7$）		28～30	
氰化镍钾[$KNi(CN)_3$]			2～4
磷酸氢二钾（K_2HPO_4）			25～30

续表 9-15

项　目	配方 1	配方 2	配方 3
pH 值	5.2 ~ 5.8	5.2 ~ 6.0	6.5 ~ 7.5
电流密度/$A \cdot dm^{-2}$	0.1 ~ 0.15	0.3 ~ 0.5	0.2 ~ 0.4
阳极材料	铂、石墨、不锈钢	铂、石墨、不锈钢	不锈钢

磷酸氢二钠可改善镀层光泽。阳极原使用不锈钢、铂。

9.7.3　氰化物镀金

氰化物镀金的镀液成分和电镀工艺条件如表 9-16 所示。

表 9-16　氰化物镀金的工艺规范

项　目	含量/$g \cdot L^{-1}$
金（以氰化金钾形式加入）	4 ~ 5
氰化钾（KCN）	15 ~ 20
碳酸钾（K_2CO_3）	$\ngtr$15
温度/℃	60 ~ 70 或室温
pH 值	8 ~ 9
阴极电流密度/$A \cdot dm^{-2}$	0.05 ~ 0.1
阳极材料	纯金、铂

阳极原使用纯金、铂。镀金工艺使用钛镀铂电极存在以下问题：

（1）把一价金离子氧化成三价金离子，降低电流效率；

（2）氧化破坏柠檬酸缓冲剂，破坏镀液的稳定性；

（3）钛镀铂电极价格贵，是涂层钛电极的 2 倍以上，而且钛镀铂电极需要进口。

镀金工艺可使用涂层钛电极，其好处是，保持镀液稳定。镀件表面状态和钛镀铂电极的镀金件没有区别。

9.8　镀铑[43]

镀铑层呈银白色。到目前为止，镀铑工艺绝大多数都采用硫酸铑镀液，主要用于首饰行业，这是 1930 年美国最早建立的工艺。从 20 世纪 50 年代起，镀铑在工业上的应用才逐渐发展起来。

装饰性镀铑层厚度一般只要 0.02～0.2μm，镀液含铑为 2g/L，用下面槽液，在电压 6V 下，电镀 20～60s，即可获得所需厚度。装饰性镀铑工艺条件如表 9-17 所示。

表 9-17　装饰性镀铑液

类　型	Rh /$g \cdot L^{-1}$	H_2SO_4 /$mL \cdot L^{-1}$	H_3PO_4 /$mL \cdot L^{-1}$	电流密度 /$A \cdot dm^{-2}$	温度/℃	搅　拌
磷酸盐	2		40～80	2～10	40～50	不或适中
磷-硫酸盐	2	40～80		2～10	40～50	不或适中
硫酸盐	1.3～2	40～80		2～10	40～50	不或适中

近代电气、电子工业的飞速发展，为镀铑的应用开拓了新领域，特别是在滑动和旋转接触件、印刷线路开关、通讯设备以及高频开关元件上的应用。含有硒酸的镀铑液和含有氨基磺酸镁的镀铑液，其镀层应力都较低。利用这些镀液，可得到厚度 25μm 的镀层。一般工业上要求铑镀层厚度为 0.1～0.2μm。工业镀铑液如表 9-18 所示。

表 9-18　低应力工程用镀铑液

溶　液	硒酸法	氨基磺酸镁法
Rh(硫酸盐)/$g \cdot L^{-1}$	10	2～10
H_2SO_4/$mL \cdot L^{-1}$	15～200	5～50
硒酸/$g \cdot L^{-1}$	0.1～1.0	
氨基磺酸镁/$g \cdot L^{-1}$		0～50
电流密度/$A \cdot dm^{-2}$	1～2	0.4～2
温度/℃	50～75	20～50

镀铑工艺中，阳极使用铂或镀铂电极，也可考虑使用涂层钛电极。

9.9 镀钯[43]

钯呈银白色。20 世纪 70 年代，在电子工业中，以钯代金的电镀工艺得到发展。

镀钯液最常用的是氨性体系。钯以氨络合物形式存在，如 $Pd(NH_3)_2(NO_2)_2$（俗称 P 盐）、$Pd(NH_3)_2Cl_2$。

氨络合物体系代表性镀液如表 9-19 所示，氯化钯体系镀液如表 9-20 所示。

表 9-19 代表性镀液

项　目	P 盐/氨基磺酸盐（固体/$g \cdot L^{-1}$，液体/$mL \cdot L^{-1}$）	普通 P 盐（固体/$g \cdot L^{-1}$，液体/$mL \cdot L^{-1}$）	四氨二硝基钯（固体/$g \cdot L^{-1}$，液体/$mL \cdot L^{-1}$）	二氯二氨基钯（固体/$g \cdot L^{-1}$，液体/$mL \cdot L^{-1}$）
Pd	10～15 $Pd(NH)_3(NO_2)_2$	4	30 $Pd(NH_5)_4(NO_2)_2$	10～15 $Pd(NH_4)_2Cl_2$
氨基磺酸	100			
NH_4OH	调 pH 值为 7.5～8.5	pH 值为 9	pH 值约为 7	pH 值为 8.0～9.5
NH_4Cl				60～90
$NaNO_2$		10		
$NaNO_3$		90		
温度/℃	25～35	40～45	60～80	25～50
电流密度/$A \cdot dm^{-2}$	0.1～2.0	0.5～3.0	0.5～2.0	0.1～2.5

表 9-20 氯化钯体系

体　系	组成（固体/$g \cdot L^{-1}$，液体/$mL \cdot L^{-1}$）	条　件
碱性氯化钯体系	Pd 2～5；Na_2HPO_4 100；$(NH_4)_2HPO_4RH_2O_{20}$；C_5H_5COOH 2.5；NH_4OH-NH_4Cl 调 pH 值为 9	50℃ 0.2～0.4A/dm^2
酸性氯化钯体系	Pd 50；NH_4Cl 30；HCl 调 pH 值为 0.1～0.5	40～50℃，纯 Pd 阳极，0.1～1A/dm^2

一般来说，钯镀层较易获得，但往往易产生裂纹。因为在电积钯的电位范围内，氢往往产生共同电积现象，使钯镀层吸氢，在放置过程中氢气慢慢释放出来，形成镀层的裂纹。

阳极可用铂、钛镀铂以及涂层钛电极。

文献［44］介绍，由于钯镀层具有优良的耐蚀性、耐光性、耐磨性和电气特性等，而且比金价格更便宜，因此钯镀层广泛应用于装饰件、电气接点、连接器和印制板等。

钯电镀液使用 $PdCl_2$、$PdSO_4$、$Pd(NH_3)_2(NO_2)_2$、$Pd(NO_3)_2$、$Pd(NH_3)_2Cl_2$、$Pd(NH_3)_2Br_2$、$Pd(NH_3)_4Cl_2$、$Pd(NH_3)_4Br_2$、$Pd(NH_3)_4(NO_2)_2$、$Pb(NH_2SO_3)_2$ 等钯化合物。镀液中还含有机酸化合物、导电盐和缓冲剂等，旨在获得物理性能优良的钯镀层。

9.10　镀钌[43]

钌的硬度高、耐磨，镀钌用于电气接点代替价格贵的镀铑是很有意义的。但直到最近，其应用仍很少。

通用性的镀液是：Ru（以氨基磺酸钌或亚硝酰氨基磺酸盐）5.3g/L，氨基磺酸 8g/L，pH 值为 1～2，温度 27～60℃（氨基磺酸盐），21～88℃（亚硝酰氨基磺酸盐），电流密度 1～3.0 A/dm^2，电流效率 20%。镀液 pH 值较低，要求基体先闪镀金或钯。

装饰性闪镀可从下面溶液获得：Ru（以亚硝基盐）2.0g/L，H_2SO_4 20g/L，电流密度 2～3A/dm^2，温度 50～82℃。

还有一种双核 N 桥钌络合物，是目前报道较多的用于制备镀钌液的化合物，分子式为：$Me[Ru_2NCl_8(H_2O)_2]$（其中 Me = K、Na、NH_4^+ 等）。

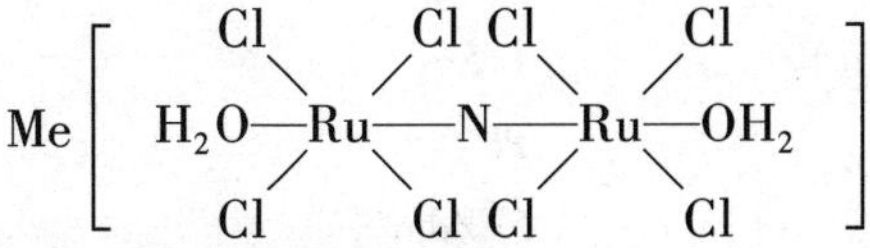

10g/L（金属计）。甲酸铵或氨基磺酸铵 10g/L，pH = 1.3，温度 70℃，电流密度 0.1A/dm^2。

阳极使用铂，或涂层钛电极。

文献［45］介绍，钌镀层具有白色色调、硬度高和耐蚀性好等优良性能，因此钌镀层可以应用于电气触点部件、要求耐磨的机械部件和装饰品等表面精饰镀层。

钌镀液要求的基本特性：优良的镀液稳定性、电流效率高、镀速快，可获得5μm以上的厚镀层、镀层无裂纹。由于钌的原子价不稳定，连续电镀作业时，钌的沉积速度会有所降低。文献［45］作者开发了镀液稳定性好和镀速快的钌电镀液。钌电镀液由钌盐、稳定剂和增速剂等组成。适宜的钌无机酸盐有$Ru_2(SO_4)_3$和$RuCl_3$等，其中以$Ru_2(SO_4)_3$为佳。以Ru计的钌无机酸盐浓度约为1~25g/L，最好为2~10g/L。

镀液加入H_2SO_4或硫酸盐/H_2NSO_3H或氨基磺酸盐，旨在提高钌电镀液的稳定性。适宜的硫酸盐或氨基磺酸盐为碱金属或铵盐，以$(NH_4)_2SO_4$、$H_2NSO_3NH_4$为佳。H_2SO_4或硫酸盐浓度约为20g/L以上，最好为60~200g/L。

镀液中加入卤素阴离子化合物,或元素周期表中Ⅲ族元素化合物,旨在提高钌的沉积速度,连续电镀作业时也不会降低钌的沉积速度。适宜的卤素阴离子化合物有F、Cl、Br、I的金属、碱金属或碱土金属卤化物或卤化铵，可以使用一种或一种以上。以卤素计的卤化物浓度约为100mg/L以上，最好为100mg/L~10g/L。

镀钌镀液组分和工艺条件实例：

$Ru_2(SO_4)_2 \cdot nH_2O$（以Ru计）	5g/L
$H_2NSO_2NH_4$	40g/L
$(NH_4)_2SO_4$	120g/L
Ⅲ族元素硫酸盐	见表9-21
pH值（用H_2SO_4调节）	1.5
阳极	Pt
D_k	5A/dm^2
T	70℃
t	90min

采用镀金的黄铜板镀件置于上述钌电镀液中电镀 90min，结果如表 9-21 所示。由表 9-21 可知，含有Ⅲ族元素化合物的钌电镀液的钌沉积速度以及所获得的钌镀层厚度高于不含Ⅲ族元素化合物的钌电镀液，还发现连续电镀作业时不会降低钌的沉积速度，可以获得 5μm 以上的无裂纹钌镀层。

表 9-21　不同硫酸盐对钌镀液的影响

Ⅲ族元素硫酸盐	以Ⅲ族元素计/$g \cdot L^{-1}$	无裂纹镀层厚度/μm
$Sc_2(SO_4)_3 \cdot 5H_2O$	0.5	6.0
$Y_2(SO_4)_3 \cdot 8H_2O$	0.1	6.1
$Al_2(SO_4)_3 \cdot 18H_2O$	0.1	6.1
$Ga_2(SO_4)_3 \cdot 18H_2O$	0.1	7.1
$In_2(SO_4)_3 \cdot 18H_2O$	0.5	7.2
$Tl_2(SO_4)_3$	0.02	8.4
		5.2

9.11　镀铱和铱铂[46]

金属铱具有高硬度的同时，对于高浓度的酸、王水和卤素等具有优良的耐蚀性。近年来随着工业的需要和电镀技术的发展，正在开发可以应用于装饰品、防蚀材料和电气接点等工业领域中的 Ir 电镀工艺技术，其应用范围正不断扩大。除了铱镀层外，还开发了铱铂合金的电镀技术。

Ir 和 Ir-Pt 合金镀液中含有 Ir 化合物、Pt 化合物、H_2BO_3、有机酸或者有机酸盐等主要成分。

Ir 化合物包括六氯亚铱酸盐（Ⅲ）、六溴亚铱酸盐（Ⅲ）和六氟亚铱酸盐（Ⅲ）等的络合物盐类，以 Ir 计的 Ir 化合物浓度为 1～30g/L，以 5～20g/L 为佳。

Pt 化合物包括 $K_2[Pt(NO_2)_4]$、$Na_2[Pt(NO_2)_4]$、$K_2[Pt(NO_2)_2(OH)_2]$、$Na_2[Pt(NO_2)_2(OH)_2]$、$K_2[Pt(NO_2)Cl_2]$、$Na_2[Pt(NO_2)Cl_2]$等，以 Pt 计的 Pt 化合物浓度为 0.1～20g/L，

以 0.5 ~ 15g/L 为佳。

Ir 和 Ir-Pt 合金镀液的特征在于加入了饱和单羧酸、饱和单羧酸盐、饱和二羧酸、饱和二羧酸盐、饱和羟基羧酸、饱和羟基羧酸盐、亚酰胺和尿素等有机化合物中的至少一种，旨在提高镀液的稳定性，改善 Ir 与 Pt 的共沉积性能。适宜的有机化合物有丙二酸钠、乙酸、草酸、草酸钾、酒石酸、柠檬酸二钠、丙二酰胺、尿素等。有机化合物浓度为 0.001 ~ 1.0mol/L，以 0.01 ~ 0.20mol/L 为佳。

镀液 pH 值最好为 4 ~ 5 的弱酸性，镀液温度以 80 ~ 90℃ 为佳，阴极电流密度以 0.5 ~ 2.0A/dm^2 为佳。

9.12　铝轮毂电镀用辅助阳极[47 ~ 50]

铝制汽车轮毂以其美观、散热性好、质轻、寿命长、安全可靠、加工性能好等优点，正逐步替代钢制轮毂。

铝轮毂电镀最早兴起于美国。1997 年我国第一条汽车铝轮毂电动生产线在秦皇岛成功投产。1997 年国内汽车铝轮毂电镀刚起步，总产量不足 1 万只，到 2001 年已突破 100 万只。

铝在中性介质（如纯净的空气或水）中有着较好的耐蚀性，但它不能经受某些恶劣环境（如工业大气和酸碱盐等）的腐蚀，所以需要对铝和铝合金进行电镀，以增加保护层。然而，由于金属铝的某些特殊性给铝和铝合金电镀带来了不少困难。这些困难主要有：

（1）铝元素对氧有着很强的亲和力，在自然条件下，金属铝的表面极易生成一层致密的氧化膜，由于这层氧化膜的存在，铝基与镀层的结合力将大大减弱；

（2）铝元素有着较活泼的电化学序（铝的标准电极电位为 -1.66V），铝在溶液中容易被其他金属离子置换而降低镀层的结合力；

（3）金属铝的膨胀系数与大部分镀层金属有着较大的差别，由于这种差别，当温度发生显著变化时，镀层容易破裂脱落；

（4）铝的氧化膜具有酸碱两重性质，这将使得铝在进行表面处理时所发生的反应变得更加复杂。

铝轮毂电镀工艺流程：

除蜡→除油→弱腐蚀→除垢→沉锌 1→脱锌→沉锌 2→预镀镍→酸铜→半光亮镍→高硫镍→光亮镍→镍封→镀铬。

目前铝轮毂材料多采用 A356，其化学成分如表 9-22 所示。

表 9-22　A356 材料的化学成分　%

Al	Si	Cu	Mg	Mn	Zn	Fe	Ti
91.9	7.0	0.2	0.3	0.1	0.1	0.2	0.2

由于工件形式复杂，有许多深槽，为保证电镀金属时，镀层厚度均匀，故镀铜、镀镍、镀铬时均采用辅助阳极。辅助阳极为涂层钛电极。

参 考 文 献

[1] 关本正生．電氣化学およひ工業物理化學．1993，61(1)：131～133.

[2] Otogawa R，et al. 电气化学およひ工业物理化学．1997，65(12)：987～991.

[3] Otogawa R，et al. Electrochim Acta. 1998，28：245～250.

[4] 符寒光，等．上海金属．1996，18(2)：9～12.

[5] 李鸷．有色金属（冶炼部分）．1998，(1)：44～46.

[6] 日根文男．ソーダと盐素．1989，40(6)：14～23.

[7] 符寒光，等．上海金属．1997，19(5)：56～59.

[8] 李宁，等．材料保护．1999，32（9）：7～9.

[9] 吴志良，等．宝钢技术．2001，(4)：36～39.

[10] Kamegaya Y，et al. Electrochim Acta. 1995，40(7)：889～895.

[11] Masatsugu M，et al. Electrochim Acta. 2000，46：401～406.

[12] 鞠鹤，等．稀有金属材料与工程．1993，(1)：59～62.

[13] 张招贤．稀有金属快报．2004，(10)：17～22.

[14] 张招贤．IrTa 氧化物涂层钛阳极恶化原因的分析［C］．第 22 届全国氯碱行业技术年会论文集，黄山：2004.

[15] Martellia G，et al. Electrochim Acta. 1994，39(11/12)：1551～1558.

[16] 曹曙，等．上海金属．1994，16(2)：1～6.

[17] 曹曙，等．上海金属．1994，16(3)：9～13.

[18] Huimin MENG, et al. 電氣化学およびエ業物理化學. 1998, 66(11): 1148 ~ 1149.

[19] Comninellis Ch, et al. J appl Electrochim. 1991, 21: 335 ~ 345.

[20] 李家柱，等. 材料保护. 2003, 36(3): 8 ~ 11.

[21] 洪燕，等. 电镀与精饰. 2005, 27(4): 16 ~ 20.

[22] 刘建平，胡耀红，等. 表面技术. 2003, 32(3): 5 ~ 7.

[23] 詹益腾，等. 材料保护. 2002, 35(10): 272 ~ 273.

[24] 杨哲龙，屠振密，等. 电镀与环保. 2001, 21(2): 1 ~ 4.

[25] 王先友，蒋汉瀛，等. 电镀与涂饰. 1995, 14(2): 1 ~ 6.

[26] 曹梅，等. 电镀与环保. 2005, 25(1): 1 ~ 4.

[27] 王玉琴，等. 电镀与环保. 2005, 25(3): 5 ~ 7.

[28] 李国华，等. 材料保护. 2005, 38(12): 44 ~ 46.

[29] 胡耀红，等. 电镀与涂饰. 2004, 23(2): 19 ~ 21.

[30] 胡耀红，等. 电镀与涂饰. 2006, 25(1): 43 ~ 45.

[31] 胡耀红，等. 材料保护. 2006, 39(4): 26 ~ 28, 31.

[32] 胡耀红，等. 材料保护. 2006, 39(9): 130 ~ 134.

[33] 张招贤，等. 电镀与涂饰. 2007, 26(10): 8 ~ 10.

[34] 张招贤，等. 钛电极学导论 [M]. 北京：冶金工业出版社，2008.

[35] 吴慧敏，等. 材料保护. 2004, 37(8): 29 ~ 31.

[36] Tomaszewski, et al. US Patent 4466865, 1984.

[37] Masao Sekimoto, et al. US Patent 5560815, 1996.

[38] Kotoh Masaaki, et al. US Patent 6251254, 2001.

[39] 张招贤. 广东有色金属. 1991, (1): 21 ~ 24.

[40] 谢素玲. 电镀与涂饰. 2004, 23(3): 30 ~ 32.

[41] 黄永昌，等. 电子电镀. 2007, 4(2): 43 ~ 46.

[42] 龚士良. 电镀与环保. 1998, 18(4): 7 ~ 9.

[43] 黎鼎鑫. 贵金属材料学 [M]. 长沙：中南工业大学出版社，1991.

[44] 蔡积庆. 电镀与环保. 1998, 18(2): 12 ~ 14.

[45] 蔡积庆. 电镀与环保. 1996, 16(5): 6 ~ 8.

[46] 王丽丽. 电镀与精饰. 2000, 22(2): 19 ~ 21.

[47] 陈瑞琼，等. 汽车工艺与材料, 2003, (11): 31 ~ 32.

[48] 林俊伟. 电镀与环保. 2002, 22(4): 5 ~ 7.

[49] 沈亚光. 电镀与环保. 2005, 25(6): 8 ~ 10.

[50] 涂抚洲，等. 电镀与涂饰. 2000, 19(1): 19 ~ 23.

第 10 章　钛电极在处理废水（环境保护）领域的应用

10.1　电催化降解有机污染物[1]

寻找和研制开发高效催化电极材料一直是电化学方法应用于有机污染物降解处理这一技术的关键。

采用高温热氧化法将金属氧化物 SnO_2、RuO_2、Cr_2O_3、PdO 沉积到钛基体表面，制备得到 4 种金属氧化物电极。具体的制备方法为：分别用 $PdCl_2$、$CrCl_3$、$RuCl_3$、$SnCl_4$（掺杂 1% $SbCl_3$）配制成浓度为 1g/L、含有 0.5mol/L HCl 的乙醇溶液，将配制好的涂层溶液均匀地涂刷在钛基体表面，烘干后在 500℃下热氧化 15min，反复涂刷、氧化 10 余次后，焙烧 1h，制得 PdO、Cr_2O_3、RuO_2和 SnO_2 4 种钛基氧化物电极。

10.1.1　氧化物电极与有机物电氧化降解效果

表 10-1 是在 0.1mol/L NaOH 碱性介质中 4 种金属氧化物电极在 30min 时间内催化氧化降解 6 种有机污染物的平均氧化电流效率 ACE_{30}值。

表 10-1　在碱性介质中 4 种金属氧化物电极催化氧化降解 6 种有机污染物的 ACE_{30} 值

项　目	电　极			
	SnO_2	PdO	Cr_2O_3	RuO_2
析氧电位/V	1.430	1.020	1.100	0.870
氧化反应 β 值	0.611	0.758	0.287	0.376
苯酚 ACE_{30}	0.720	0.440	0.110	0.090
硝基苯 ACE_{30}	0.770	0.240	0.190	0.150
苯胺 ACE_{30}	0.590	0.410	0.080	0.020
苯甲酸 ACE_{30}	0.830	0.460	0.230	0.060
苯 ACE_{30}	0.190	0.120	0.020	0.010
甲基橙 ACE_{30}	0.540	0.360	0.140	0.110

析氧电位的大小反映在该介质条件下氧在电极上析出难易程度。析氧电位越高，析氧反应越少，有机物在阳极上被直接氧化的几率越大。从表 10-1 看出，SnO_2电极的析氧电位明显高于其他电极，其降解有机物的效果也明显优于其他电极。与 PdO 电极相比，虽然 PdO 的电催化性能（β 值为 0. 758）优于 SnO_2电极（β 值为 0. 611），但 SnO_2 电极处理有机物效果更好些。RuO_2 电极的析氧电位较低，因而处理有机物的效果也较差。在电解过程中，当电极析氧电位高于有机物氧化电位时，有机物在阳极上被氧化的优势就更大。对于低析氧电位电极，尽管在阳极上析出的氧对有机物也有部分氧化效果，但是，一方面由于大部分氧气易逸出，致使有机物氧化电流效率降低；另一方面对其产生的有机中间体难以进一步氧化，因而 COD 的去除率也不高。

电极另一个重要的电化学性能指标是氧化反应传递系数（β 值）。β 值的大小反映了在该电极发生氧化反应时，电极对这一氧化反应的电催化能力的高低。尽管表 10-1 中各电极的 β 值是指阳极上析氧反应的氧化反应传递系数，但降解处理有机物的实验结果表明，β 值大，有机物在电极上的氧化电流效率较高；反之，β 值小，氧化降解效果差，说明 β 值也适用于反映电极对有机物催化氧化能力。如 PdO 电极虽然析氧电位不高，但 β 值却大大高于其他电极，因此处理有机物的效果也较好。SnO_2 电极不仅具有很高的析氧电位，而且 β 值也较大，因而各种有机物在该电极上的氧化电流效率均高于其他电极，表明 SnO_2 电极对有机物的电催化能力强，降解效率高。而 RuO_2 电极析氧电位较低，β 值也较小，对有机物的催化氧化能力差，处理有机物效率较低。

10. 1. 2　各种金属氧化物电极的析氧电位

采用电化学处理有机污染物过程中，阳极上发生有机物氧化降解的同时，主要存在析氧竞争反应。阳极的析氧电位是直观反映阳极反应析氧能力的参数。阳极的析氧电位越高，O_2 越难析出，有机物在阳极上直接被氧化降解的几率就越大。因此，阳极的析氧电位是影响有机污染物电化学降解效率的重要因素之一，有必要对各种修饰电极的析氧电位进行比较。图 10-1 是在电流密度为 10mA/cm^{2}条件下 4 种金属氧化物电极在酸性、中性和碱

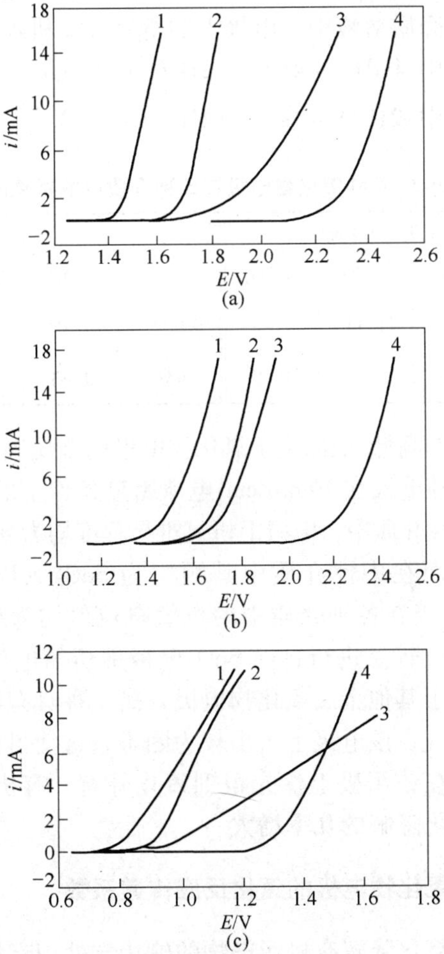

图 10-1　4 种金属氧化物电极在 3 种介质中的极化曲线

(a) 0.1mol/L H_2SO_4；(b) 0.1mol/L Na_2SO_4；(c) 0.1mol/L KOH

1—RuO_2；2—PdO；3—Cr_2O_3；4—SnO_2

性 3 种介质中的极化曲线。

各种电极的析氧电位值列于表 10-2 中。电极析氧电位值的大小与处理介质有关。在碱性介质中易发生析氧反应，析氧电位较低；而在酸性介质中析氧反应较难发生，析氧电位较高。这是因为在不同的介质溶液中，电极上的析氧反应机理是不相同的。

碱性介质中 $4OH^- - 4e \longrightarrow 2H_2O + O_2(g)$ （10-1）

酸性介质中 $2H_2O - 4e \longrightarrow 4H^+ + O_2(g)$ （10-2）

表 10-2　4 种氧化物电极在 3 种介质中的析氧电位　V

电极	介质（0.1mol/L）			电极	介质（0.1mol/L）		
	KOH	Na_2SO_4	H_2SO_4		KOH	Na_2SO_4	H_2SO_4
RuO_2	0.87	1.44	1.49	Cr_2O_3	1.10	1.69	1.89
PdO	1.02	1.82	1.75	SnO_2	1.43	2.29	2.36

析氧电位的高低，还取决于氧化物电极的金属氧化物涂层材料种类。比较 4 种电极在 $10mA/cm^2$ 电流密度条件下的析氧电位，在酸性介质和碱性介质中，电极上析氧难易程度均为 $SnO_2 > Cr_2O_3 > PdO > RuO_2$，而在中性介质中其顺序为 $SnO_2 > PdO > Cr_2O_3 > RuO_2$。$RuO_2$ 电极在各种介质中的析氧电位值均为最小，表明该电极上析氧反应较易进行；而 SnO_2 电极的析氧电位在各种介质中均明显地高于其他金属氧化物电极，是一种具有高氧过电位的催化电极，氧气在该电极上析出较为困难，这使得一些难氧化的有机物有可能在该阳极上优先得到氧化降解，有机物在 SnO_2 电极上被直接氧化降解的几率增大。

10.1.3　金属氧化物电极的氧化反应传递系数

采用电极氧化降解有机污染物的电化学处理方法的关键是阳极对有机物氧化分解反应的电催化性能。反映电极的电催化性能有许多参数，其中电极的氧化反应传递系数（β 值）是决定阳极氧化反应动力学过程的主要因素。从电极的电化学反应所涉及的位能曲线和活化能的改变可以加以分析。

图10-2是电极反应的位能曲线。氧化态物质与还原态物质分布在电极表面，形成双电层结构，d表示双电层厚度，曲线1表示电极处于平衡电位时，氧化态物质在电极表面和溶液本体两相间转移的位能曲线，最高点处表示电极反应经历的活化态。还原态R_{ed}失去电子必须克服一定的势垒，所需的活化能为W_1；氧化态O_{xd}得到电子所需的活化能为W_2。曲线2表示电极电位升高ΔE后，在紧密双电层厚度之间电位变化所引起的能量变化，α表示电极还原反应传递系数，β表示电极氧化反应传递系数，$\alpha+\beta=1$。曲线3表示电极电位升高ΔE后的位能曲线，它由曲线1和曲线2叠加而成，此时电极表面的还原态能量升高$nF\Delta E$，活化态能量升高$\alpha nF\Delta E$。因此，氧化过程的活化能由W_1减小为W_1'，还原过程活化能由W_2升高为W_2'，即：

氧化过程的活化能

$$W_1' = W_1 - \beta nF\Delta E \tag{10-3}$$

还原过程的活化能

$$W_2' = W_2 + \alpha nF\Delta E \tag{10-4}$$

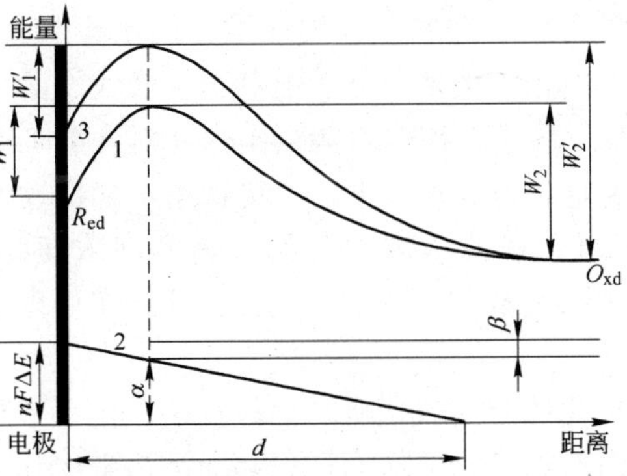

图10-2　电极反应位能曲线

因此，α和β参数表示电极电位增加后，对电极还原和氧化过程活化能的影响程度。在阳极上，电极反应宏观上表现为氧化过程，因此β值反映了电极随电极电位的增加对氧化反应活化能的影响，即反映了电极对氧化反应的电催化性能的高低。β值越大，氧化过程的活化能降低越大，物质在电极上发生氧化反应越易进行。

图 10-1 的极化曲线经数学处理后可得到各种电极在 3 种介质中的析氧反应 Tafel 曲线，由 Tafel 曲线的斜率求解得到各种电极在 3 种介质中析氧反应的β值，数据列于表 10-3。

表 10-3　4 种金属氧化物电极在 3 种介质中析氧反应的β值

电　极	介质（0.1mol/L）			电　极	介质（0.1mol/L）		
	KOH	Na_2SO_4	H_2SO_4		KOH	Na_2SO_4	H_2SO_4
SnO_2	0.611	0.257	0.342	RuO_2	0.376	0.164	0.118
PdO	0.758	0.354	0.619	Cr_2O_3	0.287	0.148	0.0992

由表 10-3 可见，贵金属氧化物 PdO 电极对析氧反应的β值最大，SnO_2电极次之。比较β值大小，可推测各种电极对阳极氧化反应的电催化性能依次为 PdO > SnO_2 > RuO_2 > Cr_2O_3。

10.2　电化学法处理苯酚废水

随着石油化工、塑料、合成纤维、焦化等工业的迅速发展，各种含酚废水也相应增多。由于酚的毒性较大，而且影响水生物的生长和繁殖，污染饮用水水源，国内外对含酚工业废水的排放均有严格的规定。一般条件下，规定饮用水含挥发性酚的浓度不高于0.001mg/L；水源水体中含酚最高容许浓度为0.002mg/L。因此，工业含酚废水的处理，已成为工业废水处理方面亟待解决的问题之一。

电化学氧化法阳极氧化机理比较复杂，包含了羟基自由基等强氧化剂与酚类污染物的作用过程和酚类污染物分子到达电极表面的电子直接传递过程[2]。对 DSA 类电极的研究表明，大量的 HO · 可以由水或水和 OH^-（碱性条件下）在阳极氧化产生：$2H_2O - 2e \rightarrow 2HO\cdot + 2H^+$，$OH - e \rightarrow HO\cdot$，而 HO · 可进一步

产生强氧化剂 $HO_2\cdot$，即

$$2HO\cdot \longrightarrow H_2O_2 \tag{10-5}$$

$$H_2O_2 - e \longrightarrow HO_2\cdot + H^+ \tag{10-6}$$

$$H_2O_2 + HO\cdot \longrightarrow HO_2\cdot + H_2O \tag{10-7}$$

$HO\cdot$、$HO_2\cdot$ 都是强的亲电试剂，容易攻击酚类有机物苯环上电子云密度较高的部位，发生亲电子反应，还可与之发生脱氢反应、电子转移反应，氧化有机物或使其形成活化的有机自由基产生连锁自由基反应，使有机物得以迅速降解。在此过程中，酚大致经历了 3 个阶段：首先被自由基攻击，产生芳香环中间产物，此过程较迅速；其次是中间产物开环产生直链有机酸，这一反应较慢；最后发生电化学燃烧，产生二氧化碳和水，这一过程较难发生。

采用电化学法处理废水，电极材料是决定降解效率的关键，钛基 PbO_2 电极具有良好的导电性能及稳定的化学惰性，在强酸条件下有较高的稳定性，有很好的降解有机物的能力，尤其对苯酚类污染物具有很强的氧化分解能力，若在 PbO_2 涂层中掺杂一些其他金属或非金属元素，如 Bi、Fe、F 等，其阳极析氧电位会进一步降低、电催化性能会进一步得到改善。

Ch. Comninellis 等人研究表明[3]，在 SnO_2 电极，酚的电化学氧化的中间产物有少量芳香族中间粒子，如氢醌、邻苯二酚、苯醌；较多的脂肪酸，如富马酸、马来酸、草酸，它们很快再次被氧化为 CO_2，用下式表示：

$$PhOH \longrightarrow (PhOH)_{ads} \tag{10-8}$$

$$(PhOH)_{ads} + 28\cdot OH \longrightarrow 6CO_2 + 17H_2O \tag{10-9}$$

酚电氧化后，酚被完全去除，TOC 去除率在 90% 以上。

锡锑氧化物涂层钛电极具有高的析氧过电位，比铂电极还高 600mV，与铂、钛镀铂、石墨、二氧化铅等电极一起属于高析氧过电位电极，可处理用电化学氧化法处理废水中的微生物法不能

分解的有机物，对酚的氧化速率和去除 TOC 的速率均高于 PbO_2 和铂电极[4]。

一般认为酚类按如下途径降解：苯酚（C_6H_5OH）→ 对苯二酚（$C_6H_4(OH)_2$）→ 对苯醌（$C_6H_4O_2$）→ 己二烯二酸（$C_6H_6O_4$）→ 丙酸（$C_3H_6O_2$）→ $H_2O + CO_2$。

也有认为，苯酚降解的主要产物有：对苯二酚、邻苯二酚、苯醌、反丁烯二酸、顺丁烯二酸、草酸等，降解的最终产物经过石灰水法证实有二氧化碳存在。一般认为苯酚的降解过程分为三阶段：首先出现苯环的羟基化合物，如对苯二酚、邻苯二酚等；然后出现的产物是苯环破坏后的二元酸，以反丁烯二酸、顺丁烯二酸、草酸为主；最后阶段是有机酸进一步降解为甲酸等小分子羧酸，并逐渐降解成最终产物二氧化碳。

文献［5］作者使用阳极为 DSA，阴极为不锈钢网。对低浓度的含酚废水降解，提高电流密度确是一种有效方法。但若电流过大，电压过高，将会影响电极的使用寿命，故电流密度 $30mA/cm^2$ 作为最佳条件。

当含酚水溶液呈碱性（$pH > 7$）时，吸光度的去除率增大。这是由于苯酚具弱酸性，溶液碱性的增强有助于它的电离，生成苯氧负离子，从而能对降解起促进作用。但 pH 值的升高反而致使 COD_{Cr} 去除率下降，这可能是因为苯酚降解生成的中间产物在碱性条件下难以进一步氧化所致。pH 值为 10 即碱性条件。

随着支持电解质浓度的增大，COD 去除率先增后降，Na_2SO_4 浓度为 10mg/L 时，COD 去除率最大。这是由于溶液的电导率一般均随电解质浓度之增加而先升高，而后下降。就 COD 去除而言，较合适的电解质浓度为 10mg/L。

在设定的苯酚浓度范围 10 ~ 30mg/L 内，可选择苯酚浓度为 10mg/L 为最佳条件。

综上所述，确定电解的最佳条件为电流密度 $30mA/cm^2$，Na_2SO_4 10mg/L，苯酚 10mg/L，pH 值为 10，电解 2h，得到 COD_{Cr} 的去除率为 66.7%，吸光度的去除率为 90%。

文献［6］作者使用 Ti/SnO_2 电极。Ti/SnO_2 电极的制备：将 $SnCl_2$ 饱和异丙醇溶液涂刷在钛片上，最后于600℃下加热1h。

COD是衡量水中有机物含量的相对指标，其值越小，表示水中有机物的总含量越低，即有更多的酚及其氧化中间物彻底氧化为 CO_2。Ti/SnO_2 电极与Pt电极相比，相同氧化电量下，COD明显减少，电流效率提高了3倍。

10.3　印染废水处理[7,8]

印染废水是在纤维材料纺织成坯和浆纱、煮炼、退浆、漂白、丝光、印花、染色工艺过程中产生的废水，废水中含有萘系物、醌系物、胺类化合物、硫化物、铬、碱、酸等有毒有害物质。我国每天印染废水排放量约为250万～300万t，而经过处理的只占30%左右。近几年来随着合成纤维的大量使用，聚乙烯醇等难生物降解化学浆料和新型助剂的广泛应用，尤其是碱减量技术的运用，废水的 COD_{Cr} 值由原来的300～400mg/L上升到2000～3000mg/L，BOD_5/COD_{Cr} 也下降到0.2左右，增加了此类废水处理难度。

染料废水色度高，成分复杂，可生物降解率低，排放后对地表水环境影响大，特别是色度破坏了景观环境。

我国染料工业具有小批量、多品种的特点，大部分是间歇操作，废水间断性排放，水质水量变化范围大。染料生产流程长，产品收率低，废水组分复杂、浓度高(COD为1000～10万mg/L)、色度深（500～50万倍）。废水中有机组分大多以芳香烃及杂环化合物为母体，并带有显色基团（如—N═N—、—N═O）及极性基团（如$—SO_3Na$、—OH、$—NH_2$）。废水中还含有较多的原料和副产品，如卤化物、硝基物、苯胺、酚类等，以及无机盐如NaCl、Na_2SO_4、Na_2S 等。由于染料生产品种多，并朝着抗光解、抗氧化、抗生物氧化方向发展，从而使染料废水处理难度加大。染料废水的处理难点：一是COD高，而BOD/COD值较小，可生化性差；二是色度高，且组分复杂。COD的去除与脱色有相关性，但脱色问题困难更大。

10.3.1 偶氮染料废水的处理

直接染料是具有磺酸基或羧基的偶氮染料，它大部分易溶于水，由于该染料废水成分复杂、浓度高、色度高、难降解物质多，且含有多种具有生物毒性或“三致”性能的有机物，难以采用常规的处理方法进行治理。尤其是废水中残存的染料组分，即使浓度很低，排入水体亦会造成水体透光率的降低，最终将导致水体生态系统的破坏，因此，直接染料工业废水的治理成为急需解决的一大难题。

文献［9］介绍，偶氮染料是全球制革工业、印染工业使用的最主要的染料，其制造工艺复杂，生产和应用过程中严重污染环境。

对于偶氮染料的废水处理，通常采用混凝法、活性炭吸附法和生化法等。采用混凝法处理时，会产生大量的污泥，容易造成二次污染。活性炭吸附法虽然能够对废水进行有效脱色，但其不适合用来处理高浓度有机废水；采用生化法进行处理时，容易引起微生物活性的降低，而其厌氧降解产物通常为致癌的芳胺，且难以对其进行有效脱色；对于高浓度染料废水，光催化氧化法的处理效果也不是很好。电化学方法作为一种环境友好技术，越来越受到人们的重视。与其他高级氧化法（AOP_S）相比，采用形稳阳极（DSA）的电化学方法不会造成二次污染。

酸性红 B 由 1.4-氨基萘磺酸钠重氮化后与 1-萘酚-4-磺酸（NW 酸）偶合盐析而得。从结构式来看，其分子中含有一个偶氮键和两个萘环，是一种萘系磺化偶氮染料。这样的化合物十分稳定，光照或加热都不能使其分解，从而也不能产生自由基，使其中的偶氮键发生断裂。采用 Ti/SnO_2 和 Ti/RuO_2 电极对酸性红 B 废水进行了脱色试验，结果表明，两种电极材料均能够对废水进行有效脱色。

在电化学处理酸性红 B 废水的过程中，在外加电解质为

NaCl时，Ti/RuO_2和Ti/SnO_2两种电极材料对酸性红B废水都有很好的脱色作用。在电化学氧化过程中，酸性红B的脱色主要是Cl^-间接氧化作用，同时也包括电极表面的直接氧化作用。

10.3.2 电催化去除罗丹明B色度

纺织印染工业是主要工业用水大户，在许多方面，这种工业废水很难处理至理想的程度。因为这种工业废水被认为有高的色度、pH值、温度，并且可生化性低，尤其是从印染和结束工艺的印染阶段所排出的废水。

电催化氧化技术由于操作简便、降解效率高、与环境兼容性好等优点引起研究者的极大兴趣，使电化学氧化技术在印染废水处理中的应用不断增多。

在阳极和阴极均为Ti/RuO_2的无隔膜电解槽内，文献[10]作者对罗丹明B的电化学脱色效果进行了研究，探讨了外加电压、电解质浓度、反应时间、溶液的初始pH值、罗丹明B浓度以及NaCl的投加量对罗丹明B脱色的影响。研究结果表明，增加电压、提高电解质浓度、降低溶液pH值、延长反应时间有利于罗丹明B色度的脱除。相同条件下，溶液浓度越低，罗丹明B的电化学脱色效果越好。对于含20mg/L的罗丹明B溶液，当电解质Na_2SO_4溶液为0.1mol/L、溶液pH=2、外加电压为8V，电解60min，溶液的脱色率即达到95%；如果溶液中加入60mg/L NaCl，只需电解30min，罗丹明B溶液的脱色率即达到96%。

10.3.3 电化学法处理高含盐活性艳蓝KN-R废水[11]

电化学法处理高含盐活性艳蓝KN-R废水，阴极材料为石墨，阳极材料为网状金属氧化物电极（DSA），染料废水的脱色率随阳极电位的增加而增加。当电解时间为2h、阳极电位超过1.13V后，染料废水的脱色率则无变化。

在电解液中，氯离子在金属氧化物阳极上逐步被氧化生成次氯酸，并与电解液中的染料发生均相反应，使染料发生氧化脱色，其反应如下：

$$染料 + HClO(Cl_2、ClO^-) \longrightarrow 中间产物 + Cl^- \quad (10\text{-}10)$$

这种结果的主要原因是，一方面，随着电极电位的增加，电极析氯的速率加快，进而溶液中活性氯的浓度增加，则脱色速率加快，此时电极析氯的电化学过程是染料氧化脱色过程的控制步骤；另一方面，当电极电位增加到一定程度后，由于电极的析氯速度足够快，此时染料与活性氯间的均相反应过程是染料氧化脱色过程的控制步骤，而与电极电位无关。

在阳极电位为1.13V、Na_2SO_4浓度为0.1mol/L、NaCl浓度为0.5mol/L、活性艳蓝KN-R浓度为0.1mmol/L、电解液pH值为6.4、温度为30℃的条件下，经4h的电解，染料废水的脱色率达到100%，但TOC质量浓度的变化不明显。染料废水的脱色主要是由于染料分子共轭体系及母体结构受到破坏而造成的结果。

10.3.4 毛纺染整废水的处理[12]

毛纺染整废水中的污染物质以3种形式存在：

(1) 分子和离子状，食盐、硫酸、元明粉、醋酸等不少助剂属于此类状态，其中强酸和盐类以离子状态存在；

(2) 溶胶状，大部分染料、部分助剂在废水中保持稳定状态，以胶体形式存在；

(3) 悬浮状，纤维毛、从原料和生产过程中带入的各种杂质，一般以悬浮状态存在于废水中。

毛纺染整废水是一个复杂而稳定的多相分散物系，包含有大量电解质，由于电场和凝聚剂的作用，稳定状态被破坏而发生凝聚，而悬浮状物质能被凝聚绒粒所吸附，因而可用电解法处理毛纺染整废水。

电解法处理工业废水已被广泛采用，是一个设备简单、管理方便、处理效果好、投资少的方法，国内已有不少毛纺厂用电解法处理染整废水。

上海第一毛纺厂提供的染整废水水质情况：COD为500～900mg/L，BOD为100～150mg/L，OC为50～100mg/L，Cr^{6+}为0.05～3.3mg/L，S为0～2.9mg/L，色度300～500倍，pH值为6.5～6.8。

废水处理工艺流程：电解—沉淀—过滤。

采用无隔膜立式平板铁阳极电解槽，极距10～25mm，电流密度20～30A/m^2，电解时间15～60min。阳极使用钛基二氧化铅阳极，或含铱涂层钛电极，工业化用电极尺寸4dm×4dm。阴极为含铱涂层钛电极，或电镀活性镍阴极。涂层钛电极使用寿命在6个月以上，废水处理量为1m^3/h，连续或间断进行，电耗0.5～1.0kW·h/m^3。

电解法处理毛纺染整废水，去除色度、六价铬、硫化物均可达到国家排放标准，色度去除率达80%～90%以上，COD去除率达60%～70%。

10.4　电催化氧化法处理垃圾渗滤液[7,8]

垃圾的卫生填埋是我国城市垃圾的主要处理方式之一，由此而产生的垃圾渗滤液是一种难处理的高浓度有机废水，其水质水量变化大，成分复杂且随“场龄”变化。一般，垃圾渗滤液经生物处理后，其残留的COD仍较高，有的高达600～800mg/L，且很难再处理。

统计若干垃圾填埋场渗滤液所含主要污染物及浓度详见表10-4。

表10-4　渗滤液所含主要污染物及其浓度

污染物	浓度范围/mg·L^{-1}	污染物	浓度范围/mg·L^{-1}
COD	100～90000	TP	0～125
BOD_5	40～73000	SS	10～7000
pH	5～8.6	NO_x—N	0.2～124
NH_3—N	6～10000		

由表 10-4 可知，垃圾渗滤液有机物浓度高，浓度范围变化大，使得对其处理技术的选择难度加大。

渗滤液的无害化处理一直是个世界性的难题。由于垃圾渗滤液是一种难处理的高浓度有机废水，毒性强、成分复杂，COD、氨氮含量高，微生物营养元素比例严重失调，可生化性差，水质状况随“场龄”发生很大的变化，因此渗滤液的处理方法是填埋场设计和运行管理的关键问题之一。合理地选择渗滤液处理工艺，对于城市垃圾的卫生填埋处理十分必要。电化学水处理技术由于有极强的选择性，可以将难降解有机物或对生物有毒、有抑制的污染物转化为可生化物质，从而提高废水的生物降解性。

10.4.1 电化学氧化与厌氧技术联用处理垃圾渗滤液[13,14]

城市垃圾在卫生填埋厂堆放过程中，其中的有机物质在厌氧菌的作用下被消化，同时由于降水和地面径流水冲刷产生垃圾渗滤液，该类污水随垃圾堆放时间的延长会含有大量生物难降解有机物（如腐殖酸、丹宁及有毒化学品等），同时还含有大量的氨态氮，需要对其进行特别处理。香港有 680 万居民，每天产生约 9500t 生活垃圾，所有这些垃圾都被收集并堆放到 3 个卫生填埋场。目前香港对垃圾填埋场的渗滤液处理是采用好氧生物氧化法，停留时间长（约 30d），并消耗大量能量，亟待研究开发一种适合香港当地实际情况的高效处理工艺。

有文章提出了对香港垃圾渗滤液处理的二步法工艺。首先，污水通过上流式厌氧污泥床（UASB）反应器对其中的有机物进行消化处理，之后进入电化学氧化反应器对 UASB 出水中难降解有机物及氨氮进行深度处理。

电化学反应器（电解池）为圆桶形结构，阳极以金属钛为基质表面涂敷 SnO_2，阴极材料为不锈钢。

表 10-5 列出了垃圾渗滤液原水及在 UASB 反应器运行稳态条件下（269 ~ 354d）出水的有关水质指标。

表 10-5 渗滤液原水及 UASB 出水的有关水质指标

项 目	渗滤液原水	UASB 出水
pH 值	7.9 ±0.4	8.9 ±0.3
COD/mg · L^{-1}	14750 ±510	1610 ±170
BOD_5/mg · L^{-1}	2270 ±190	91 ±25
NH_3—N/mg · L^{-1}	1310 ±120	1480 ±150
氯离子/mg · L^{-1}	1890 ±30	2010 ±40

采用 UASB 反应器对香港垃圾渗滤液进行预处理，在 37℃，HRT 为6.1d，平均有机物 COD 负荷 0.78g/(L · d)的条件下，COD 的去除率可达到 66.1%。UASB 的出水(pH 值为8.9，COD 和 NH_3—N 的含量分别为1610mg/L 和1480mg/L）被引入电化学氧化反应器进行深度处理，在外加 Cl^- 2000mg/L 和电流密度为32.3mA/cm^2的条件下电解 6h，可使 COD 和 NH_3—N 的去除率分别达到 87% 和 100%。在此过程中 COD 能量消耗小于55kW · h/kg。出水 COD 为 209mg/L，且不含有 NH_3—N，达到了香港污水排放要求。该工艺组合具有占地面积小、处理过程快速有效、运行成本可接受等优点，有望在垃圾渗滤液处理中得到推广应用。

采用电化学氧化与上流式厌氧污泥床（UASB）结合技术，提出了处理香港垃圾渗滤液的二步法工艺，对含 COD 和 NH_3—N 分别为 4750mg/L 和 1310mg/L 的垃圾渗滤液，首先进行 UASB 预处理，消化温度 37℃，COD 负荷 0.78g/(L · d)，HRT 为6.1d，获得了66% 的 COD 去除率。UASB 的出水被引入电化学氧化反应器进行深度处理，在外加 Cl^- 2000mg/L，电流密度为32.3mA/cm^2的条件下，经6h 的电解间接氧化，COD 和 NH_3—N 的去除率分别达到 87% 和 100%，出水的 COD 为 209mg/L，并且不含 NH_3—N，此过程的 COD 电能消耗小于 55kW · h/kg。

10.4.2 电解氧化法处理垃圾渗滤液[15]

电极材料：三元电极材料 SPR（RuO_2-IrO_2-TiO_2），6cm ×

8cm；二元电极材料 DSA（RuO_2-TiO_2），6cm × 8cm；石墨电极材料 6cm × 8cm；不锈钢电极材料 6cm × 8cm。

污水取自广州大田山垃圾填埋场，包括渗滤液原水和经过 SBR 生物处理后的出水，水质成分如表 10-6 所示。

表 10-6 垃圾渗滤液和 SBR 出水水质

水 样	BOD_5 /mg · L^{-1}	COD_{Cr} /mg · L^{-1}	NH_3—N /mg · L^{-1}	色度（倍）	电导率 /μS · cm^{-1}	pH 值	Cl^- /mg · L^{-1}
原 水	48000	62000	2160	8000	20.5	7.62	3100
SBR 出水	65.4	693	263	200	12.5	7.85	1650

适宜的电解氧化条件是：pH 值为 4，Cl^-浓度为 5000mg/L，电流密度为 10A/dm^2，SPR 三元电极为阳极，电解时间 4h。COD 及 NH_3—N 浓度分别为 693mg/L 和 263mg/L 时，COD 去除率为 90.6%，NH_3—N 的去除率为 100%。

电解氧化法对垃圾渗滤液的深度处理具有较好的应用前景。电解氧化过程中，NH_3—N 被优先去除，其次是 COD；电解氧化反应在一定浓度 Cl^-存在时，以间接氧化为主，与直接氧化作用并存；SPR 三元电极的处理效果优于 DSA 二元电极和石墨电极；酸性条件比碱性条件更有利于电解氧化作用对 COD 及 NH_3—N 的去除；Cl^-浓度高时，氧化去除 COD 及 NH_3—N 的效果好；电流密度高时，有利于间接氧化作用的发生。

不同电极材料的电解氧化性能不同，对目前国内烧碱行业用得较多的两种电极材料 DSA（二元电极）、SPR（三元电极）以及石墨电极作了比较，分别以它们作阳极，取 SBR 反应器出水 500mL，电流密度 10A/dm^2，补充 Cl^- 浓度至 5000mg/L，电解 4h，电解效果如表 10-7 所示。

表 10-7 三种不同阳极材料处理渗滤液的效果

电极材料	石墨电极	二元电极 DSA	三元电极 SPR
COD 去除率/%	43.0	76.2	82.0
NH_3—N 去除率/%	35.1	99.2	未检出

从表10-7中可以看出，COD和NH_3—N的去除率以三元电极SPR为最高。电极材料中的高价金属离子（Ru^{4+}、Ir^{4+}、Ti^{4+}）的存在有利于溶液中产生Cl_2/ClO^-，从而促进了对污染物的间接氧化作用，其中尤以SPR三元电极更为突出。

10.5 含油废水的处理

含油废水的来源很多，石油工业的采油、炼油、贮油运输及石油化学工业都产生含油废水，油轮压舱水、洗舱水、机械工业的冷却润滑液、轧钢水以及食品工业等的废水都含有大量的油，铁路系统各机车车辆厂、车轮厂、洗罐所、机务段和车辆段等单位和生产性废水主要是含油废水。排入水环境中的油，能阻止空气中的氧溶于水中，使水中浮游生物等因缺氧而死亡，并导致鱼和贝等变味，不宜食用，而且在水体表面的聚结油还有可能燃烧而产生安全问题。

10.5.1 油田废水电解杀菌[16]

当今二次采油油井主要腐蚀因素是由硫酸盐还原菌（SRB）引起的。油田污水水质适合SRB生长，导致大量繁殖，造成污水管线、油套管的腐蚀穿孔。SRB的代谢产物FeS沉淀会造成地层堵塞，注水量下降，直接影响原油的产量。因此，对油田回注水进行杀菌处理是二次采油技术中重要的一步。目前，防治硫酸盐还原菌的主要方法是注入杀菌剂“1227”，但如长时间使用，使油井的硫酸盐还原菌产生了抗药性。

水样为江苏油田废水，电极用钛镀钌板。

油田废水中SRB初始含菌量为6×10^3/mL，电解3min后，废水中硫酸盐还原菌含量仅为6/mL，杀菌率高达99.9%。

随着电流强度增加，电极板距离增加，由于极板间电压升高，更有利于杀灭硫酸盐还原菌。

10.5.2 海洋油田废水的处理[17]

某海洋油田陆上终端站的生产废水，部分源水的COD值超过 100000mg/L，COD 值主要由醇类化合物造成，也含有部分苯系衍生物和多环芳烃化合物。废水经生化降解处理后，COD 值大幅度降低，而多环芳烃类、苯系物类、酚类和酯类化合物含量显著升高，其中许多化合物难以用生化降解法分解。

采用无隔膜电解槽，电流密度为 1200A/m^2，生化池中有机废水与海水按 3∶1(体积比）混合进入电槽，使 COD 值为 1597mg/L 的源水在电槽中经过 4 次循环电解后，COD 值降至 100mg/L 以下。阳极为氧化物涂层钛阳极，阴极为钛板。

有机物在阳极上发生氧化断链反应，或者与有强氧化能力的自由基发生氧化反应，小分子量的有机物也有可能在阳极上直接电氧化生成 CO_2 和 H_2O，有机物的断链产物在整个溶液区域进一步被 NaClO 氧化。脂肪酸类化合物较易与 NaClO 发生氧化反应，羧酸类化合物（如草酸）与 NaClO 的氧化反应则较为缓慢。

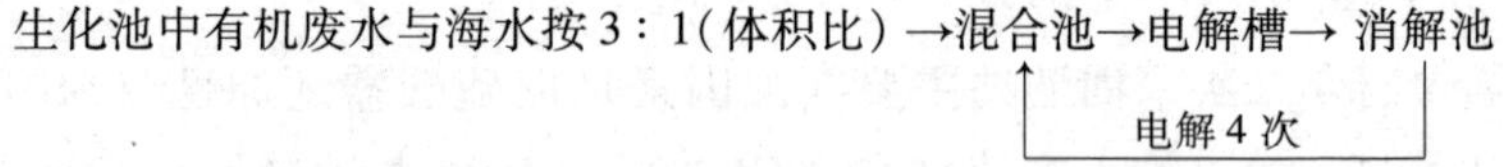

电解装置由 20 级电解槽串联运行，电流效率 41.9%，降解 1kg COD 的直流电耗为 42kW · h。

有机废水检测出 49 种有机物，电解氧化法处理后，全部被破解掉。

10.6　含氰废水的处理

10.6.1　电镀工厂含氰废水的处理

电镀废水是一种有毒的工业废水，也是一种来源广泛的环境污染源。由于电镀废水成分复杂，有害物质含量高，处理技术难度大，所以仍有相当多的电镀废水未加处理而直接排放，造成环境污染。

氰化物电镀仍是常用的电镀方法，电镀工厂含氰废水的处理可使用次氯酸钠氧化分解法。国内许多环保设备厂生产装有涂层钛阳极的次氯酸钠发生装置，设备生产次氯酸钠浓度高、能耗低、盐耗低。含氰废水处理前，CN^- 浓度为 15 ~ 25mg/L，处理后CN^- 浓度小于 0.1μg/L，低于国家规定的排放标准（0.5mg/L）。

10.6.2　开采金矿含氰废水的处理[18]

开采金矿的提金工艺中，氰化法具有回收率高、对矿石适应性强、能就地产金等优点，在小型金矿开采中会被广泛应用。这种工艺使用剧毒的氰化钠溶液喷淋矿石，造成尾矿浆液中含有较高浓度的 CN^-，达 150 ~ 250mg/L。含氰废水的处理是一个重要的环保问题。

处理含氰废水的基本原理是利用氧化剂，在碱性条件下，将剧毒的氰化钠破坏成低毒的氰酸盐，进而氧化成无毒的 CO_2 和 N_2。

局部氧化阶段的反应原理：

$$CN^- + OCl^- + H_2O \xlongequal{} CNCl + 2OH^- \tag{10-11}$$

$$CNCl + 2OH^- \xlongequal{} CNO^- + Cl^- + H_2O \tag{10-12}$$

完全氧化阶段的反应原理：

上述所生成的 CNO^- 与加入的氧化剂进一步接触氧化，破坏 C—N 键。

酸性条件（pH 值为 2 ~ 3）下：

$$CNO^- + 2H_2O \xlongequal{} CO_2 + NH_3 + OH^- \tag{10-13}$$

碱性条件（pH 值为 8 ~ 8.5）下：

$$2CNO^- + 4OH^- + 3Cl_2 \xlongequal{} 2CO_2 + N_2 + 6Cl^- + 2H_2O \tag{10-14}$$

常用的氧化剂有漂白粉[$Ca(OCl)_2$]、氯气和次氯酸钠。

漂白粉是由氯气和石灰反应生成的产物，其有效成分是次氯酸钙[$Ca(OCl)_2$,约占 65%]，其氧化作用主要来源于次氯酸钙分解成的次氯酸（HOCl）：

$$Ca(OCl)_2 + Ca(HCO_3)_2 = 2CaCO_3 + 2HOCl \quad (10\text{-}15)$$

漂白粉的有效氯含量中，只有一半变成有氧化作用的 HOCl。漂白粉在存放过程中会发生上述分解反应而损耗有效氯，不便于长期存放。漂白粉作氧化剂产生的沉渣量大。氯气的缺点是有毒。

从化学特性看，NaOCl 氧化性最强，故适宜使用。

经过加氧化剂处理过的含氰废水，废水中的 CN^- 去除率达 99% 以上，出水基本上可达到 $CN^- < 0.5mg/L$。

10.7　电化学法降解棉浆黑液[19]

棉浆是化学纤维行业生产粘胶纤维的重要原料。棉浆黑液和其他非木浆黑液一样，若不进行治理就随意排放的话，会使排放地水质遭受到严重污染，危害十分严重。常用的棉浆黑液的治理方法有：化学沉淀法、絮凝沉淀法、生化降解法。沉淀法一般只能去除木质素等不溶于水的较大分子物质，剩余的有机物质则难于去除。生化降解法则正好相反，对木质素难于降解，对剩余的有机物质易于降解。因此出现了沉淀与生化降解相结合的方法如酸析木素加生化处理、混凝加生化处理等方法。但实际运行效果并非十分理想，如酸析木素后恶化了生化条件，若改善生化条件又需要增加投入。絮凝沉淀不能把木质素沉淀完全，增大了生化处理的负荷。由于技术、资金等多方面原因，大部分厂家并未做到真正的达标排放。近年来，一种有可能处理难降解有机污染物的电化学氧化法受到世界各国的重视。这种方法具有无需化学药品、占地面积小、不会造成二次污染、管理方便等优点，国外称之为“环境友好”技术。

棉浆黑液来自河北省某城市棉浆厂，黑液成分如表 10-8 所示。

表 10-8　棉浆黑液成分

总固形物 /%	总碱度 /g·L^{-1}	密度 /g·cm^{-3}	pH 值	色度/倍	COD_{Cr} /mg·L^{-1}	黏度 /mPa·s
3.14	35.19	1.06	11.88	11500	26080	48.3

不同的阳极材料对电解产生影响，其结果如表 10-9 所示。

表 10-9　不同电极材料电解前后 COD_{Cr} 变化情况　mg/L

电　极	COD_{Cr}值		
	电解前	电解后	降低值
石　墨	2608	2172	436
DSA 电极	2608	1800	808
不锈钢丝网	2608	1488	1182

注：棉浆黑液为原液稀释后的浓度，稀释比为 1∶9(体积比)。

不同的阳极材料对电化学降解棉浆黑液的影响很大。选取了三种阳极材料，石墨电极和 DSA 电极通电电解棉浆黑液的 COD_{Cr}降低值比不锈钢丝网电极的要小，因此，在三种阳极材料中的最佳阳极材料为不锈钢丝网。这可能是因为在不锈钢阳极表面的催化作用下产生了强氧化剂 ·OH 的结果。

用不锈钢丝网作为电解池的阳极时，不锈钢丝网电极腐蚀严重，尤其是在棉浆黑液中加入电解质氯化钠之后的腐蚀更严重，一个丝网电极电解两次就散了。DSA 电极在电化学催化降解棉浆黑液前后基本没有发生变化，可考虑在 DSA 电极上缠绕一些废旧不锈钢丝来做一个新的阳极，这样就可以既达到降解棉浆黑液的最佳效果，又达到了节约不锈钢丝网电极的目的。

使用电解的方法能有效地氧化降解棉浆黑液中的有机污染物。对降解作用影响最大的是阳极材料和电解质，当以不锈钢丝网为阳极材料时，产生较明显的电催化作用，其结果是在发生电化学反应的同时产生了氧化能力极强的 ·OH。当采用的电解质为氯化钠时，除起到提高溶液电导率的作用外，产生的氯气、次氯酸亦有氧化和脱色作用。

10.8　医院污水处理

医院污水含菌量高，如直接排放会污染生活水源，过去多采用氯气或漂白粉进行处理。次氯酸钠是一种强氧化剂，能进入细菌内破坏蛋白酶，有很强的杀菌作用。20 世纪 70 年代开始，国内许多厂家都在生产电解盐水制取次氯酸钠装置，使用IrRuSnMnTi五元涂层钛阳极。

医院排放的污水，经分析大肠杆菌量为 4×10^6 个/mL，细菌总数量为 5×10^6 个/mL。添加次氯酸钠进行消毒，10min 后取水样分析，大肠杆菌量为 3×10^3 个/mL，而细菌总数量每毫升仅剩 310 个。杀菌率达到 99.9% 以上，符合污水排放标准。

10.9　电解法处理回用水

10.9.1　电化学法处理回用水[20]

要开展中水回用工作，首先要确保处理水质。以生活污水处理为例，如中水回用为生活杂用水（如洗车和绿化等），对总大肠菌数的要求为小于 3 个/L。因此，消毒是污水回用过程中必不可少的环节，尤其当回用水要和人直接接触或用于食用农作物灌溉时就更显得重要了。

目前，常用的消毒工艺有传统的加氯消毒、紫外线消毒和臭氧消毒。加氯消毒应用得最广泛，工艺也最成熟，但是药剂的运输和储存过程存在很大的安全隐患。同时，当人们发现氯消毒会产生较多的致癌物质之后，对氯的使用越来越谨慎。而臭氧消毒、紫外线消毒则存在技术难度大、造价高及没有持续杀菌效果等缺点，实际应用具有一定的局限性。采用电化学消毒方法的优点在于，消毒运行管理简单、安全、可靠，经过小试验证，杀菌速度快，耗电量低。据文献报道，采用电化学法生成的三氯甲烷的量比加氯消毒生成的量要低，即使含 THMs 的前体物质较多的水，经过电化学的处理后水中三卤甲烷的含量仍低于国家标准中所规定的数值。

电化学消毒的过程中起重要作用的有三种因素，一种是水流通过电场而产生的一些强氧化剂，如氯气和臭氧等；另外一种是水中产生了氧化性极强但存在时间很短的自由基，如羟基自由基；还有就是电场本身对细菌细胞产生的作用，如细胞膜的电击穿现象，细胞的电灼烧现象，以及影响细菌代谢功能的电渗和电泳现象。

阳极使用铂族金属氧化物涂层钛电极。

一般城市污水处理厂（以北京市高碑店污水处理厂为例）二沉池出水的 Cl 离子含量约为 126.8mg/L，含菌量约为 10^4 个/mL。在电流密度为 $2mA/cm^2$，反应器中水力停留时间为 16s 的运行条件下，水中大肠杆菌存活率均小于 0.01%，杀菌率可达 99.99% 以上，出水完全可以满足回用水的细菌指标。此时处理每吨水的耗电量为 0.035kW·h。

10.9.2 回用水的电解处理

我国水资源短缺，国家极为重视城市水资源化问题。目前世界各国相继开展污水再生与回用的研究。再生后的污水可以用于农业、工业、市政用水（绿化、清洗道路等）。

文献［21］作者以曲阳污水厂二沉池出水作为试验用水，阳极为涂层钛电极，阴极为不锈钢，电解后水样的 COD 均降解到 10mg/L 以下。电解过程对浊度和色度的去除效果非常显著，过滤后出水的浊度均在 5 度以下，色度均在 4 倍以下。

参 考 文 献

［1］赵国华，等. 中国环境科学，2003，23(4)：385～389.
［2］张晓辉，等. 净水技术，2004，23(2)：21～24.
［3］Comninellis Ch. J. Appl Electrochem，1993，(23)：108.
［4］Kotz R，et al. J. Appl Electrochem，1991，(21)：14～20.
［5］刘月丽，等. 电化学，2003，9(4)：457～463.

[6] 张清松，等．电化学，1999，5(4)：401～405.
[7] 张招贤，等．钛电极学导论［M］．北京：冶金工业出版社，2008.
[8] 张招贤．电催化科学［M］．广州：广东科技出版社，2007.
[9] 葛建团，等．环境污染治理技术与设备，2002，3(5)：12～14.
[10] 阎鹤，等．环境保护科学，2004，30(6)：13～16.
[11] 杨蕴哲，等．化工环保，2005，25(3)：178～181.
[12] 陈康宁，等．化学世界，1986，(8)：341～344.
[13] 王鹏，等．环境科学，2001，22(5)：70～73.
[14] 王鹏，等．中国环境科学，2000，20(4)：289～291.
[15] 李小明，等．中国给水排水，2001，17(8)：14～17.
[16] 王车礼，等．工业水处理，2003，23(5)：29～31.
[17] 袁玮，等．工业水处理，2001，21(11)：29～32.
[18] 熊如意，等．环境保护，1998，(3)：18～20.
[19] 郭子成，等．电化学降解棉浆黑液的研究［C］．第10届全国有机电化学与工业学术会议论文集．长春：2006.
[20] 常玉，等．环境污染治理技术与设备，2002，3(12)：46～50.
[21] 高琼，等．化学世界，2002，Suppl：117～118.

第 11 章　钛电极在水处理领域的应用

11.1　水电解[1,2]

水电解制氢工业历史较长，世界上大规模水电解装置有：挪威 Rjukan 公司和 Glomfjord 公司，规模达到 27000$m^3(H_2)/h$ 以上；印度 Nngal 公司，为 21000$m^3(H_2)/h$；埃及 Aswan 公司，为 16900$m^3(H_2)/h$。电解槽一般采用压滤式复极结构，或箱式单极结构。

电解水，就是在水中通上直流电，产生氢气和氧气。燃料电池要用氢作为燃料。为了优化环境，降低污染，今后汽车用能源要用氢。电解水是从水中制造氢唯一的工业途径。

水电解时，阴极上析出氢，同时在阳极上析出氧：

$$H_2O \xrightarrow{\text{电解}} H_2 + \frac{1}{2}O_2 \tag{11-1}$$

水电解时，电解槽的实际电压为：

$$U = U_r + \Sigma\eta + IR \tag{11-2}$$

$$\Sigma\eta = \eta_a + \eta_k \tag{11-3}$$

式中　U_r——理论分解电压，V；

η_a——阳极过电位，V；

η_k——阴极过电位，V；

IR——电解液电压降、导电线路电压降、局部电压降之和，V。

电解槽电压中，阳极过电位、阴极过电位占较大比例。而过电位大小与所使用的电极材料有很大关系。

水电解的电解槽基本上由阳极、阴极、电解液和隔膜等 4 个要素组成。通过电极材料和电解液的组合，电压损失有很大差异。图 11-1 表示电解液不同时水电解特性的区别。

在一般水电解槽中，电解液使用 20% ~30% KOH 或 NaOH

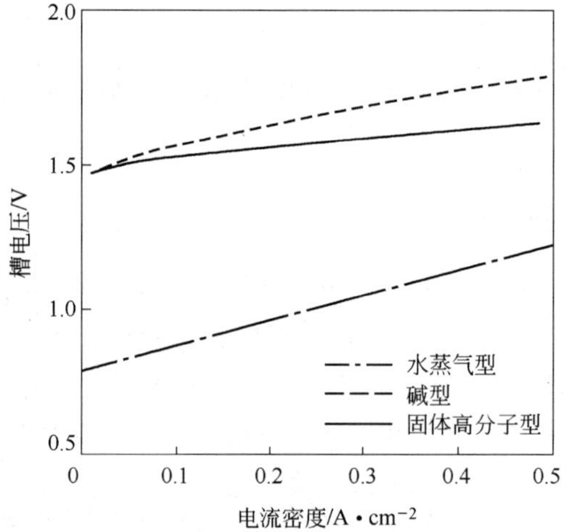

图 11-1　不同电解液时水电解特性

水溶液，操作温度为 50 ~ 70℃，不溶性阳极使用镀镍钢板，阴极使用碳钢。为了降低氢过电位而考虑了各种表面处理方法。在日本广泛使用含硫镍电镀处理，在一般的水溶液中添加 NaCNS 就得到含硫的黑灰色镍镀层。与碳钢相比，其氢过电位低 250 ~ 300mV；与镀镍钢板比，氧过电位也低 100mV 左右。

日本开发了固体高分子型水电解工艺，可把氟树脂系的离子交换膜用作质子导电体的固体电解质。固体高分子电解质由于薄膜化，电解质电阻变小，有利于在高电流密度下进行电解运转。

如使用固体氧化物电解质，就有可能应用使用水蒸气的高温水电解工艺。这种工艺理论分解电压小，电能必需量变小，特别是作为电解反应阻力的过电位变小，所以可期望成为效率最高、以最低槽电压电解运转的电解法。

碱性水电解中，阳极用镀镍钢、形状相同的镍或镀镍低碳钢，阴极用软钢。作为新型阴极材料，要使用表面积大的多孔镍电极，广泛研究的是 Ni-Mo 系，其他还有 Ni-Al、Ni-Zn、Ni-Co-Zn 等。

固体高分子型水电解时，由于使用强酸性电解液，要求电极材料耐酸性腐蚀，故不能使用镍、铁之类廉价材料，要使用昂贵的铂族金属材料。

酸性电解液中，从电极催化活性来看，铂族金属析氧催化活性顺序为 Ir > Rh > Pt。氧化钌（RuO_2）催化活性最佳，但耐久性差，故用作阳极材料应使用铱系合金、氧化铱。阴极催化活性顺序为 Pt > Rh > Pd，从催化活性、稳定性考虑，铂是最佳的；从成本来考虑，钌也受到重视。

日本开发的固体高分子型水电解槽中，阴极为涂敷铂的石墨电极材料，阳极为铱系合金及氧化铱，与离子交换膜组装间隙为 150 ~ 300μm，从而实现了高效率。阴极基体为石墨，阳极基体多使用钛。

据文献［3］作者介绍，水电解的核心部分是电解槽，电极材料是电解槽的关键。目前我国水电解槽的阴极材料主要是镍板、镀镍或含硫钼的涂镍材料，其析氢过电位一般在 0.25V 以上；阳极材料主要是镍板，其析氧过电位一般都大于 0.3V，所以电解槽槽电压一般接近 2V，20℃时每 $1m^3$ 氢气耗电量不低于 4.2kW · h。

阴极可采用镍板作基体，喷砂后用等离子喷涂法将铂钌喷涂在镍板表面，可形成巨大表面积的涂层，降低了真实电流密度，将析氢过电位控制在 0.15V 左右。

阳极电极基体采用钛板，电极涂层采取热分解法涂敷铱钌钽等金属氧化物，析氯过电位控制在 0.2V 以下。

电极材料的寿命可在强碱高电流密度下进行强化试验，至少连续运行 6 个月。

新型电极材料可使电解槽槽电压降至 1.7 ~ 1.8V，能耗降到 20℃时每 $1m^3$ 氢气 3.7 ~ 3.9kW · h。

11.2　电解海水制氢[4,5]

与太阳能、风能等间歇性、不易存储及运输的可再生能源相比，氢能以其清洁无污染、高效、安全、可存储及运输等优点，被视为最理想的能源载体。在目前已知的利用可再生能源制氢方法中电解水制氢具有操作简单、投资少、清洁高效等优点，是目前使用最为广泛的氢能开发技术。

海水是世界上最为丰富的资源，也是通过电解水制氢的理想资源。尤其是在沙漠但又靠海的地区，比如中东，纯净的水难以获得，利用太阳能制氢只能通过电解海水来实现。

电解海水制氢时，阳极应该完全避免有毒氯气的析出。采用传统电解水用阳极电解海水时，以氯气析出为主，为了避免氯气腐蚀设备和污染环境，开发一种析氧抑氯阳极材料是电解海水清洁氢能开发技术的关键。

在所有适合做电极的金属材料中，只有锰的氧化物可以在反应中的阳极产生氧气，只有少量的氯气析出。掺杂的电极对氧气的产生率更高，例如用 $Ti/IrO_2/Mn_{1-x}Mo_xO_{2+x}$ 作为电极，氧气的生成率达到了 100%，完全避免了氯气的产生，使得电解海水制氢变得可行。

研究表明，MnVMo 氧化物涂层阳极在海水介质中析氧效率达到 100%，具有高的析氧选择电催化活性，可作为电解海水制氢能开发用电极。

11.3 电解功能水[6]

所谓功能水，指的是日常水不具备的、具有特殊作用的水。近年来，电解功能水已是家喻户晓。

功能水的健全发展在日本始于 2002 年 9 月，由日本功能水协会发起。功能水定义为通过人为处理，获得某种有用功能的水。这个人为处理和功能应立足于科学根据。也就是说，没有科学根据，就不能称为功能水。

电解时通过电极过电位或电极催化作用，很容易生成常温常压下热力学不稳定的化学物质。很早以前就知道，通过水溶液体系电解可以工业生产许多化合物，例如，氯气，二氧化锰，过锰酸钾，臭氧，次氯酸钠，氯酸钠，过硫酸铵，过氧化氢等。这些热力学不稳定的物质，由于氧化或还原作用会自发地分解为其他化合物，故称之为活性化学物质（又称亚稳定化学物质）。许多情况下，电解功能水又被定义为含有电解生成活性化学物质的水溶液。

11.3.1 电位-pH 图和活性化学物质的关系

电解功能水已利用或正研究利用的活性化学物质中，作为氧化物有氯、次氯酸钠、臭氧、过氧化氢、超氧化物离子等，作为还原物有原子状态氢等。可以用电位-pH 图来研究水溶液中的亚稳定化合物。

图 11-2（a）为氢、氧体系电位-pH 图。

从图中看到，高于氧电极平衡电位（ⓑ实线）时，H_2O 被阳极氧化变成氧（O_2），从热力学来看，O_2 处于稳定区域。低于氢电极平衡电位（ⓐ实线）时，H_2O 被阴极还原变成氢（H_2），氢处于稳定区域。这条实线表示热力学稳定区域。如果使用铂等氧过电位高电极材料，即使在ⓑ实线以上区域，也不会产生氧，会发生其他氧化反应。例如，使用铂或二氧化铅电极，有可能产生 O_3。

图 11-2（b）为制取 HClO 时的氯体系电位-pH 图。

使用铂电极，pH 值低于 3 时，从 Cl^- 产生氯优先于氧产生。pH 值大于 3，电极电位高于 ClO^-/Cl^- 系点线时，会产生原子价比 Cl_2 高的次氯酸（酸性时为 HClO，碱性时为 ClO^-）或氯酸盐（ClO_3^-）。

另一方面，铂氢过电位低，电极电位低于ⓐ实线时，会可逆地产生氢气，但如果使用氢过电位高的银时，会生成水和电子。

根据电位-pH 图，产生与电解功能水或微生物杀菌或抑菌有关的活性化学物质的有代表性反应如下：

$$2Cl^- - 2e \longrightarrow Cl_2(\text{pH 值小于 } 3) \quad (11\text{-}4)$$

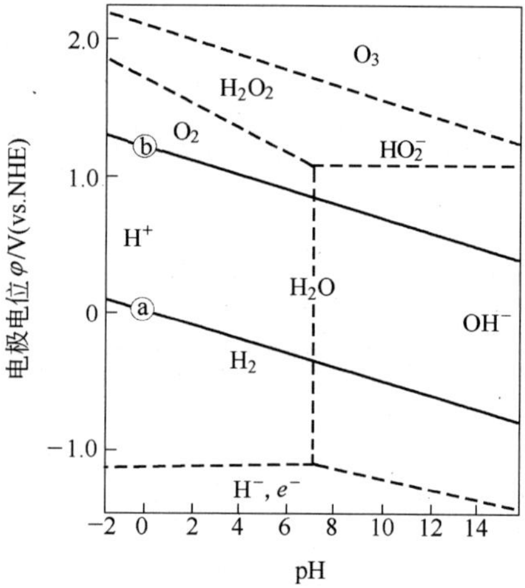

(a)

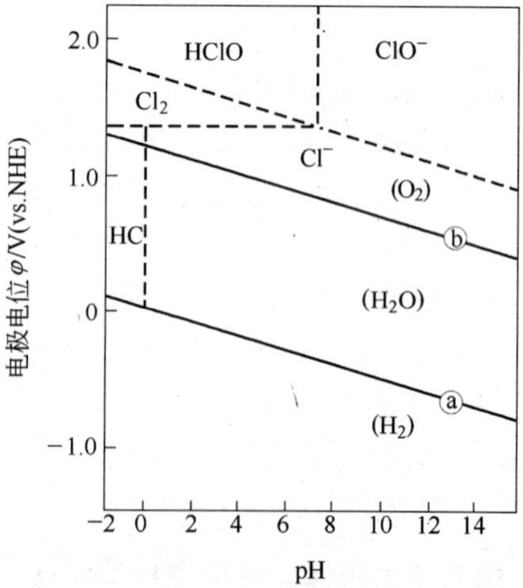

(b)

图 11-2　电极电位-pH 图

(a) H、O 体系电位-pH 图（含有 O_3、$H_2O_2(HO_2)$、H）；

(b) Cl 体系电位-pH 图（含有 HClO(ClO)、Cl_2）

$$Cl_2 + H_2O \longrightarrow HClO + H^+ + Cl^- \tag{11-5}$$

$$Cl^- + H_2O - 2e \longrightarrow HClO + H^+ \text{（pH 值大于 3）} \tag{11-6}$$

$$2H_2O - 4e \longrightarrow O_2 + 4H^+ \tag{11-7}$$

$$3H_2O - 6e \longrightarrow O_3 + 6H^+ \tag{11-8}$$

$$H_2O - e \longrightarrow \cdot OH + H^+ \tag{11-9}$$

$$O_2 + 2H^+ + 2e \longrightarrow H_2O_2(O_2^{2-}) \tag{11-10}$$

$$H_2O_2 - e \longrightarrow 2HO_2(O_2^-) + H^+ \tag{11-11}$$

$$2H_2O + 2e \longrightarrow H_2 + 2OH^- \tag{11-12}$$

$$H_2O + e \longrightarrow H + OH^- \tag{11-13}$$

$$nH_2O + e \longrightarrow e(H_2O)_n \text{：水与电子} \tag{11-14}$$

上面的反应表示水溶液中不含有特别化学物质时的反应。通常，反应也有可能是多种多样的，例如，如果含有乙酸离子，就有可能制得过乙酸，可用于杀菌装置中。

11.3.2　电极材料的选择

电解法产生活性化学物质，电极材料的选择最重要，为此需引用电化学窗口概念。图 11-3 表示有代表性的电极材料的电化

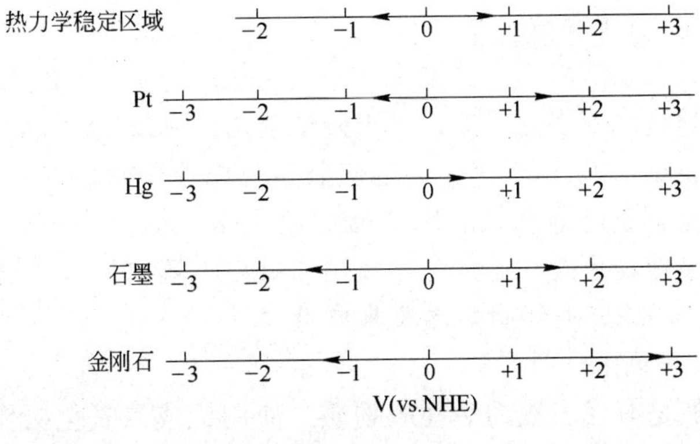

图 11-3　各种电极材料的电化学窗口（水溶液中不含有特种反应物）

学窗口。

氧过电位高的材料有铂、二氧化铅、石墨及金刚石膜电极等，可用来制造高氧化态的活性化学物质；另一方面，汞、金、银等氢过电位高，可用来制造高还原态的活性化学物质。

11.3.3 电解功能水

11.3.3.1 电解功能水分类

目前市场上出售的装置制造的电解功能水大致分为酸性电解水和碱性电解水两类，下面对应图 11-2（a）和图 11-2（b）加以说明。

A 酸性电解水（不含氯化物离子）

从不含氯化物离子的水溶液的电位-pH 图（图 11-2a）看到，如使用 Pt 或 PbO_2 电极，会产生 O_3 及臭氧水；使用金刚石膜电极时，会产生 OH 游离基。

B 酸性电解水（含氯化物离子）

目前市场上销售的属于“功能水”的酸性电解水，几乎都是电解含氯化物离子（Cl^-）水溶液而制得，对应电位-pH 图的图 11-2（b），这时作为活性化学物质（功能水）是 Cl_2 及 HClO（ClO^-）。酸性电解水进一步分类为强酸性电解水及弱酸性电解水。

C 碱性电解水

电极在水溶液中阴极极化时产生的化学物质和功能水有关的活性化学物质不多。目前，基于科学依据，可以认为化学物质只有氢和显示水碱性的 OH^-。起初假定氢以原子状态存在，但是它的效能类似过饱和氢。用“碱性离子水”这个词来表示上述电解水显然是不确切的，应该使用“碱性电解水”这个词。

11.3.3.2 电解功能水及其应用

A 臭氧水

臭氧是有代表性的活性氧物质。使用铂或二氧化铅作阳极，对不含氯化物离子水溶液电解，会产生最高含量约 20% 的臭氧水。臭氧在杀菌及分解有机物的同时自己也分解成水和氧，不会产生二次污染。

B　强酸性电解水

电解氧化氯化物离子浓度高的水溶液时，所产生的强酸性电解水含有相当数量的氯和次氯酸。强酸性电解水主要用来杀菌，除了医院的一般性杀菌外，还用于内视镜、血液透析装置的杀菌，口腔科中拔牙后的消毒杀菌。

C　弱酸性电解水

弱酸性电解水是在含 Cl^-，且 pH 值在 3 以上水溶液电解产生的电解水。弱酸性电解水大多数用于比较稳定条件下杀菌，如育苗时处理种子及向苗床撒放。

D　强碱性电解水

强碱性电解水应用实例不多，脂质抗氧化、防粉病、脱脂均有效果。

E　弱碱性电解水

弱碱性电解水的代表就是市场出售的名称叫“碱性离子水”的饮料水。弱碱性电解水作为健康饮料水在日本是昭和四十一年（1966）厚生省认可的。代表性的功效有：

（1）整肠作用，pH = 10 以下的弱碱性电解水，有抑制胃酸效果；

（2）骨骼形成及骨组织纤维，碱性电解水有防止骨质老化效果；

（3）癌症患者康复，有报道，癌症晚期患者大量饮用碱性离子水有康复的报告，但缺乏科学根据。

11.4　电解杀菌处理水

对于水处理杀菌消毒问题，目前普遍采用向水中加氯或氯化物的加氯氧化消毒法，但发现加氯消毒会导致饮用水中产生“三致”（致癌、致畸、致突变）物质。近年来开发的紫外线、臭氧、超声波、磁化、静电等处理方法，或因设备复杂、处理水流量小或因处理费用高等问题而没能获得普遍应用。

电解法作为一种具有灭菌效果好，实用性强且无二次污染的杀菌处理技术而受到欢迎。电解法杀菌可分为间接杀菌和直接杀菌。

11.4.1 间接杀菌

间接杀菌是利用电解产生 ClO^-、$HClO_3$、H_2O_2、O_2^-、$\cdot OH^-$ 等物质对微生物杀灭。现有商品化的各种消毒水处理器，多是在添加了氯化钠等电解质后，产生二氧化氯和次氯酸钠等杀菌剂。

11.4.2 直接杀菌

直接杀菌是利用电解电极直接作用于微生物，使其死亡，有代表性的是吸附-电解法杀菌。文献［7］报道了用吸附-电解法对自来水或地下水杀灭藻类。在吸附区用导电性活性炭对进入水中污染物和细菌进行吸附，吸附区两端装有电极，施加电压电解，使水消毒杀菌。

电解法杀菌消毒机理：

（1）电解含氯废水时，产生 ClO^- 和少量更高价的氯盐，电解过程，阳极发生的反应：

$$2Cl^- - 2e \longrightarrow Cl_2 \tag{11-15}$$

$$Cl_2 + H_2O \longrightarrow HClO + HCl \tag{11-16}$$

OH^- 离子扩散到阳极周围的液层中与 HClO 反应生成 ClO^-：

$$HClO + OH^- \longrightarrow H_2O + ClO^- \tag{11-17}$$

有可能进一步反应生成氯酸：

$$12ClO^- + 6H_2O - 12e \longrightarrow 4HClO_3 + 8HCl + 3O_2 \tag{11-18}$$

所产生的 HClO 和 $HClO_3$ 均是强氧化剂，对微生物均有很强的杀灭效果；

（2）电解过程产生 H_2O_2 或 · OH：

$$H_2O - e \longrightarrow \cdot OH + OH^+ \qquad (11\text{-}19)$$

$$\cdot OH + \cdot OH \longrightarrow H_2O_2 \qquad (11\text{-}20)$$

或在电解和催化作用下生成 H_2O_2，再转化成氧化性极强的羟基自由基 · OH：

$$H_2O_2 + e \longrightarrow \cdot OH + OH^- \qquad (11\text{-}21)$$

$$H_2O_2 + \cdot OH \longrightarrow H_2O + HO_2 \cdot \qquad (11\text{-}22)$$

H_2O_2 和 · OH 均有强杀菌作用，另外还可能产生超氧阴离子 O_2^- 等其他活性物质；

（3）电解直接作用于细菌活细胞体，如电离细胞质，击穿细胞膜，破坏某个细胞器，致使细菌死亡。

文献［6］的作者认为，电解杀菌可期望成为不使用危险药品，电解产生的活性化学物质寿命比较短，不会污染环境的绿色环境杀菌方法。电解杀菌法与通常使用的杀菌法不同，最大优点是不会产生耐药性细菌，附加上高电流，或高电位，就可以杀死枯草菌孢子和酵母等。

11.4.2.1　电位-pH 图

图 11-4（a）将生存于自然界水中的微生物的生存领域与电位-pH 图重叠，电位纵坐标是所谓 ORP（氧化还原电位）。

图 11-4（b）将图 11-4（a）与图 11-2（b）重叠，斜线部分表示设想的微生物生存领域。

连续电解时，阳极上积蓄 H^+，溶液状态处于图的左上方；阴极上积蓄 OH^-，溶液状态处于图的右下方，不管哪个领域都具有杀菌效果。

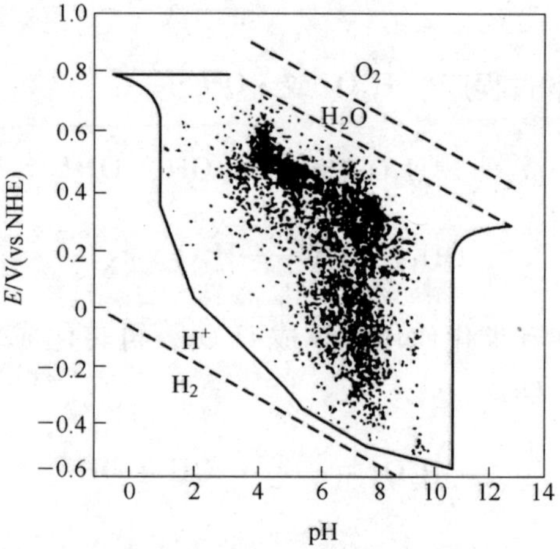

(a)

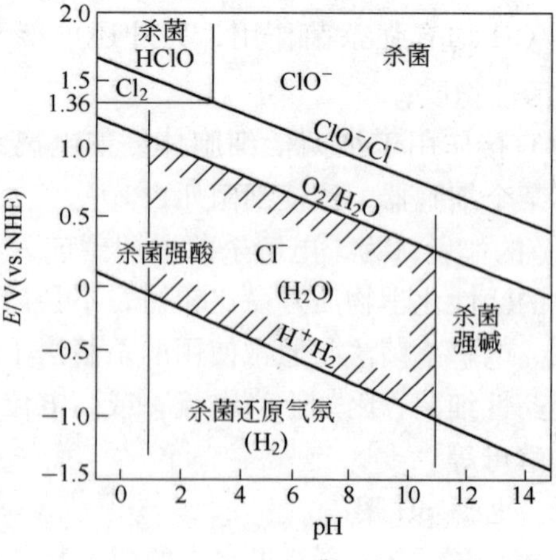

(b)

图 11-4　电位-pH 图上自然界水中各种微生物生存领域（a）和水溶液 Cl 体系电位-pH 表示的微生物生存领域（斜线部分）（b）

含 Cl^- 溶液（自然环境的水总是含有一定浓度的 Cl^-）会产生 HClO，因此杀菌力强。

11.4.2.2　电解杀菌机理

通过过电位原理产生的活性化学物质在分解过程中显示杀菌能力；另一方面，电解时电极表面产生高电位梯度，电极一旦接触微生物，就起到杀菌作用。实际上，电解杀菌装置杀菌机理由下述几个方面原因综合起来：

（1）微生物和电极接触时，接触界面的附加电位，或电位梯度（~10^6V/cm）会破坏细胞膜；

（2）微生物和电极接触时，微生物体内产生电化学效应；

（3）电解产生的活性化学物质进行二次杀菌；

（4）pH 值随电解变化；

（5）电极界面产生焦耳热，通过温度升高杀菌；

（6）通过银等电极材料杀菌；

（7）微生物体内流经电流杀菌；

（8）高频率情况可根据感应分散原理杀菌。

其中，(1)和(2)为在几乎没有电流通过的情况下，只借助电极电位效果杀菌；(3)和(4)为通过电解产生的活性化学物质杀菌；(5）以后为与电解没有直接关系的杀菌原理。

大部分电解杀菌装置是基于用含有氯化物离子溶液电解，阳极上产生次氯酸（HClO 或 NaClO）来杀菌。

11.4.2.3　电解杀菌装置实例

文献［6］报道的电解杀菌装置中，金刚石膜电极装置除外，其余的几乎都是在含有氯化物离子水溶液中，通过阳极起到杀菌作用，主要是次氯酸起作用。

A　活性炭纤维电解杀菌装置

图 11-5（a）所示为填充活性炭纤维，三电极式电化学装置，+0.8V，溶液流速 300cm^3/min，杀菌机理为微生物细胞膜受到某种损伤。

B　复极式固定床型电解槽电解杀菌装置

图 11-5（b）所示为填充多孔性石墨，多层结构，二电极式电解杀菌装置，用于含有微量氯化物离子自来水的杀菌装置。

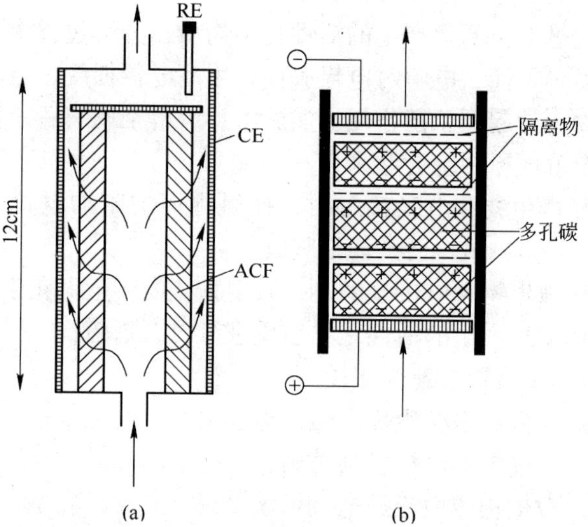

图 11-5　ACF 圆筒式电化学反应器（a）和多孔碳电极消毒槽示意图（b）

ACF—活性炭纤维电极；CE—对电极；RE—参比电极

C　涂钯碳素纤维电解杀菌装置

使用涂钯碳素纤维，阴极、阳极平行配置，二电极式电解杀菌装置，此装置次氯酸生成效率高，如图 11-6（a）所示。

图 11-6（b）表示大肠菌杀菌效果与电流及氯化物离子浓度关系。使用这种装置，自来水含氯化物离子浓度约 0.0002mol/L 时，50mA，对于大肠菌及枯草菌而言，通过电流一次，生菌率可达到 10^{-7}；进一步把电流提高到 200mA，有可能把枯草菌孢子杀灭。

D　金刚石膜电极杀菌装置

在不含有氯化物离子溶液中，OH 基成为活性化学物质，金刚石膜电极杀菌装置，OH 基生成率高。但是，金刚石膜电极杀菌装置价格高，普及困难。

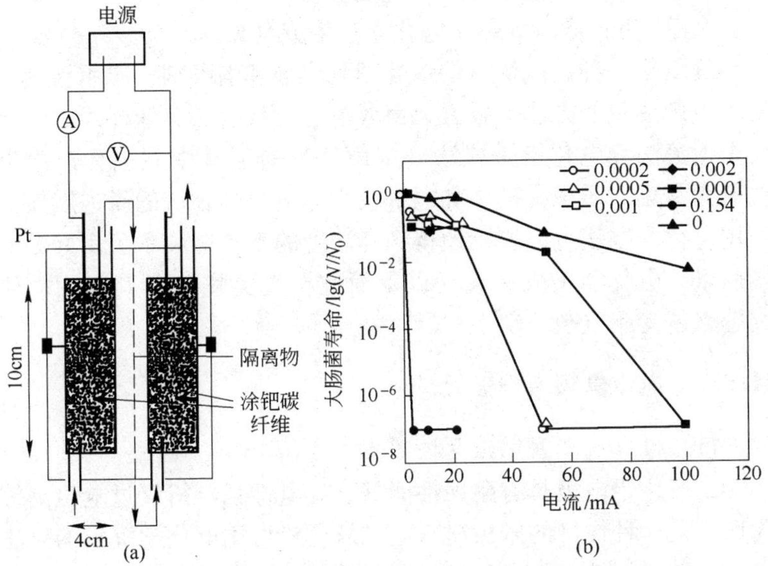

图 11-6　涂钯碳纤维电极消毒槽示意图（a）和电解槽出口处大肠菌寿命与电流密度及 Cl^- 浓度的关系（b）

11.5　臭氧的制取

日本一家电极公司把制造 DSA 所掌握的利用催化剂技术和先进的固体聚合物电解质电解技术结合起来，制造了臭氧发生装置——PUREZONE。

过去的无声放电法使用空气作原料，而 PUREZONE 使用水作原料，这样可省掉干燥空气、除湿等前处理工序，装置噪声小、体积小、重量轻。

臭氧在水中的氧化还原电位为 -2.07V，仅次于氟（-2.87V），因而使一些较复杂的氧化反应能够进行。

臭氧具有很强的氧化能力，杀菌、除臭、脱色效果很好，一般用于游泳池、生活用水的杀菌，上下水的除臭、脱色。

臭氧发生器在各个行业发挥作用，在电子工业、食品业、农林水产业、医疗卫生业等获得普遍使用。

文献［8］作者介绍了电化学法生成臭氧。

臭氧是一种性能优良的水处理氧化剂和消毒剂，应用极为广泛。生产臭氧的方法大致有无声放电法、放射法、紫外线法、等离子射流法和电化学生成法（电解法）等，其中尤以无声放电法最为常见。质子交换膜和电解技术等电化学领域的新进展使得利用电化学方法可以连续地得到高浓度的臭氧，展示了良好的应用前景，电化学生成臭氧（以下简称电生臭氧）及其应用的研究越来越受到重视。

11.5.1　电生臭氧用阳极材料

11.5.1.1　二氧化铅电极

二氧化铅电极具有耐蚀性能好、导电性强、析氧过电位高等优点，是一种优良的阳极材料。二氧化铅可用电化学沉积的方法负载于钛、石墨、陶瓷和环氧塑料等基体上。

二氧化铅从硝酸盐电解质中电沉积的机理，可以认为包括四个步骤：1）电子转移和含氧物种在电极表面的生成；2）含氧物种与 Pb^{2+} 反应生成不固定于电极表面的形式为 $Pb(OH)^{2+}$ 的 Pb^{3+} 的中间物；3）中间物被第二次电子转移所氧化生成 $Pb(OH)_2^{2+}$；4）$Pb(OH)_2^{2+}$ 通过化学机理分解生成 PbO_2。

为了改善二氧化铅电极在高电势条件下的稳定性和电化学活性，可以用 Fe^{3+}、Co^{2+}、Ni^{2+} 和 F^- 对二氧化铅电极进行掺杂。掺杂二氧化铅电极对于电生臭氧具有非常好的活性，尤其是掺杂 Fe^{3+} 和 Co^{2+} 的二氧化铅使电生臭氧的电流效率达到15% ~20%。

在臭氧电化学生成的研究中广泛地使用二氧化铅电极。

11.5.1.2　含掺杂半导体涂层钛电极

氧化物涂层一般为半导体型化合物，一方面因半导体电子能级在能量上与电解质中反应物种不相适应，另一方面由于半导体表面上的悬空键和电解质组分之间相互作用而使其数目显著减小甚至消失，所以氧化物涂层电极催化活性不是很高。若在氧化物涂层中掺杂一些其他金属或非金属元素，形成表面缺陷（晶面阶梯、位错等），它们能在禁带间形成可与中间化合物强烈作用的电子表面态，使半导体表面上的电极反应过程大大加快。

可采用热解喷涂的方法，在钛基体上沉积 $SbSnO_2$ 涂层材料，制备 $Ti/Sb \cdot SnO_2$ 电极。在室温条件下，用该电极作阳极，在 0.1mL/L $HClO_4$ 水溶液中，臭氧生成的电流效率为 15%，溶液中溶解臭氧高达 34mg/L。

在 550℃用控制冷凝速度的方法制备 $Ti/(IrO_2 \cdot Ta_2O_5)$ 电极。当 IrO_2 组分的物质的量为 0.4 ~ 0.5 时，活性表面积和电化学孔隙率最小。电生臭氧过程既依赖于电极组成，又依赖于支持电解质的本性。从计算得到的 0℃时的电流效率来看，这种电极对臭氧的生成未表现出良好的性能。

还研究过使用 $Ti/IrO_2 \cdot Nb_2O_5$ 电极。

11.5.1.3　硼掺杂金刚石膜电极

硼掺杂的金刚石膜电极具有化学惰性、独特电化学性能、表面无污垢、100% 的电流转化率、水分解过电压高，应用范围十分广泛。近年来，国外竞相开展对金刚石膜电极的研究。硼掺杂金刚石膜电极的制备主要采用微波等离子体化学气相沉积法（MWCVD）和热灯丝化学气相沉积法（HFCCVD），反应气体是以甲烷和氢气混合气体，并用三甲基硼或氮化硼等作为硼源，根据需求可在不同的衬底（如硅、碳化硅和各种工业电极材料——铌、钽、钛、钨、锆和石墨等）上生长各种掺杂硼浓度的金刚石膜，生长温度在 800 ~ 900℃范围。实验发现，当电流密度高于 $1A/cm^2$ 时，臭氧即可稳定地从硼掺杂金刚石膜电极上产生；在室温条件下，臭氧生成的电流效率与二氧化铅相当，但其稳定性优于二氧化铅。

11.5.2　支持电解质对臭氧生成的影响

电生臭氧通常在较高浓度的 H_2SO_4 或 $HClO_4$ 水溶液中进行。研究过中性条件下电解质对臭氧在二氧化铅电极上生成的影响。

结果发现，少量的 Na_2SO_4 或 $NaClO_4$ 加入到纯水中会引起臭氧生成电流效率的升高和槽电压的降低，而 $NaNO_3$ 则没有影响；与酸性条件下相似，F^- 的引入同时提高了电流效率和槽电压。

11.5.3　臭氧生成与高分子固体电解质

近些年来，利用质子交换膜（也被称为高分子固体电解质）电生臭氧的研究不断出现。Nafion 膜是最经常用到的高分子固体电解质。采用具有恒定电流功能的高分子固体电解质，无须向水中加入支持电解质就可以在较低的电压下工作。作为阳极的电极材料（如二氧化铅）可通过热压的方法固定在高分子固体电解质的膜上。曾有人测定过以二氧化铅为阳极，以氧扩散电极为阴极，质子交换膜为电解质，电解纯水产生臭氧的能耗和臭氧的生成量。

11.5.4　电生臭氧在水处理中的应用

利用电化学方法连续产生的高浓度臭氧对废水进行消毒是一种实用、高效、迅速、成本较低的方法，尤其适用于偏远地区的小规模水消毒处理；对难降解有机物的处理也非常迅速有效。

苯并［a］芘是多环芳烃中最强的致癌物质之一，利用电生臭氧对苯并［a］芘进行降解和解毒处理。气相色谱/质谱（CG/MS）和高效液相色谱（HPLC）的分析结果表明，只需要 5min 的处理，BaP 就完全降解；而毒性试验显示，仅仅 2min 的臭氧化就使其毒性消失。

用电生臭氧对水中的脊椎灰质炎病毒 1 等进行处理，实验发现，仅 1min 的臭氧化消毒，就使其灭活。利用臭氧降解霉菌毒素是一种有效的方法，利用电化学方法连续产生的高浓度臭氧就可以对其进行降解和解毒处理。

文献［9］作者研究了用臭氧去除水中芳香族化合物。焦化厂、合成塑料厂、农药厂排放的废水中常含有芳香族化合物，臭氧可以去除氧化苯、二甲苯、苯酚、间苯二酚和苯甲酸，当水中含有这些化合物时可以采用臭氧氧化法去除。

文献［10］作者将高频陶瓷沿面放电臭氧生成新技术应用于印染废水的处理，经高浓度臭氧处理后的印染废水，COD_{Cr}去除率达 86.6%，脱色率达 98.4%，基本成为无色无味的中性水。

11.6 电解法制取离子水（碱性离子水、酸性离子水）

在前面电解功能水一节中曾讲过，碱性离子水的概念不够确切，现在已被碱性电解水所代替。但考虑到离子水已深入人心，离子水机已广泛使用。因此，本书这一节还是使用“离子水”这个俗语。

正常健康人体的酸碱度范围为 pH＝7.36～7.44，这是人体进行正常的新陈代谢的必要条件。人体内有一系列调节系统，使人体的酸碱度保持在正常范围内。但随着生活水平的提高，人们食谱中酸性食物（鱼、肉、蛋、糖、米、面等）与碱性食物（蔬菜、水果、牛奶等）的比例远远超过正常比例（1∶2），加之城市环境污染和生活节奏加快造成的精神紧张，使人体内的酸碱度平衡系统失调，导致人形成酸性体质。而酸性体质，就是亚健康状态，是导致现代病（高血压、高血脂、高血糖等）的重要原因。长期饮用碱性水或饮料，会使人从酸性体质恢复到正常状态。

碱性离子水水分子团分子数少体积小，并且水分子团结构是六圆环形，与人体组织细胞内水分子团结构相似，因此该水与细胞的亲和力比普通水强很多，并具有更大的活性，所以饮用碱性离子水，会加强身体的新陈代谢作用，使人更富活力；碱性离子水水分子团小，渗透力强，碱性离子水在运送废物，调节身体状况的能力上要比普通水强；碱性离子水是弱碱性，具有中和体内有害酸性代谢产物自由基，使不健康人体体液和血液恢复到健康的微碱性状态的作用。

碱性离子水可直接治疗慢性下痢、消化不良、胃肠内异常发酵、胃酸过多等四种疾病，对其他现代病是通过改善人体新陈代谢功能，清除有害的酸性代谢产物自由基，增强体质起预防和提高抗病能力的作用。

酸性离子水具有抑制细菌生长、消毒、收敛的作用，效果与美容的收敛水相同。人健康的皮肤呈弱酸性，表面有一层皮脂腺分泌物与汗液混合形成的膜，这些膜可防止外界对皮层的刺激和水分的蒸发，保持皮肤表面湿润，皮肤表面的 pH 值在 5 左右。如果这个状况被破坏，表面的水分就会丢失，使得皮肤弹性下降，变得粗糙。酸性离子水 pH 值在 3.8～5.5 之间，与皮肤表面保护膜相近，用它来经常洗涤皮肤具有护肤、美容的作用。

广州某公司于 20 世纪 90 年代开发了家庭用电解离子水生成器。自来水经前置过滤器，除掉管道水中的铁锈和固体沉积物，进入生成器内的精密过滤器（含有银离子粒状活性炭和中空纤维），通过吸附和过滤，去掉水中的异味、有机杂质和余氯，并初步灭菌。然后进入生成器中的电解槽，通过电解作用，在含矿物质成分的水中加电压，在阴极侧就会诱引钙正离子，同时水中 H^+ 从阴极得到电子，H^+ 还原为 H_2，产生氢气，结果在阴极周围生成氢氧根离子（OH^-）浓度高的碱性离子水；在含金属矿物质成分的水中加电压，在阳极侧水中的 OH^- 离子失去电子氧化为 O_2，产生氧气，结果在阳极周围生成氢离子（H^+）浓度高的酸性离子水。如图 11-7 所示。

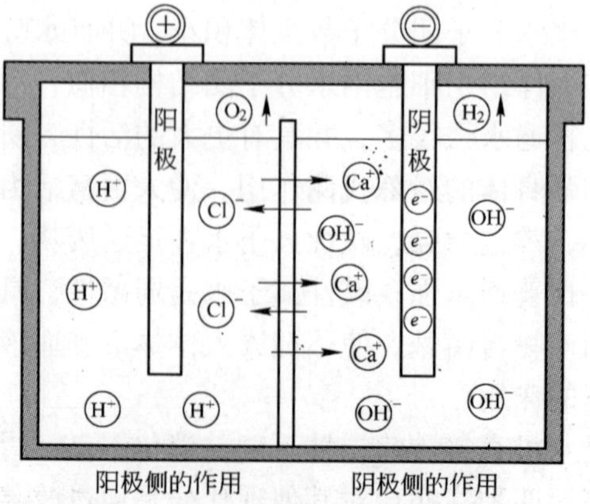

图 11-7　酸碱性离子水生成示意图

离子水生成器原使用钛镀铂电极。广州某研究院成功地使用铂族金属氧化物涂层钛电极代替镀铂电极。

根据离子水生成器的工作特点，要求涂层钛电极能在高槽电压下电解、阴阳极反向电解、间断电解三种特殊情况下正常运转。

文献［11，12］作者介绍他们研制的涂层钛阳极在自来水中进行电解试验，工作电流密度为 $214A/m^2$，而工作电压为 21V。自来水中可导电的离子量很少，导电性差，给涂层钛电极电解带来很大困难。但在此情况下进行电解，仍可以看到阴阳极间有大量气泡产生，说明电化学反应很好。对阴极进行观察，发现上面有一白色的薄层物质，取样进行化学分析，成分：CaO 为 84%、MgO 为 11.45%、SiO_2 为 3.99%。这种情况说明，离子水生成器在电解工作一段时间后，很有必要进行反向电解，使沉淀在离子膜、阴极上的水垢剥离，以保证电极有新鲜表面进行电解运转。所研制的涂层钛电极作阴、阳极进行间断电解试验，经过间断电解运转试验的电极片进行 X 射线衍射分析，表面涂层组分和新电极片的组分一致，说明仍可以继续使用。

研制的涂层钛电极装配在离子水生成器中，并与日本产的钛镀铂电极进行对比试验，水流速为 4.21L/min，结果见

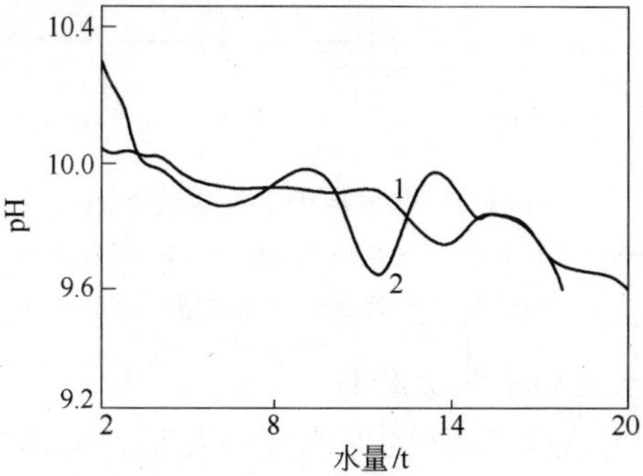

图 11-8　钛镀铂电极与 RIT 涂层钛电极电解水的 pH 值

1—涂层钛电极；2—钛镀铂电极

图 11-8。从图 11-8 可知，装有涂层钛电极的离子水生成器产出的碱性离子水 pH 值约在 9.5 以上，这个结果和日本钛镀铂电极产出的水一样，涂层钛电极产出的碱性离子水 pH 值曲线比较平稳，不像钛镀铂电极那样波动较大，这一点优于镀铂电极。

文献［13］作者介绍了研究电解法制取离子水成果，以下是其研究的内容。

A　离子水生成装置

如图 11-9 所示，两电解槽的阴极室和阳极室容量均为 250mL，阳极和阴极紧靠在阳离子交换膜上，以减少极间距。两电解槽可同时工作，也可单独工作。将原水经活性炭净化器净化后，通入到电解槽中，电解电压为 6V。电解一定时间后，制得酸性离子水和碱性离子水，分别从下端出口流出。

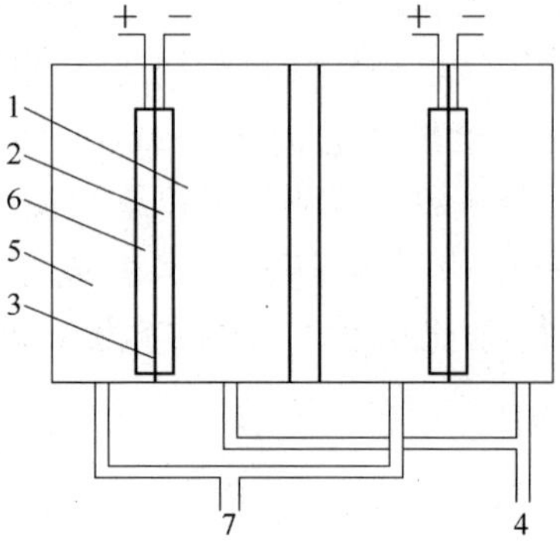

图 11-9　电解离子水生成装置图

1—阴极室；2—阴极；3—阳离子交换膜；4—碱性离子水出口；5—阳极室；6—阳极；7—酸性离子水出口

B　离子水生成原理及应用

将含有一定浓度 NaCl 的原水经净化后，通电电解，发生如下的电极反应：

阳极反应：　$2Cl^- \longrightarrow Cl_2\uparrow + 2e$　(11-23)

$$2H_2O \longrightarrow O_2 + 4H^- + 4e \quad (11\text{-}24)$$

$$Cl_2 + H_2O \longrightarrow HCl + HClO \quad (11\text{-}25)$$

阴极反应：

$$2H_2O + 2e \longrightarrow H_2 + 2OH^- \quad (11\text{-}26)$$

$$M^{n+} + ne \longrightarrow M \quad (11\text{-}27)$$

在阳极制得的离子水含有 H^+ 离子，为酸性离子水。由于酸性离子水的氧化还原电位高，可超过 1000mV，具有较强的氧化性，而大部分微生物生存的氧化还原电位处于 -400 ~ 900mV。同时，电解时生成了 Cl_2，增加了酸性离子水的消毒杀菌功效。因此，酸性离子水可有效去除各类细菌、病毒，在医院或家庭中可用作消毒剂，其效果非常明显。电解离子水的 pH 值越小，氧化还原电位越高，杀菌效果越好。在农业上，强酸性离子水作为一种绿色杀虫剂，价格低，无化学残留物。弱酸性离子水还可用作化妆水，防止水分的散发，增加皮肤的弹性。

在阴极制得的离子水含有 OH^- 离子，为碱性离子水，它的氧化还原电位低，可低于 -800mV。根据"自由基"理论，人体得病的原因是由于人体内有多余的自由基，如 O_3 · 等活性基团。而碱性离子水由于氧化还原电位低，具有还原性，可结合人体中多余的自由基，保持人体健康。原水经电解后，水分子团由原来的 10 ~ 13 个水分子减少为 5 ~ 6 个水分子，分子团变小，水分子可迅速进出于细胞膜内外，有效地将养分带入细胞内，将代谢产物带出细胞。同时，其溶解度增加，可溶解人体内多余的脂肪和胆固醇，长期饮用碱性离子水，可预防和治疗糖尿病、高血脂、高胆固醇和高血压等疾病。弱碱性离子水可中和多余的胃酸、治疗慢性腹泻、消化不良等肠胃道疾病。

由于原水的矿物质不平衡，经电解处理后，Ca^{2+}、Mg^{2+} 离子向阴极扩散，增加了其在碱性离子水中的含量，而水中溶解的有害物质如 Hg、Pb 离子可被还原去除，从而提高了水的质量。

由于自来水的电离度低，直接电解，槽电压高，电解效果不明显，因此，一般采用含有少量 NaCl 的自来水作为原水，宜选择 NaCl 浓度为0.5～1.0g/L。

电解制备离子水，阳极的主反应为析氧反应，阴极的主反应为析氢反应。分别选用 Ti/Pt、Ti/SnO_2、不锈钢为阳极；Ti/Pt、Ni、不锈钢为阴极。采用 Ti/Pt 作为阳极或阴极，在相同时间内，电解离子水的 pH 值变化最大，因此为最佳电极材料。Ti/SnO_2 电极由于稳定性好，交换电流密度大，电极反应活性大，从 pH 值的变化中可看出，离子水制备效率高，可作为阳极材料使用。而不锈钢作为阳极，由于易被氧化，稳定性差，因此，不宜作为阳极材料；而 Ni 和不锈钢作为阴极材料，其效果不如 Ti/Pt 电极。若两电极采用相同的材料，如 Ti/Pt 合金，由于经常改变电极的极性，既可增加电极的使用寿命，又可清除电极表面的污染物，保证离子水的质量。因此，同时选用 Ti/Pt 合金作为阳极和阴极材料。

11.7 水处理

可以说，凡是有人类居住的地方，都有水治理的问题。

11.7.1 生活用水和食品用具的消毒

近年来，微型次氯酸钠消毒液发生器的产量不断增加，最小的发生器电解槽体积只有0.5L，有效氯含量为1.2g/L，涂层钛电极尺寸为直径3cm。发生器由于轻便，携带方便，因此很受欢迎。

次氯酸为很小的中性分子，它能扩散到带负电的菌体表面，并通过其细胞壁穿透到菌体内部起氧化作用，从而杀灭细菌。天然池塘水原含有大肠杆菌 1.1×10^5 个/L，细菌总数 2×10^4 个/mL，添加次氯酸钠消毒后5min，大肠杆菌为100个/L，细菌总数只剩100个/mL。经消毒后的池塘水，经卫生部门检查，符合饮用水标准。小型次氯酸钠发生器适用于不洁饮用水，如河水、井水、池塘水的灭菌消毒，对野外作业、野战部队以及还没有公共供水系统的地区尤为有用。

次氯酸钠能迅速杀灭各种致病菌和病毒，如大肠杆菌、金黄色葡萄球菌、乙肝病毒、枯草杆菌黑色变种芽孢等。用消毒液对家庭日常用品或家居环境进行消毒灭菌，能有效预防肝炎、伤寒、霍乱、痢疾等疾病传染。用于餐具、茶具消毒，效果优于高温消毒；可用于厨具、浴盆、卫生器具消毒、清洁、除臭；可用于病人使用过的物品、衣物消毒；可用于婴幼儿使用的奶瓶及玩具消毒；可用于鱼肉类、水果、蔬菜表面消毒；可用于公用物品如电话、电视遥控器等的灭菌消毒；可用于小动物及禽舍消毒与清洁。此外，次氯酸钠还可用于游泳池水的消毒灭菌。

11.7.2　高层建筑水箱水处理[14]

城市高层建筑在用水高峰期或自来水量供应不足时，会出现上层建筑供水困难的情况。为解决此问题，一般在高层建筑楼顶建有水箱或水池，实行二次供水。如碰到高温天气、多雨、湿度大、蚊虫繁殖高峰期，或者是水池水没有定期进行清洗时，水箱水会受到污染。住户会发现，打开水龙头时，水中有少量黑色杂质，甚至还有红色线状小虫。

另外，在建筑物的供水管道和屋顶水箱中往往出现细菌和藻类的滋生。微生物分泌的黏液吸附水中杂质，淤积在管壁上，形成黏泥层，在黏泥覆盖下，引起管壁锈蚀，使流出的水发黄，带铁腥味。

上海某环保公司使用电解法，对水箱水定期通电杀菌，流出来的自来水无毒、清洁、无菌，符合国家自来水标准。

水处理器有平板型和圆柱型两种，平板型耗电量较低，圆柱型强度较高，电流密度为 2 ~ 6mA/cm^2。很小的功率即可产生杀菌效果，随着电功率增大，杀菌率迅速提高，电功率 50W 时，杀菌率达 99% 以上，每立方米水耗电 0.05kW · h。

水处理器使用涂层钛阳极、不锈钢阴极，电解过程产生具有极强杀菌能力的活性物质，如 ·OH 自由基，初生态 O、H_2O_2 和 O_3 等活性氧。水中存在的氯离子，被激活成 ClO_2、HClO、ClO^-

等活性氯协同杀菌。微生物表面带负电，在电场力作用下向阳极迁移。电极与水的界面存在的双电层电场强度较高，如微生物被电场吸引或随水流冲进双电层，会因触电致死，电杀菌具有广谱性的杀菌效果，不会产生细菌耐药性；产生的 H_2O_2 和余氯赋予水体持续的抑菌能力。

11.8　工业用水的处理

11.8.1　电子水处理器

使用电子水处理器是目前世界上工业水处理技术领域最新的物理处理方法之一。与化学方法相比，物理方法具有投资少、运行费用极低、无污染、操作管理方便、寿命长等优点。电子水处理器是一种先进的工业水处理设备。

电子水处理器采用的是直接向水中通上微弱电流的方法，使水流在经处理器时接受电子场处理，这种方法具有阻止污垢沉积和破坏老污垢的能力，并能杀灭水中的细菌和藻类。

文献［15］作者对电子水处理器杀菌灭藻效果进行了研究。当水中的微生物细胞通过电子水处理器时，由于阳极和阴极间电位差的存在，水体中具有一定的电场强度，静电场会对水体中的微生物代谢及生长产生抑制；当电流穿过水中的微生物细胞时，会对细胞中的原生质产生电解作用，这样对生物体中的酶等生物大分子产生影响，从而影响细胞的正常代谢。用金黄色葡萄球菌、白酵母菌和螺旋藻作为细菌、真菌和藻类的代表进行杀灭试验，在较高电压下可在较短时间内杀灭酵母菌，24V、9h 后真菌体死亡率达 99%。电子水处理器对细菌具有更强的杀灭效果，24V、5h 可达 97%。对藻类也有较好的杀菌作用，24V、12h 可将藻类全部杀死。

20 世纪 90 年代，国内已开发制造了电子水处理器系列产品。水处理器的中心装有活性氧化物涂层钛阳极，外壳无缝钢管作为阴极，被处理的水从阴阳极间的环形空间流过。

当水的硬度较小时，如总硬度小于100mg/L（以 $CaCO_3$ 计），阴阳极间的电压差使流过的水产生极化，使水偶极子的正极端朝向阴极，并按正负次序连接有序地排列。当水中含有溶解盐时，盐类的正负离子被数个水偶极子包围而水化，这些盐类离子也以正负极次序进入偶极子群中，因而它们在水中不能自由游动，难接触器壁，也就不会生成水垢。同时由于水的极化作用，使水分子趋向器壁，致使老污垢龟裂、变形，并逐渐脱落。

当水的硬度较大时，盐类离子较多，已不能完全被水偶极子水化，会有部分盐类正负离子处于游离状态。这些离子在水处理器中受静电引力作用，Ca^{2+}、Mg^{2+} 等正离子会向阴极运动，在阴极附近富集，而生成碳酸盐沉淀，使水中的 Ca^{2+}、Mg^{2+} 离子被除去，硬度、碱度下降，阻止在用水系统中形成污垢。

在静电引力作用下，Cl^-、OH^- 等负离子会向阳极运动，在阳极附近富集，在较大阳极电位作用下会有微量过氧化氢，及次氯酸盐产生。这些物质具有较强的杀菌灭藻能力。

电子水处理器适用总硬度小于600mg/L（以 $CaCO_3$ 计）的水质，阻垢率大于94%，除垢率大于或等于94%，杀菌率大于97%，灭藻率100%。

在欧美、日本等国家已将电子水处理器广泛用于工业冷却水循环系统、空调系统、制冷系统、热交换系统、采暖系统、自来水系统以及锅炉系统等用水系统的阻垢、除垢、杀菌和灭藻。

11.8.2　发电厂冷却循环水的处理[1]

国内外一些发电厂利用海水（含盐量约为2‰~3‰）直接电解制取次氯酸钠溶液，用于处理冷却循环水，起到防腐、阻垢、杀菌、灭藻作用。

过去水处理使用氯气，但氯气钢瓶（罐）的运输受到严格限制，因此安装在现场的次氯酸盐电解装置引人注目。在沿海的火力发电厂使用次氯酸钠用于冷却用海水杀菌，将海水送往发电厂冷却器之前流进次氯酸钠电解槽中。

为了保护海洋生物，不允许放出的水中含有溶解氯，因此必须根据海水中的 BOD（生物需氧量）值来控制氯气发生量。

当海水温度在 8℃以下时，氯水化合物会附于阳极表面，导致阳极寿命缩短。

11.8.3　化工厂冷却循环水的处理[16]

海滨化工厂的冷却系统主要采用海水进行冷却，海洋生物在海水冷却系统的附着，减少了海水供应量，降低了冷却效率，且会形成生物腐蚀。电解海水防污技术利用电解海水产生具有毒性的有效氯，击晕或杀死海洋生物的幼虫和孢子，达到防止海洋生物附着生长的目的。

山东某纯碱厂所需海水主要用于化灰、化盐、工艺设备和发电机组冷却、水力冲灰渣、锅炉泡沫除尘等，每年停机检修时都发现，在加压泵出口管道的内壁及阀门上，长有大量藤壶、贻贝、藻类、石灰虫等海洋生物，最厚处达 250mm，致使直径 1m 的管道缩小到 500mm。每年大修时，都要进行人工清理，且大大减少了海水供应量，降低了冷却效率，生物腐蚀使金属设备遭到破坏，使全厂的生产受到严重威胁。

现行的防污方法主要有防污涂料、施加液氯、电解海水防污等。防污涂料的寿命较短；施加液氯由于泄漏会危害操作人员的身体健康，且运输管理不方便，运行费用高；电解海水防污是一种有效的防止海洋生物附着生长的新技术，它具有安全可靠、管理方便、既经济又防污彻底，对环境无污染等优点，因而得到了普遍的重视，目前已在海滨电厂、海滨化工厂等获得广泛应用。

海水电解槽中装有板式铂族金属氧化物涂层钛阳极，阴极为钛板。电解槽电压小于 5.0V，电流效率大于 80%，耗电量小于 4.0kW · h/kg。

参 考 文 献

[1] 日根文男．ソーダと盐素，1989，40(6)：14～23.

[2] 太田健一郎，等．电气化学およぴ工业物理化学．2003，71(4)：274～278.

[3] 安宁宁，等．无机盐工业．2003，35(5)：43～44.

[4] 倪萌，等．能源环境保护，2004，18(5)：5～9.

[5] 桑绍雷，等．电解海水用析氧阳极的制备［C］．第七届全国表面工程学术会议．武汉：2008.

[6] 神崎 恺．电气化学およぴ工业物理化学．2005，73(1)：969～973.

[7] 朱又春，等．环境保护．2001，(11)：21～23.

[8] 魏守强，等．表面技术．2005，34(3)：13～15.

[9] 陈云华，等．化工环保．1998，18(2)：74～78.

[10] 王烨煜，等．环境保护．1999，(10)：16～17.

[11] 张招贤，等．广东有色金属学报．2001，11(2)：111～114.

[12] 张建华，张招贤，等．离子水生成器用涂层钛阳极的研究［C］．第十一届全国钛及钛合金学术交流会议，银川：2002.

[13] 李美超，等．化学世界．2002，(8)：406～408.

[14] 吴星五，等．工业用水与废水．2001，32(1)：6～9.

[15] 李建宏，等．工业水处理．1998，18(1)：26～27.

[16] 付洪田，等．工业水处理．1997，17(6)：33～34.

第 12 章　钛电极在阴极保护领域的应用

12.1　地下金属结构物阴极保护[1,2]

外加电流阴极保护是防止地下金属结构物如管道、储罐、桩基等腐蚀的有效方法。辅助阳极是外加电流系统中的重要组成部分，其作用是将保护电流经由介质传递到被保护的结构物表面上。辅助阳极材料在过去的几十年里得到了很大的发展，从早期的废钢铁阳极发展到了混合金属氧化物阳极。

12.1.1　对阳极性能要求

土壤是具有固、液、气三相的毛细管多孔性胶质体，土壤的空隙为空气和水所充满，水中含有一定的盐，成为电解质。地下结构物外加电流阴极保护用阳极通常并不直接埋在土壤中，而是在阳极周围填充炭质回填料而构成阳极地床。炭质回填料通常包括冶金焦炭、石油焦炭和石墨颗粒等，回填料的作用是降低阳极地床的接地电阻，延长阳极的使用寿命。由于阳极和回填料间不可能完全电接触，所以阳极地床工作时，除炭质填料表面产生电化学反应外，电化学反应还发生在阳极表面。对不同的阳极材料，和不同的土壤理化环境以及工作条件，阳极反应也不一样，如消耗性的废钢铁、铝等表面将发生金属溶解氧化反应；而不溶性的铂阳极或混合金属氧化物阳极在含氯离子的土壤中先发生析氯反应，当氯离子浓度很低、或电流密度足够高时，则发生析氧反应。由于土壤中离子的传质过程受到阻碍，一旦阳极周围氯离子消耗后，析氧将成为主要的阳极反应。阳极表面各种电化学反应的结果均将导致氢离子浓度提高，由于氢离子扩散受阻，在阳极周围将会产生积聚，导致阳极附近酸性增强，使阳极处于极苛刻的环境当中。

理想的埋地用辅助阳极应当具有如下性能：

（1）良好的导电性能，工作电流密度大，极化小；

（2）在苛刻的环境中，有良好的化学和电化学稳定性，消耗率低，寿命长；

（3）力学性能好，不易损坏，便于加工制造，运输和安装；

（4）综合保护费用低。

12.1.2　地下金属结构物阴极保护用金属氧化物阳极

金属氧化物阳极是在钛基体上涂敷一层具有电催化活性的金属氧化物而构成。由于采用钛基体，因而易于加工成各种形状，并且重量轻，这为搬运和安装带来了方便。由于电极表面为高催化活性的氧化物层所覆盖，在表面的一些缺陷处露出的钛基体的电位通常不会超过 2V，因此钛基体不会发生表面钝化膜击穿破坏。金属氧化物阳极还具有极优异的物理、化学和电化学性能，其涂层的电阻率为 $10^{-7}\Omega \cdot m$，极耐酸性环境的作用，极化小并且消耗率极低。通过调整氧化物层的成分，可以使其适于不同的环境，如海水、淡水、土壤中。

金属氧化物阳极在地床中于 $100A/m^2$ 工作电流密度下使用寿命可达 20 年，其消耗速率约 2mg/(A · a)，由于金属氧化物阳极具有其他阳极所不具备的优点，它已成为目前最为理想和最有前途的辅助阳极材料。

据文献［1］介绍，1971 年，金属氧化物阳极被用于海水和海床泥土中的阴极保护。在 20 世纪 80 年代初，此阳极曾被用于地下箱体和管路的阴极保护，至今已有几千个此类地下阳极，提供数千安培 · 年的安全使用。钛网阳极是从 1985 年开始用于停车场的甲板和桥的支撑结构的，现在正被开发为钢筋混凝土的阴极保护用阳极。在模拟混凝土工况条件的各种电解质中，进行高电流密度试验表明，该阳极具有非常长的寿命，按消耗速率计算可超过 50 年。

在整个电极反应过程中，金属氧化物只是作为一种电活性的催化剂，而不是作为一种直接参与电极反应的材料，所以这种阳极反应的消耗速率是非常小的。表 12-1 表示的不同电流密度下阳极的溶解也证实了这一点。

表 12-1　不同电流密度下的阳极溶解

阳极电流密度 /A·m^{-2}	Ti 基氧化物电极 /mg·(A·a)$^{-1}$	包铂阳极/μm		Ti 镀 Pt /mg·(A·a)$^{-1}$		备　注
		土壤	饮水	海水	地下水	
185		38.1	1016	112.78		570 天
323	0				3.14	3 年
500	0					
1000	0					
2000	3.1					

金属氧化物阳极系统具有均匀的电流分布，较长的寿命，不受电流突然逆向的影响，还具有体积小，重量轻，易固定在任何形状的表面上等特点，越来越受到阴极保护工作者的重视。广东某研究院用 4cm×5cm 带沟槽的 Ti/RuTiIrMnSn 阳极，对钢浮码头进行阴极保护，已安全运行两年。西北某研究院的 XBY-6 和 XBY-12 型电极正在山东和大连的电厂作阴极保护运行。1987 年，天山化工厂用西北某研究院提供的 RuO_2-TiO_2 阳极，对生产氯酸钾的阴极的多余部分进行阴极保护已取得很好的效果。

12.2　船舶阴极保护[3]

海水是一种很强的腐蚀性介质。如果不采取有效的防腐蚀措施，钢质海船的船体就会发生严重的腐蚀。船体腐蚀会缩短船舶的服役寿命，增加船舶维护和维修的费用。阴极保护和优质涂层的联合防腐技术已经被广泛地应用于船体保护，并且取得了良好的防腐蚀效果。常用的阴极保护主要有牺牲阳极法和外加电流法两种方法。对于船舶，尤其是大型船舶，往往采用外加电流阴极保护系统，这是因为：1）外加电流阴极保护系统安装阳极数量少，对水流的阻力可忽略；2）外加电流系统使用寿命长，甚至可与船舶同寿命，而牺牲阳极的使用寿命一般只有 1 ~ 2 年，消耗完后必须更换；3）外加电流阴极保护系统可根据工作条件的变化自动调节保护电流的输出，使船体始终处于良好的保护电位范围之内。

对船体阴极保护系统来说，目前只有铅银阳极、铂阳极和金属氧化物阳极得到了广泛使用，而其他阳极材料由于消耗速率大或脆性大，已很少使用。

金属氧化物阳极具有良好的导电性，其电阻率为 10^{-5} ~ $10^{-6}\Omega\cdot cm$。这种金属氧化物阳极具有高的电催化活性和非常大的真实表面积，因此在海水中具有很低的极化电位。这意味着在相同的驱动电压下金属氧化物阳极比铂钛阳极可以排出更大的电流，因而是一种高效率的阳极。尽管混合金属氧化物阳极可以在很高的电流密度下工作，但为了使其使用寿命足够长，推荐在海水中采用的工作电流密度为 $600A/m^2$。混合金属氧化物阳极的消耗率为 2 ~ 4mg/(A · a)，比铂阳极的还低。金属氧化物阳极具有更优的性能和更低的价格，因此已开始得到越来越广泛的使用。

表 12-2 中列出了常用辅助阳极材料的性能。

表 12-2　常用辅助阳极材料的性能

辅助阳极		密　度 $/g\cdot cm^{-3}$	推荐电流密度 $/A\cdot m^{-2}$	消耗率 $/mg\cdot(A\cdot a)^{-1}$	击穿电位 (SCE) /V
铅合金阳极	铅银	11 ~ 11.2	50 ~ 150	$(3.0 \sim 7.0)\times10^4$	无
	铅银微铂	11 ~ 11.2	150 ~ 450	4500	无
铂复合阳极	铂钛	4.5 (Ti)	250 ~ 750	6	8 ~ 10
	铂铌	8.6 (Nb)	500 ~ 1000	6	40 ~ 50
金属氧化物阳极		4.5 (Ti)	600	2 ~ 4	8 ~ 10

表 12-3 列出了常用辅助阳极的应用特点。

表 12-3 常用辅助阳极的应用特点

铅合金阳极	铂复合阳极	金属氧化物阳极
已有长期使用经验	已有长期使用经验	极低消耗速率
在海水中有良好性能	在海水中有良好性能	尺寸小，重量轻
价格便宜	低的消耗速率	高性能特点
易于加工成形	尺寸较小，重量轻	适用范围广，可用于海水、淡水和地床中
中等工作电流密度	工作电流密度大	价格适中，较为经济
没有工作电位限制	价格高	极化电位低，电效率高
尺寸大，笨重	有工作电位限制	有工作电位限制
不推荐在淡水中使用	在淡水中消耗速率增加	缺乏长期使用经验
在深海中消耗率大	受低频脉动电流影响，消耗率增加	
对健康和环境有害		

12.3 海水电解抗 Mn^{2+} 离子污染

舰船、海滨电厂、码头和海上油气田等设施与海水直接接触，受海洋生物的污损腐蚀，而影响其高效安全运行。国内外十分重视防污和防腐技术的研究，目前得到普遍推广的有铜铝阳极电解防污防腐、铜氯综合防污、防污涂料和电解海水防污等 4 种防污技术。而其中以电解海水防污技术最为有效，它是利用电解海水产生的氯气、次氯酸根离子等来毒杀海洋生物的防污技术。

20 世纪 60 年代 Beer 发明的金属氧化物涂层，由于其活性组元 RuO_2 容易丧失以致使用寿命有限，加上海水中的 Mn^{2+} 易沉积到阳极涂层的表面，而使涂层失去活性。如将具有高氧和低氯过电位、在高电流密度下耐 O、S、Br 腐蚀能力强、且能与 Ru、Ti 形成固溶体的铂族金属（Ir、Pt、Pd、Rh 等）与化学价态 $\leqslant 4$ 的过渡族金属（Sn、Sb、Co、Mn、Ni 等）复合制成多元金属氧化物阳极涂层，则可充分发挥不同氧化物的电化学性能，制得性能优异的金属氧化物阳极涂层[4]。

将配好的 Ru-Ti-Ir-Sn 涂层溶液均匀地涂刷在基体上，于 120℃下烘 8min，然后 475℃氧化烧结 12min。控制每次上载量约 $1g/m^2$，当总载量达到 $15g/m^2$ 左右时结束，最后一遍涂刷于 475℃下氧化烧结 1h。

由均匀设计软件拟定 Ru-Ti-Ir-Sn 氧化物阳极涂层配方，得到涂层的优化配方为 Ru∶Ti∶Ir∶Sn = 2.6∶53.9∶14.7∶28.8。

强化电解试验条件，1mol/L H_2SO_4，30℃，$2A/cm^2$。优化涂层强化寿命为 55.5h。

优化涂层电流效率为 88.7%。

优化涂层的次层状形貌有利于提高其抗 Mn^{2+} 离子污染性能。从电极表面涂层形貌的 SEM 图可以看到，与一般涂层相比，优化涂层表面更不规整，而且其中存在若干个层次。由于海水中的 Mn^{2+} 易沉积在阳极涂层的裂纹处，但对这种层次状形貌的涂层，因其表面积较大，而且裂纹较细，不利于 Mn^{2+} 大面积表面覆盖，因而有利于阳极涂层抗 Mn^{2+} 离子污染性能的提高。

不同配方涂层在含 0.02g/L 的 Mn^{2+} 离子海水中电解时，电流效率随时间变化。除优化涂层外，其余涂层在含 Mn^{2+} 离子的海水中电解时，电流效率迅速衰减，这与该涂层的表面形貌有关。Mn^{2+} 容易沉积在阳极涂层裂纹处，而一般的 Ru-Ti-Ir-Sn 氧化物阳极涂层正可为 Mn^{2+} 提供大量富集的处所。虽然优化涂层的初始电流效率较低，但在含0.02g/L的 Mn^{2+} 离子海水中电解时，其电流效率有所回升，最高达到 92.1%，这说明优化涂层需要较长的活化时间。优化涂层具有非常优异的抗 Mn^{2+} 离子污染性能，在含 0.02g/L 的 Mn^{2+} 离子海水中电解 10 天后，其电流效率仍在 85% 以上，显然，这与该优化涂层层次状的表面形貌有关。

12.4　电化学法除掉海水中附着的海洋生物[5]

海洋生物附着通常发生在浸渍在海水中的结构物，如发电厂海水冷却系统和热交换器。由于生物层的形成及大量海洋生物如贻贝的附着，使得热交换器效率显著降低，甚至会造成轮船行驶速度大大降低。对开始附着过程研究表明，在最先运转的几个小时内，已观察到微生物的附着。

曾有报道过钝化微生物的电化学法。利用负电位能使电化学钝化微生物解吸。将电化学法应用到海水冷却管、塑胶捕鱼网及氮化钛电极的反附着。结构物上涂敷含铜和三丁酯锡化合物的涂料可防止海洋生物附着，但此法剩余毒性大。长期以来，一直在研究有效的又不产生剩余毒性的反附着方法，然而，问题仍没有解决。期望更稳定的电极材料在实际中获得应用。

12.4.1　Ti/Pt/IrTa 涂层电极的制备

钛基体酸蚀刻以除掉表面氧化物，并在钛基体上生成氢化钛薄膜，保护钛基体在水漂洗时免于氧化。

将蚀刻后的钛基体安放在电镀槽中。通过电镀，分散的铂微粒可沉积在钛基体表面上。

空气热分解时，钛基体表面的氢化钛分解，生成氧化钛薄层。

将金属氯化物（如 $TaCl_5$ 和 H_2IrCl_6，把它们溶解于乙醇）热分解，使阀型金属、铱和其他金属氧化物覆盖在镀铂钛基体上。

12.4.2　实验室试验

电极体系构成，工作电极为 $Ti/Pt/IrO_2 \cdot Ta_2O_5$ 涂层钛电极，对电极为铂丝，参比电极为银/氯化银电极。

V. Alginolyticus 研究了恒定电位值与海洋生物生存率的关系。电极电位高于 0.7V（vs. Ag/AgCl）时，海洋生物生存率逐渐降低；高于 0.9V(vs. Ag/AgCl)，历时 60min，海洋生物生存率仅为 3%。

电极电位 0.9V(vs. Ag/AgCl) 下，测定不同通电时间时吸附在 $Ti/Pt/IrO_2$ 涂层钛电极上的海洋生物的生存率。海洋生物生存率随着通电时间的增长而迅速降低，通电时间为 1min，5min，15min 时，海洋生物生存率分别为 70%，25% 和 10%。上述数据说明，控制电位在 0.9V(vs. Ag/AgCl)，通电 30min，有可能杀死 95% 所吸附的海洋生物。

12.4.3　现场试验

在 Kyushu 进行 Pt/IrO_2 涂层钛电极生物保护的现场试验，电极体系如下，工作电极为 Pt/IrO_2 涂层钛电极，对电极为铁板，参比电极为银/氯化银电极。测试条件：电极电位 0.9V(vs. Ag/AgCl)，180min；电位变化，循环周期为 2min，从 -0.3 ~ -0.9V，在 -0.3 ~ -0.9V(vs. Ag/AgCl)之间历时 20min。

电极尺寸，140mm×300mm，厚度 0.5mm。

Pt/IrO_2 涂层钛电极在 Matsuura 海湾（Nagasaki，Kyushu，日本）浸渍 1 年，电极表面没有看到海洋生物附着，而混凝土桩表面却覆盖了大量的海洋生物。

上述表明，本研究已取得电化学保护海洋生物附着的作用。

12.4.4　电化学法产生低浓度氯气除去海洋生物

使用 Pt/IrO_2 涂层钛电极可电化学保护海洋生物附着。这种材料具有电化学活性，及化学稳定性。现场试验表明，控制电极电位 0.9V(vs. Ag/AgCl)(180min)，电位在 -0.3 ~ -0.9V(vs. Ag/AgCl)间循环(20min)，就可以取得电化学保护生物附着的效果。

研究了在高电位下，除去电极表面附着的生物。当电极失效后，控制电极电位在 1.0V(vs. Ag/AgCl)，可对电极表面进行电化学净化，除掉电极表面附着的海洋生物。

12.5　建筑物钢筋混凝土的阴极保护[6]

Cl^- 渗入混凝土诱发钢筋锈蚀，导致混凝土胀裂是影响混凝土构筑物耐久性的主要因素。外加电流阴极保护是抑制混凝土中

钢筋因 Cl^- 诱发点蚀的一种有效方法，不仅用于已破坏建筑物的修复，还用于新建结构的保护。辅助阳极的选择在外加电流阴极保护中十分重要。

钛基金属氧化物阳极是当今最有发展前途的阴极保护用阳极，本小节介绍将 Ti/RuTiSnMn 涂层电极用于钢筋混凝土阴极保护中。

图 12-1 为阳极在 3 种溶液中的电位-时间曲线。

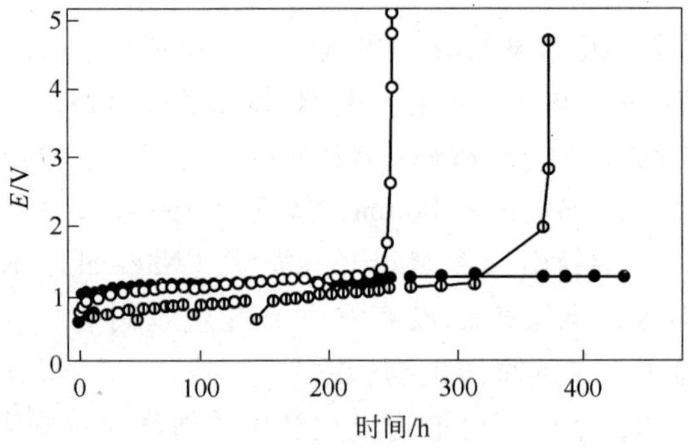

图 12-1　钛电极电位-时间曲线

●30g/L NaCl 溶液；⦶ 40g/L NaOH 溶液；○ 模拟孔隙液

阳极在 30g/L NaCl 溶液中电位随时间的变化不明显，电位稳定在 1.25V 左右，试验时间内未失效，表明阳极具有优良的耐析氯性能。

在 40g/L NaOH 溶液（模拟新建混凝土环境）中阳极的加速试验寿命为 370h，但是在细沙覆盖的模拟孔隙液（模拟已损坏的混凝土环境）中为 248h。这是因为在孔隙液中，阳极表面析出的气体积聚在周围不能及时排除；当气体积聚到一定程度将破裂，造成对阳极表面涂层的破坏。

12.6　土壤阴极保护[7]

阴极保护技术作为仅次于涂料的第二大金属防腐措施已在冶

金、化工、环保以及防腐蚀中广泛应用，随着钛阳极的兴起和技术的发展及环境要求，20 世纪末外加电流保护法在工业发达国家得到迅速发展。钛阳极属于外加阴极保护中的核心部分，对电极性能要求比较严格，因为土壤通常含有 SO_4^{2-}、CO_3^{2-}、OH^-、Cl^-、H^+ 等。这样就要求电极在电解时既析氧又要析氯。

本小节介绍改变了传统钛阳极的制备工艺（传统制备工艺为：钛基→涂敷铂族金属无机盐→烧结，本实验工艺：钛基→涂敷铂族金属有机盐→烧结)，在传统 Ru-Ti-Ir 电极涂层中引入了 Zr 元素，把 Ru、Ir、Zr 的无机盐制备成有机盐，然后涂敷于钛基、烧结。制备的纳米晶涂层氧化物与传统电极相比，结构均匀、晶粒细小、无龟裂纹，性能得到极大改善，析氧和析氯电位降低，电极寿命大幅度提高。此电极在土壤阴极保护中具有很好的使用效果。

新电极涂层体系中，加入了 Zr，氧化锆具有耐腐蚀和耐磨性，能与钛基材牢牢结合，Zr 与 Ru、Ir、Ti 形成了 $Ti(Ru,Ir,Zr)O_x$ 固溶体涂层氧化物晶粒。Zr 的加入，不仅使涂层热分解温度降低，而且使涂层晶粒得以细化，均匀性大大改善，保护了钛基材不被氧化，避免了高阻性 TiO_2 氧化膜的生成，有效地防止了电解时产生的氧或氯对基材的腐蚀。

由图 12-2 和图 12-3 可以看出新电极的析氯和析氧电位均比

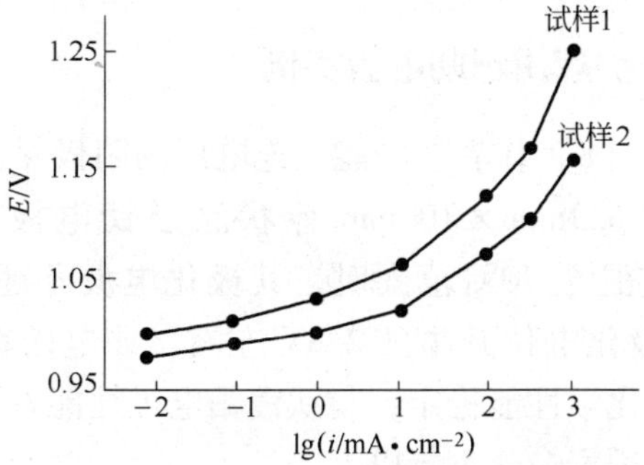

图 12-2 试样 1 和试样 2 析氯极化曲线

传统电极低，这是由于新电极的晶粒尺寸细小，增大了涂层与溶液的实际接触面积，减少了实际电流密度。

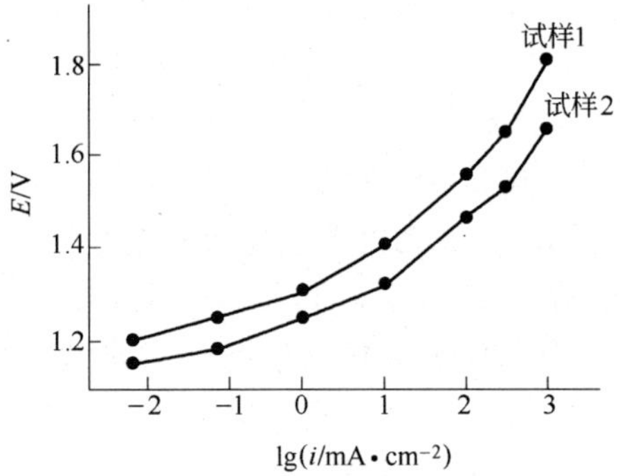

图 12-3　试样 1 和试样 2 析氧极化曲线

由于纳米晶氧化物涂层在界面电荷承载氢（或氢氧根）离子出入等方面具有优异的性能，因此电极的析氯、析氧及电催化活性明显优于传统阳极，电极寿命也远高于传统阳极。

纳米晶 Ru-Ti-Ir-Zr 涂层钛阳极比传统阳极具有更低的析氯、析氧电位和较高的电催化性，电极在土壤中使用比传统阳极容易析氯和析氧，同时延缓或减轻了电解时产生的氧对基材钛的腐蚀，使电极的排流量更大，电解效率更高、更稳定。体现出此涂层体系电极更能适应既析氯又析氧这一苛刻的阴极保护环境中。

12.7　阴极保护应用辅助电极实例

（1）文献［8］作者在华能大连电厂的阴极保护工程中采用了 160 多支，ϕ22mm × 100mm 棒状涂层钛电极，在海水中、1000A/m^2、室温至 70℃ 范围时，其极化电位不超过 1.8V；而 0℃ 左右，其极化电位升高到 2.8V 左右。该电极在阴极保护工程中使用，电化学性能稳定，与钛镀铂电极性能差不多，但价格便宜许多，使用寿命达 4 年以上。

（2）海水管道外加电流阴极保护[9]。上海石化总厂的直径为 1.8m 的海水输水管系采用 16mm 厚 Q235A 钢板卷制。管道共有两根，每根长 740m，埋地深度为 0.7m。海水管一端与海水一级泵房的出水阀门相连，另一端与热电厂的进水管连接。管内海水流速为 2m/s。石化总厂地处杭州湾口，为海水和淡水的混合区，水质与大洋水不同，其分析结果如表 12-4 所示。

表 12-4　现场水质分析结果

含盐量/%	氯离子 $/\times10^{-6}$	含氧量 $/\times10^{-6}$	钙硬度 $/\times10^{-6}$	游离氯 $/\times10^{-6}$	铁离子 $/\times10^{-6}$	电阻率 $/\times10^{-6}$	pH 值
1 ~ 1.35	5703 ~ 8762	3.59 ~ 9.35	230 ~ 325	0 ~ 9.15	10 ~ 90	61	7.1 ~ 8.3

选取阳极直径为 30mm，有效长度 150mm 的棒状钛镀铂电极，镀铂层厚度约为 10μm。

参 考 文 献

[1] 潘会波．稀有金属材料与工程．1991，20(4)：61 ~ 64.
[2] 许立坤，等．电化学．2000，6(2)：200 ~ 205.
[3] 许立坤，等．材料开发与应用．2001，16 (2)：35 ~ 38.
[4] 王科，等．电化学．2005，11(2)：176 ~ 181.
[5] Hitoshi Wake，et al. 電氣化學およびび工業物理化學．2004，72(12)：827 ~ 829.
[6] 李辉，等．中国腐蚀与防护学报．2004，24(5)：280 ~ 283.
[7] 蔡天晓，等．表面技术．2005，34 (5)：79 ~ 81.
[8] 彭乔，等．稀有金属材料与工程．1995，24(3)：64 ~ 67.
[9] 陈国华，等．电化学方法应用［M］．北京：化学工业出版社，2003.

第 13 章　钛电极在电渗析领域的应用

13.1　电渗析法淡化海水[1]

用电渗析法淡化海水是通过电渗析淡化器来实现的。淡化器除盐原理如图 13-1 所示。在外加直流电场作用下，当含盐分的原水流经阴、阳离子交换膜和隔板组成的隔室时，水中的阴阳离子开始定向运动，阴离子向阳极方向迁移，阳离子向阴极方向迁移。由于离子交换膜具有选择透过性，阳离子交换膜（简称阳膜）的固定交换基团带负电荷，因此允许水中的阳离子通过而阻挡阴离子。阴离子交换膜（简称阴膜）的固定交换基团带正电荷，因此允许水中的阴离子通过而阻挡阳离子，致使淡水隔室中的离子迁移到浓水隔室中去，从而达到淡化目的。

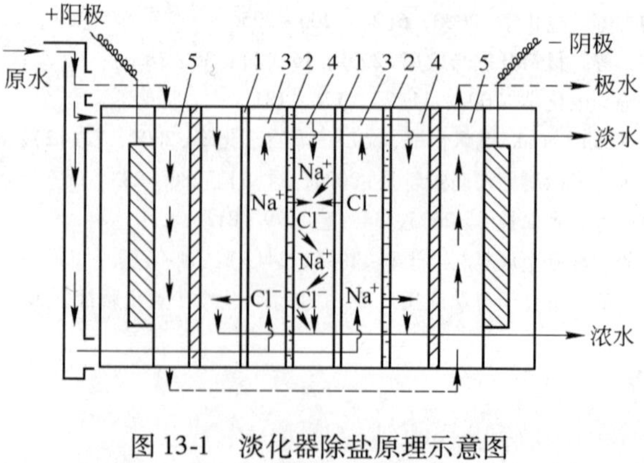

图 13-1　淡化器除盐原理示意图

1—阴膜；2—阳膜；3—淡水室；4—浓水室；5—极水室

海水及苦咸水淡化，可将含盐量高达 60g/L 的苦咸水淡化成饮用水，解决沙漠地区的饮用水问题。电渗析淡化器广泛用于食品、轻工等行业制取纯水；电子、医药、化工等工业制取高纯水的前处理；锅炉给水的初级软化脱盐；海水淡化为饮用水以及某些化工产品的脱盐处理等。

电极材料是电渗析淡化器的关键部件之一。这种电极材料要求既能耐氧化又能耐还原，也就是说既能作阳极又能作阴极，但一般电极材料不能满足这种要求。例如用石墨电极就会很快被腐蚀，工作寿命较短。目前较为理想的电极是以含铱的多组分金属阳极为最佳，既能满足电极倒向要求，同时还具有较低的过电位，具有节电性能，使用寿命也较一般钌钛涂层金属阳极长。

13.2　电渗析法制取四甲基氢氧化铵[2~4]

四甲基氢氧化铵是合成有机硅橡胶以及硅油等常用的一种聚合催化剂。

过去制取工艺有，四甲基碘化铵水溶液与氧化银反应；四甲基氯化铵、氢氧化钾在甲醇溶液中反应；离子交换树脂技术等，这些工艺过程复杂，有较多杂质离子带入产品，原料（如氧化银）价格贵，很难实现工业化。

电渗析法可以直接制取高纯度的四甲基氢氧化铵，具有原料成本低、设备小、生产能力大和工艺简便等优点。

电渗析槽由全氟阳离子交换膜，分隔成两极室，阳极使用活性涂层钛电极，阴极为不锈钢。在阳极室中注入 30% 四甲基氯化铵水溶液，阴极室中注入 2% 四甲基氢氧化铵（Me_4NOH）水溶液。接通直流电后，两极板上即发生电化学反应。电流密度 $11A/dm^2$，槽电压 10V，电流效率约 80%。制得浓度约 15% 的 Me_4NOH。经减压浓缩可得到产品 $Me_4NOH \cdot 5H_2O$ 晶体。

13.3　电渗析电解法回收镀镍废水中的镍

长期以来，对镀镍废水的处理多采用离子交换、电渗析等方法，这些方法的实质是将废水浓缩后回用，但由于浓缩过程中，废水中的杂质也同样被浓缩，为其回用带来很大不便或根本不能回用。许多电化学工作者尝试采用电解的方法从含镍废水中电解回收金属镍。对含镍废水来说，镍的标准电极电位本来就较负（-0.25V），在稀溶液中电解时，因浓差极化而使镍的析出电位变得更负，氢气优先大量析出，而使镍析出的阴极电流效率极低，甚至没有镍析出。因此，从低浓度的镀镍废水中电解回收金属镍，单靠增大阴极表面积、降低电流密度等方法是不可能获得良好效果的，只有设法提高阴极表面附近 Ni^{2+} 的浓度，才能有效地提高电解回收镍的电流效率，也才能使用电解方法从镀镍废水中电解回收金属镍获得成功。

文献［5］作者采用电渗析和电解相结合的方法，从含镍废水中回收金属镍，并称之为电渗析电解法。此方法基本原理是，离子交换膜具有对不同电性的离子选择性透过的作用，即在电解质溶液中，阴离子交换膜允许阳离子透过而阻挡阴离子；阴离子交换膜允许阴离子透过而阻挡阳离子。因此，在电场作用下，溶液作用可以有效地使废水中的 Ni^{2+} 迁移到阴极室中，中间室内的 SO_4^{2-} 等阴离子透过阴离子交换膜进入阳极室，Ni^{2+} 等阳离子可以透过阳离子交换膜进入阴极室，这样，若能使阴极室内溶液维持较高浓度的 Ni^{2+}，则 Ni^{2+} 就可以在阴极上以较高的电流效率以金属的形式沉积出来。中间室内的 Ni^{2+} 浓度则逐渐减少，达到处理废水并回收金属镍的目的。

电渗析电解装置包含有 3 个阴极室、4 个阳极室和 6 个循环室。阴极采用不锈钢板，阳极采用不溶性钛阳极。当废水 pH 值为 5 左右时，控制适当的电流密度，则可高效率回收金属镍，将含 Ni^{2+} 1g/L 左右的镀镍废水处理至 50mg/L 左右，平均电流效率可达 60% 以上，回收镍的纯度达 99.7% 以上。

13.4　电渗析法处理废水

13.4.1　电渗析法处理造纸黑液[6]

在造纸过程中，以蒸煮工段的制浆废水（俗称黑液）的污染负荷为最高，约占造纸厂有机污染物总量的 90% 以上。一般黑液体积只占造纸厂生产废水的 1/50（约 $10m^3$ 黑液/t 浆），但浓度极高，BOD 约为 30000～50000mg/L，COD 100000～200000mg/L，且含有很高的碱度，pH 值为 12～14。如能对黑液进行有效处理，就有可能解决造纸厂的大部分有机污染负荷。

采用华丰造纸厂碱回收车间贮槽内的麦草浆黑液，黑液的主要成分如表 13-1 所示。

表 13-1　华丰造纸厂黑液主要组分

$Bé_{15℃}$（波美度）/(°)	pH	圆形物 /$g \cdot L^{-1}$	有效碱 /$g \cdot L^{-1}$	有机物 /%	木素 /%	BOD_5 /$mg \cdot L^{-1}$	COD_{Cr} /$mg \cdot L^{-1}$
5～6	12.4	9～10	4～8	6.5	2	100470	200800

A　$Bé_{15℃}$ 为 7.34°～8.34°的电渗析法处理

电渗析器采用单阳膜立式槽，阳极材料为钛涂钌，ϕ3mm 极丝 22 根横向布置；阴极材料为铁；阳膜采用上海化工厂 E3361 型。

工艺原理：原黑液及稀碱分别通过循环泵输入电渗析器的阴极槽内。在极电位的作用下，阳极区黑液中的 Na^+ 开始透过阳膜进入阴极区，同时由于存在膜的极化作用，尚有部分 H_2O 电离，$H_2O \rightleftharpoons H^+ + OH^-$，这部分 H^+ 透过阳膜也进入阴极区。黑液中的各种阴离子，则由于阳膜的选择透过性而被截留在阳极区内，随着电渗析的进行，阴、阳极区溶液 pH 值在不断变化，在阳极区有木素析出，阴极区则回收得到 NaOH。电极反应如下：

阴极

$$H_2O \rightleftharpoons H^+ + OH^- \qquad (13\text{-}1)$$

$$2H^+ + 2e \longrightarrow H_2 \uparrow \qquad (13\text{-}2)$$

阳极

$$2H_2O \rightleftharpoons 2H^+ + 2OH^- \qquad (13\text{-}3)$$

$$2OH^- - 2e \longrightarrow H_2O + \frac{1}{2}O_2 \uparrow \tag{13-4}$$

$$Na^+ + OH^- \longrightarrow NaOH;\quad 2L^- + 2H^+ \longrightarrow 2LH(\text{木素}) \tag{13-5}$$

运行条件，槽电压 4 ~ 4.5V，电流密度 150 ~ 200A/m^2，流速 6 ~ 16cm/s（黑液），4 ~ 12cm/s（碱液），黑液量 25 ~ 30L，阳膜数量 4 ~ 8 张，运行周期 4 ~ 12h（视黑液性质及终点 pH 值而定），清洗方式为清洗水槽 0.5h，或倒电极 2min。

B　黑液浓度为 $Bé_{15℃}$ = 8°左右时的电渗析法处理

黑液通过单阳膜电渗析方法回收碱，其电渗析电耗可稳定在 3000kW/t 碱上下，黑液中 Na^+ 回收率与终点 pH 有关，随 pH 值降低，回收率逐步增加，pH 值为 7 时，回收率为 50% 左右，阳极黑液含 Na^+ 约 5000 ~ 7000mg/L。

13.4.2　电渗析法处理化纤厂去酸水[7]

电渗析器中装有涂敷二氧化钌电极，对化纤厂粘胶单丝淋洗废水进行处理。去酸水主要组分为：H_2SO_4 7.5g/L，$ZnSO_4$ 0.686g/L，Na_2SO_4 21.17g/L。可把溶解固体浓缩到 190g/L，再进行多效蒸发可回收多余的 Na_2SO_4，浓缩的 H_2SO_4 和 $ZnSO_4$ 溶液返回凝固浴再用。淡化水中的溶解固体可降到 0.7g/L 以下，因无硬度，故可做洗涤用水。

13.4.3　电渗析法处理溴化钠废水

近年来溴化丁基橡胶以其优良的性能获得了轮胎行业的青睐，随着国内轮胎工业的发展，溴化丁基橡胶的需求量越来越大。但是溴化丁基橡胶的生产过程中要产生 9t/h、浓度约为 1.6%（质量分数）的溴化钠（NaBr）废水溶液，如直接排放将造成比较严重的污染问题，在目前还没有比较理想的处理方法。

文献［8］作者研究用离子交换膜电渗析法处理 NaBr 废水溶液并回收 NaBr。电渗析器采用钛板涂二氧化钌电极，离子交换膜采用磺酸型苯乙烯系异相阳离子交换膜和季胺型苯乙烯系异相阴离子交换膜。

用电渗析法处理 NaBr 溶液在技术上是可行的，NaBr 溶液具有优良的电渗析脱除性能，淡室浓度最低可以降至 120mg/L，脱盐率达到 99% 以上，同时具有较好的浓缩性能，最高浓缩浓度可以达到 15%（质量分数），完全满足溴化钠废水处理要求。处理后的淡水可以直接排放或者作为工业用水循环使用，浓溶液可以采用蒸发结晶得到溴化钠固体，以回收利用。

13.4.4　电渗析法处理铝制品漂洗废水[9]

铝制品在我国的需求量相当大，据估算每年消耗的铝制品达 30 万 t 以上，生产铝制品的专业厂达 100 多家。由于铝制品是人们生活的日用品，因此，所有产品的表面都要进行刨光处理，目前用机械刨光的约占 70%，其他用化学刨光。化学刨光（亦称洗白工艺）过程是将产品浸入 12% ~15% 的热 NaOH 溶液中，浸 3 ~5s，蚀刻表面的氧化层，然后用自来水逆流漂洗二次，再浸入 3% ~5% 的 HNO_3 溶液中，经 2 ~3s 即可钝化，再用自来水漂洗二次，烘干即得成品。

在洗白工艺中，每生产 1t 铝制品约消耗 40kgNaOH、10kgHNO_3 和 10m^3 漂洗水。表 13-2 是某铝制品厂漂洗废水的三次取样分析结果。

表 13-2　洗白工艺漂洗废水组成

序号	pH	总碱度 /mol·L^{-1}	硝酸根 /mg·L^{-1}	铝 /mg·L^{-1}	油 /mg·L^{-1}	COD /mg·L^{-1}
1	13.72	0.1551	215.0	90.5	25.4	
2	13.29	0.1022		122.0		112.7
3		0.1760		1164.0		

我国铝制品行业每年排放的碱性废水达 210 万 m^3，流失到环境中的 NaOH 达 8400t，用 H_2SO_4 中和要消耗 10290t，排到水

体中的 Na_2SO_4 达 12495t，每年流失的酸、碱价值 2000 万元。

目前国内对漂洗废水的处理方法是加酸中和，再用气浮法进行固液分离。所得污泥饼主要成分是 $Al(OH)_3$，可做制备铝盐凝剂的原料。但是，由于废水中的铝离子浓度较高，气浮分离也有困难。并且每生产 1t 铝制品大约要消耗 50kg 浓硝酸来中和碱，中和后的清水中含有 11.9g/L 的 Na_2SO_4，这对水体也有污染。

文献［9］作者用电渗析法处理铝制品漂洗废水。电渗析中，使用钛板涂敷二氧化钌电极，用 MC 与 MA 型均相膜组装，由上海树脂研究所提供，膜性能列于表 13-3。

表 13-3 均相离子交换膜特性

型号	湿膜厚度 /mm	交换容量(干) /meq · g^{-1}	含水量 /%	面电阻 /Ω · cm^2	选择透过性 /%	爆破强度 /MPa
MC (强酸性)	0.4	1.8 ~ 2.0	35	4 ~ 5	>95	>0.3
MA (强碱性)	0.4	1.6 ~ 1.8	20 ~ 25	4 ~ 5	>95	>0.3

随着运行时间的延长，脱碱液中碱浓度迅速降低，浓缩液中碱的浓度也相应提高。运行到终结时，浓室和淡室之间碱的浓度比达到 35 倍，仍有继续脱除的趋势。可见 MC、MA 型均相膜具有良好的脱碱与浓缩碱性能。

由于铝在碱性溶液中是以正铝酸根（$AlO_3 \cdot 3H_2O)^{3-}$ 和偏铝酸根（$AlO_2 \cdot 2H_2O$）的形式存在，因此，在电渗析脱碱过程中，铝也被脱除。在同一时间，碱的脱除率比铝高得多。这是因为 OH^- 离子半径远小于（$AlO_3 \cdot 3H_2O)^{3-}$ 和（$AlO_2 \cdot 2H_2O$）· OH^-，在阴膜中的迁移速度比铝酸根快得多。

在电渗析连续循环运转时，漂洗废水中的碱不断减少，pH 值逐渐降低，当 pH 值降低到接近中性时，废水中残留的偏铝酸根便转化为氢氧化铝沉淀析出，然后进行固液分离，便可得到

$Al(OH)_3$污泥与清水，两者皆可再利用。浓缩液中的碱浓度达到一定浓度后即可直接回用。

参 考 文 献

[1] 陈康宁．金属阳极［M］．上海：华东师范大学出版社，1989.

[2] 胡若明．合成橡胶工业．1980，12(6)：367～370.

[3] 长莲英，等．特公昭 57-155390，1982.

[4] Robert C，Lawrence J. US Patent 4394226，1983.

[5] 于德成，等．电镀与环保，1997，17(2)：22～25.

[6] 陈长春，等．环境污染与防治，1997，19(2)：7～10.

[7] 宋德政，等．水处理技术，1999，25(5)：262～266.

[8] 彭超，等．水处理技术，2004，30(1)：19～21.

[9] 宋德政，等．水处理技术，1993，19(2)：93～97.

第 14 章　钛电极在其他领域的应用

14.1　蓄电池生产[1]

铅蓄电池电极几乎都是涂膏式。铅氧化物和铅粉的电化学性能一直都有人在研究，栅极合金组成和结构设计是主要研究课题。栅极使用纯铅、Pb-Sb 系或 Pb-Ca 系合金，但栅极腐蚀问题没有解决。钛适合作铅蓄电池栅极材料，具有耐腐蚀、重量轻、机械强度高等许多优点；但钛在硫酸水溶液中会钝化，故需要涂敷具有导电性的氧化物薄膜。钛基体在 15% 硫酸中进行化学蚀刻，然后涂敷 RuO_2、SnO_2 或 SnO_2-Sb_2O_3-IrO_2，再电镀 β-PbO_2，这样制得的栅极具有较长的运转寿命，比纯铅栅极运转寿命约长 2 倍。

铅酸蓄电池正极活性物质——二氧化铅晶型结构与电化学活性的关系历来受人瞩目。1959 年人们已开始研究氧空位及 OH^- 基团的关系，而后许多学者又转向研究氢含量与活性的关系，1992 年提出二氧化铅活性物质为具有质子和电子传输功能的凝胶—晶体体系的概念。

文献［2］作者采用与传统电池工艺不同的方法制备了薄层活性二氧化铅。

活性二氧化铅的制备是，采用电沉积工艺在铅锑合金板栅（$8cm^2$）上镀覆铅镉合金，将铅镉合金放入硫酸（$1.10g/cm^3$）溶液中，以铅电极为阴极恒流通电，溶出镉后继续通电，直至阴阳极之间的电压差为 2.5 ~ 2.6V 时，可认为电极中的金属铅已氧化为二氧化铅，阳极氧化电流密度为 $6.25\times10^{-3}mA/m^2$。电沉积之前，对铅锑合金板栅按一般电镀前处理规范进行。电沉积工艺条件为氨基磺酸铅 30g/L，氨基磺酸镉 60g/L，游离氨基磺酸 50g/L，二十一烷基酚聚氧乙烯醚 1.0g/L，25℃，$4.0A/dm^2$。

制得活性层厚度为10～20μm。

文献［3］作者对铅蓄电池用正极栅极进行了研究。铅蓄电池正极栅极使用纯铅或 Pb-Sb 系、Pb-Ca 系合金，存在栅极腐蚀问题。钛用作铅蓄电池用正极栅极材料，具有耐腐蚀、重量轻、机械强度高等优点。但是钛在硫酸溶液中呈钝态化，故不能使用。

研究结果表明，$Ti/RuO_2/\beta\text{-}PbO_2$ 栅极的正极板，比用纯铅栅极作正极板的运转寿命约长 2 倍。

正极板本身放电速度是铅蓄电池重要特性之一。如表 14-1 所示，使用 DSA 型栅极，$Ti/RuO_2/\beta\text{-}PbO_2$ 极板，其本身放电速度极小，这一点比纯 Pb 栅极优越。

表 14-1　极板的半放电速度

极　板	交点电流密度 $/A \cdot cm^{-2}$	半放电速度 $/g \cdot d^{-1}$	比例值
Ti/RuO_2/糊状物	4×10^{-4}	5.4	27
$Ti/RuO_2/\beta\text{-}PbO_2$/糊状物	5×10^{-6}	0.07	0.33
Pb/糊状物		0.3	1.5

如果要延长栅极运转寿命，可考虑使用 SnO_2 代替 RuO_2。这是因为 SnO_2 具有较高的氧过电位，在硫酸溶液中很稳定，而且与 $\beta\text{-}PbO_2$ 以及 TiO_2 同样是金红石型构造，可获得良好黏结性能。SnO_2 本身是半导体，添加微量的 SbO_x、RuO_2 或 IrO_2 可提高导电性。$Ti/SnO_2 \cdot SbO_x \cdot IrO_2/\beta\text{-}PbO_2$ 极板可实际使用，具有极长的运转寿命。

14.2　钛基金属氧化物涂层 pH 值电极

pH 值是一项重要的溶液化学指标，涉及工业、农业、生物、医学、环保等领域。

用玻璃 pH 值电极测量 pH 值已有 70 年历史，是目前国内外测量 pH 值的主要传感器。但玻璃电极存在严重缺陷：其敏感部位是厚度只有 0.1mm 的玻璃球泡，容易破碎。在一些工业流程中，固体颗粒、搅拌器等的撞击都会使玻璃电极破裂，影响连续监测的进行。此外，玻璃 pH 值电极内阻很高，约 $10^9\Omega$，需要高阻抗输入的专用测量仪表。温度、湿度等环境条件对测量的影响也很大。

多年来，对非玻璃型新一代 pH 值传感器的研究一直是个热门课题。目前常见的有两种类型，即 PVC（聚氯乙烯）膜流动载体电极和金属-金属氧化物 pH 值电极。

PVC 膜流动载体电极是将能与氢离子进行离子交换的化合物，如某些大分子量胺和杂环化合物等，与增塑剂一起结合入 PVC 膜中。这类电极可有很好的 pH 值响应，但由于 PVC 膜本身的局限性，敏感膜强度不大，寿命一般只有几个月。

金属-金属氧化物 pH 值电极强度大、内阻低、体积小，是研究较多的一类电极，基体材料有锑、铋、钼、钨、铱等，但性能不够理想。以应用较广，已有商品出售的锑电极为例，其 pH 值线性响应范围为 pH = 2 ~ 10，不能用于碱性溶液，基体材料锑也不耐化学腐蚀。

钛具有强度高、耐腐蚀、耐高温等优良性能，是一种有潜力的 pH 值传感器的基体材料。

文献［4］作者研究了一种钛基铂族金属氧化物涂层 pH 值电极。pH 值线性响应范围为1 ~ 12，斜率为 55mV/pH（25℃），响应时间短，为 2 ~ 5min，实际测量 pH 值时仅为1 ~ 2min，已可满足一般测量要求。所研制的钛基 pH 值电极和玻璃 pH 值电极一样，可用作 pH 值滴定的指示电极，用两种电极测得的滴定曲线大致相同。

文献［5］作者研究了 Ir/IrO_x 的 pH 值电极。

金属/金属氧化物电极具有良好的耐腐蚀性、机械性能、易于微型化、pH 值响应范围宽、不易污染、可用于高温高压溶液的测试等特点，因此金属氧化物 pH 值电极的研究引起了广泛的兴趣，如：从最早已经使用的 Sb_2O_3 电极到正在研究的 TiO_2，

WO_3，RuO_2，PtO_2，RhO_2，Co_3O_4，IrO_2 等各种氧化物电极。其中 IrO_2 电极具有稳定性好、抗干扰性强、滞后效用小等特点，被认为是非常有应用前景的氧化物电极。

金属 Ir 丝经前处理、除油、除氧化膜后在高温熔融盐溶液中氧化数小时，生成深黑色氧化膜，将 Ir/IrO_x 电极的一端打磨，露出金属基底，然后与 Cu 导线点焊，形成良好电接触，然后用有机硅绝缘胶封闭，露出氧化物 H^+ 敏感膜，进行测试。测试溶液：采用 0.1M/L $CH_3COOH/HBO_3/H_3PO_4/KCl$ 缓冲溶液，滴加 0.1M/L NaOH，0.1M/L HCl 调节 pH 值从 1 调到 13。

热氧化制备的铱氧化物电极的开路电位-pH 的线性方程随氧化膜厚度而改变，H^+ 响应灵敏度、响应速度和膜厚、膜的表面形态、溶液温度有关系。循环伏安法可用来计算内外表面积比例，滞后效应与电极的内、外表面比例有关，H^+ 在内外表面扩散困难会造成响应滞后。热氧化时间越长，晶粒增粗，膜厚加大，使得内表面比例越大，增加了滞后效应的影响。通过 XPS 分析，铱氧化物膜主要是 IrO_2 的羟基化水合物，H^+ 响应机理是基于$Ir(\text{IV}) + H^+ \longrightarrow Ir(\text{III}) + H_2O$。

14.3　印刷业用 PS 版生产[6,7]

PS 版是印刷工业所需要的一种涂敷感光材料的铝板，在涂敷前要对其表面进行处理，处理工艺条件为 30% H_2SO_4（质量分数），40℃，7000～10000A/m^2。

随着印刷工业的发展，激光排版技术日益发达，国内对 PS 版的需求也日益增大。目前，PS 版基大都采用薄铝板。通过对铝板进行电解氧化等处理工序，就变成印刷业用 PS 版。铝板在电解氧化处理前需进行表面清洗，表面清洗过程采用硫酸直流电解清洗，阴极为待处理的铝板，阳极材料为电催化活性高的钛阳极（DSA 阳极）。在其工艺条件下，该钛阳极可生产 120 万～150 万 m^2 的 PS 版。

14.4　电磁推进船[8]

电磁推进船是根据左手法则，磁场和电场成直角，在其正前方向产生力驱动的原理而前进，如图 14-1 所示。

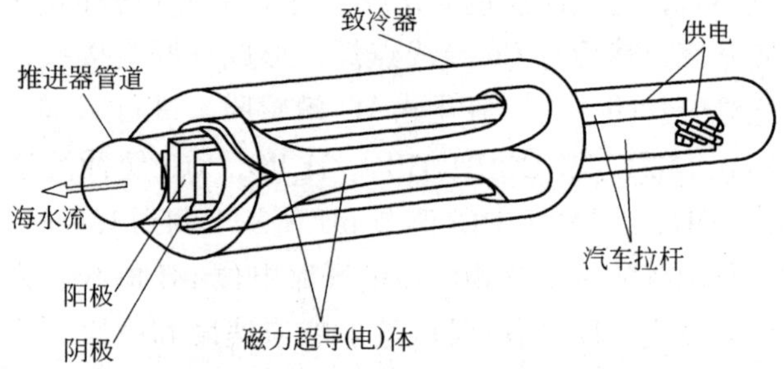

图 14-1　电磁推进船电极示意图

引擎部分具有利用通过超导线圈的磁力和海水中电解的通电部分，DSA 用作通电部分。示意图表示在磁力区域内用来流通电流的电极，全长约 6m，电极部分约 3m，阳极为 DSA，阴极为镀铂电极。

参 考 文 献

[1] 日根文男．ソーダと盐素，1989，40(6)：14 ~ 23.
[2] 黄成德，等．应用化学，2000，17(1)：31 ~ 34.
[3] 田村英雄，等．ソーダと盐素，1979，30(7)：7 ~ 18.
[4] 丰达明，等．广东有色金属学报．1998，8(1)：62 ~ 66.
[5] 陈东初，等．稀有金属材料与工程．2004，33(8)：831 ~ 834.
[6] 楚广，等．湖南有色金属．1995，11(1)：43 ~ 45.
[7] 鞠鹤．钛工业进展．1996，(4)：28.
[8] 中川诚二．ソーダと盐素，1992，43(3)：9 ~ 15.

冶金工业出版社部分图书推荐

书　名	定价(元)
钛电极学导论	128.00
石墨电极生产	28.00
应用电极学	33.00
水污染控制工程（第2版）	32.00
冶金过程污染控制与资源化丛书 ——冶金过程废水处理与利用	30.00
冶金过程污染控制与资源化丛书 ——绿色冶金与清洁生产	49.00
冶金过程污染控制与资源化丛书 ——冶金过程固体废物处理与资源化	39.00
冶金过程污染控制与资源化丛书 ——矿山固体废物处理与资源化	26.00
冶金过程污染控制与资源化丛书 ——冶金企业污染土壤和地下水整治与修复	29.00
工业固体废弃物处理与资源化	39.00
电子废弃物的处理处置与资源化	29.00
高浓度有机废水处理技术与工程应用	69.00
膜法水处理技术（第2版）	32.00
环境保护知识丛书 ——工业废水处理（第二版）	11.50
焦化废水无害化处理与回用技术	28.00
钢铁冶金的环保与节能	39.00
水资源系统运行与优化调度	10.00
工业企业防震减灾工作指南	55.00
环境污染物监测	10.00
环境工程入门	10.00